中国高等学校计算机科学与技术专业（应用型）规划教材

丛书主编 陈明

数理逻辑

张再跃 张晓如 编著

清华大学出版社

北京

内容简介

本书共分7章。第0章绪论，介绍元数学的形成与发展，以及元数学与数理逻辑之间的关系，同时简要说明课程学习的目的和意义；第1章介绍集合论的基础知识，包括有穷集与无穷集的概念、可数集与不可数集的性质、集合的基数、无穷基数的比较等方面的内容；第2章介绍可计算性理论的基本知识，包括计算概念的形成与发展、算法的基本描述、计算概念的数学定义、可计算性函数的基本性质等；第3章～第5章是关于经典数理逻辑的内容，包括命题演算和谓词演算两个部分，重点介绍逻辑演算以及相关形式系统的基本性质，内容涉及形式证明、形式推理、形式系统的语法、语义等概念以及逻辑系统的可靠性与充分性等方面的知识；第6章以一阶算术系统为例，介绍基于逻辑系统扩展的数学应用系统的描述方法，最终给出"哥德尔不完备性定理"的证明。在本书的附录中给出了全书的习题解答。

本书面向计算机科学与技术、软件工程以及相关专业的高等院校学生，尤其是高校相关专业的高年级本科生及研究生，可以作为教材，也可作为希望了解数理逻辑基础知识的高校学生和科研技术工作者的阅读材料或参考资料。

图书在版编目(CIP)数据

数理逻辑/张再跃，张晓如编著. —北京：清华大学出版社，2013（2025.1重印）
中国高等学校计算机科学与技术专业(应用型)规划教材
ISBN 978-7-302-33102-5

Ⅰ. ①数… Ⅱ. ①张… ②张… Ⅲ. ①数理逻辑－高等学校－教材 Ⅳ. ①O141

中国版本图书馆CIP数据核字(2013)第150348号

责任编辑：谢 琛 徐跃进
封面设计：常雪影
责任校对：焦丽丽
责任印制：刘海龙

出版发行：清华大学出版社
网 址：https://www.tup.com.cn，https://www.wqxuetang.com
地 址：北京清华大学学研大厦A座 邮 编：100084
社 总 机：010-83470000 邮 购：010-62786544
投稿与读者服务：010-62776969，c-service@tup.tsinghua.edu.cn
质 量 反 馈：010-62772015，zhiliang@tup.tsinghua.edu.cn
课 件 下 载：https://www.tup.com.cn，010-83470236

印 装 者：三河市春园印刷有限公司
经 销：全国新华书店
开 本：185mm×260mm **印 张**：9.25 **字 数**：226千字
版 次：2013年9月第1版 **印 次**：2025年1月第7次印刷
定 价：29.00元

产品编号：054550-02

编委会

序言

Preface

应用是推动学科技术发展的原动力，计算机科学是实用科学，计算机科学技术广泛而深入的应用推动了计算机学科的飞速发展。应用型创新人才是科技人才的一种类型，应用型创新人才的重要特征是具有强大的系统开发能力和解决实际问题的能力。培养应用型人才的教学理念是教学过程中以培养学生的综合技术应用能力为主线，理论教学以够用为度，所选择的教学方法与手段要有利于培养学生的系统开发能力和解决实际问题的能力。

随着我国经济建设的发展，对计算机软件、计算机网络、信息系统、信息服务和计算机应用技术等专业技术方向的人才的需求日益增加，主要包括软件设计师、软件评测师、网络工程师、信息系统监理师、信息系统管理工程师、数据库系统工程师、多媒体应用设计师、电子商务设计师、嵌入式系统设计师和计算机辅助设计师等。如何构建应用型人才培养的教学体系以及系统框架，是从事计算机教育工作者的责任。为此，中国计算机学会计算机教育专业委员会和清华大学出版社共同组织启动了《中国高等学校计算机科学与技术专业（应用型）学科教程》的项目研究。参加本项目的研究人员全部来自国内高校教学一线具有丰富实践经验的专家和骨干教师。项目组对计算机科学与技术专业应用型学科的培养目标、内容、方法和意义，以及教学大纲和课程体系等进行了较深入、系统的研究，并编写了《中国高等学校计算机科学与技术专业（应用型）学科教程》（简称《学科教程》）。《学科教程》在编写上注意区分应用型人才与其他人才在培养上的不同，注重体现应用型学科的特征。在课程设计中，《学科教程》在依托学科设计的同时，更注意面向行业产业的实际需求。为了更好地体现《学科教程》的思想与内容，我们组织编写了《中国高等学校计算机科学与技术专业（应用型）规划教材》，旨在为计算机专业应用型教学的课程设置、课程内容以及教学实践起到一个示范作用。本系列教材的主要特点如下：

1. 完全按照《学科教程》的体系组织编写本系列教材，特别是注意在教材设置、教材定位和教材内容的衔接上与《学科教程》保持一致。

2. 每门课程的教材内容都按照《学科教程》中设置的大纲精心编写，尽量体现应用型教材的特点。

3. 由各学校精品课程建设的骨干教师组成作者队伍，以课程研究为基础，将教学的研究成果引入教材中。

4. 在教材建设上，重点突出对计算机应用能力和应用技术的培养，注重教材的实践性。

5. 注重系列教材的立体配套，包括教参、教辅以及配套的教学资源、电子课件等。

高等院校应培养能为社会服务的应用型人才，以满足社会发展的需要。在培养模式、教学大纲、课程体系结构和教材都应适应培养应用型人才的目标。教材体现了培养目标和育人模式，是学科建设的结晶，也是教师水平的标志。本系列教材的作者均是多年从事计算机科学与技术专业教学的教师，在本领域的科学研究与教学中积累了丰富的经验，他们将教学研究和科学研究的成果融入教材中，增强了教材的先进性、实用性和实践性。

目前，我们对于应用型人才培养的模式还处于探索阶段，在教材组织与编写上还会有这样或那样的缺陷，我们将不断完善。同时，我们也希望广大应用型院校的教师给我们提出更好的建议。

《中国高等学校计算机科学与技术专业（应用型）规划教材》主编

陈明

2008 年 7 月

前言

数理逻辑是用数学方法研究逻辑问题的学科，是基础数学的一个重要分支，在计算机科学理论中起着奠基作用。随着计算机科学与技术的发展，计算机在各种领域的应用不断深入，许多与信息技术密切相关的学科分支相继形成，并呈现出不断扩展和永无止境的发展趋势。这种发展对计算科学理论研究不断提出新的要求，对数理逻辑的发展也起到巨大的促进作用。我们已经看到，许多在经典数理逻辑基础上发展起来的应用逻辑分支，不仅在有关的信息技术领域得到重要应用，而且已成为相关学科理论与应用的逻辑基础，如作为粗糙集与粒计算理论基础的模态逻辑与粒逻辑；作为决策信息系统知识表示与推理理论基础的决策逻辑；作为语义网知识处理理论基础的描述逻辑等。因此可以看出，数理逻辑是一门内容丰富、涉及面极广的学科。

长期以来，作为计算机科学理论与应用的基础，数理逻辑一直是我国高等教育和研究生培养阶段计算机科学与技术专业的核心基础课程。然而，作为整个专业培养计划中的一门课程，数理逻辑的学时分配非常有限，因此教学内容的组织是数理逻辑课程施教过程中首先要面临的问题。不同高校在培养方案制定和课程设置方面都存在着一定的差异，再结合学校专业的特色和学生的学习特点，使得数理逻辑课程内容的组织不尽相同，可谓各具特色。但可以肯定的是，课程教学内容的组织与课程目的密切相关。课程目的通常包括两个方面，即课程设置目的和课程教学目的。对数理逻辑课程来说，课程设置与课程教学目的可以分别概括为“承上启下”和“能力培养”。

作为计算机科学与技术专业培养计划中的一门课程，数理逻辑课程应该是一些前置课程，如高等数学、离散数学等课程学习的深入，同时又是某些后续课程，如粗糙集与粒计算、语义网技术、知识表示与知识推理、形式语言与自动机理论等课程学习的基础；课程教学目的可归纳为知识学习和能力培养，所谓知识学习是指作为学科基础的逻辑知识学习，而能力培养则应侧重于思维能力的培养，包括抽象思维能力、逻辑思维能力与计算思维能力的培养等。鉴于此，同时考虑到工科学生的特点，本书在选材上遵循的原则是“至精而不失完整，至简而不乏基础”，也就是尽可能多地介绍数理逻辑相关知识，并在内容组织上尽可能做到精练；同时在内容陈述上尽可能做到简洁，重在思想与方法，为后续课程学习以及计算机应用实践建立思维基础。

本书在内容组织上包括集合论基础知识、可计算性理论基础知识和经典数理逻辑 3 个部分，其中集合论基础部分着重介绍可数集与不可数集的概念，并运用集合的基数以及基数的比较等有关知识，阐述“无穷可比”的思想，目的在于扩展学生的思维空间，深化学生对计算机有穷空间的认识；可计算性理论基础部分以递归函数、图灵计算和理想计算机为对象，从多个角度给出“计算”概念的精确描述，目的在于帮助学生深入了解“计算”的本质，并对计算机的计算“行为”与“能力”有一个充分认识；经典逻辑部分包括命题逻辑和谓词逻辑，着力于形式系统，重点介绍形式证明、形式推理，形式系统的语法、语义等概念，以及逻辑系统的可靠性与充分性等方面的知识，并以一阶算术系统为例介绍逻辑系统的扩展方法，旨在帮助学生了解和掌握形式化方法，以此为工具更好地开展计算机基础理论研究和计算机程序分析、设计与开发工作。为了让学生能够更好地理解和掌握课程学习的主要内容，并能得到比较扎实的数理逻辑的训练，同时也考虑课程施教方便，本书在内容陈述上尽可能做到直观简洁，多采用条目方式使概念一目了然，而不拘泥于“复杂的证明与个别的技巧”，重在思想与方法，运用“即述即注”方式，帮助学生准确地理解和把握相关的概念与知识，正确地掌握有关方法和技术。此外，本书中还编入了一些有关数理逻辑知识背景的材料，概括性地叙述各部分内容的形成与发展过程，阐述了许多著名逻辑学家的重要思想，以及为学科的建立与发展所做出的杰出贡献，这对加深学生对本学科的认识，提高学生的素养无疑会起到积极的作用。

本书的内容主要取自于格林(Kleene)的《元数学导论》①和汉密尔顿(Hamilton)的《数学家的逻辑》②两本著名著作，同时收纳了顾兰德(Gutland)的《可计算性》③一书的部分内容，并根据课程教学需要对所选取的内容和表示形式进行了精简、编辑、统一与整合。此外，书中有关知识背景的介绍参阅了网络提供的大量素材，尽管有些素材的准确性与严格性尚待进一步考证，但大量的网络信息的确为我们更好地了解相关知识的产生与发展以及科学家们的贡献提供了很好的帮助。

在十多年数理逻辑课程教学实践中，作者一直使用讲稿施教，教学内容也根据需要不断调整，先后在经典逻辑的基础上增加了集合论基础知识和可计算性理论基础知识方面的内容。随着研究生招生规模的不断扩大，个别讲授已变成了班级授课，因此在讲稿的基础上整理成书，以教材的形式出版。在此过程中，江苏科技大学研究生部对本课程进行了教材立项建设并给予了经费资助，洪志强同学完成本书的文字录入，在此一并表示诚挚的感谢。

限于作者的水平，书中的缺点甚至错误在所难免，诚请读者批评指正。

作　者

2013年7月

① S. C. Kleene(美)著. 元数学导论. 莫绍揆译. 北京：科学出版社，1985.

② A. G. Hamilton. Logic for mathematicians. London：Cambridge University Press，1978.

③ N. Gutland. Computability：An introduction to recursive function theory. London：Cambridge University Press，1980.

目录

绪 论

1. 何谓元数学

要弄清楚这个问题，首先要知道“元数学”(meta-mathematics) 和“数学”的区别究竟在哪里。我们知道，“数学”是关于“数”的学问，一切在特定范围内可以被理解为“数”的东西，都可以是数学研究的对象。由于数学的高度抽象和研究对象的广泛性，使得数学被誉为几乎所有学科的基础。于是便有人问：数学的基础又是什么呢？

每门“学问”都有特定的研究对象，弄清一门学问的研究对象至关重要，将不是某学问研究的对象同其研究对象混淆，往往是引起“悖论”的根源。例如，自然数理论研究的对象是“自然数”，将所有自然数放在一起得到自然数集 **N** 就不再有自然数的性质，如果还将 **N** 作为自然数理论研究的对象就会出现问题。再如集合论研究的对象是“集合”，如自然数集 **N** 就是其研究对象之一，将所有的集合放在一起就得到一个类 L，如果仍将 L 作为集合论研究的对象同样也会出现问题，著名的“罗素悖论”(Russell's paradox)就是因此产生的。数学研究的对象是“数”，不同的数学分支有其各自的论域，如果将所有数学分支的“汇集”作为研究的论域，以其“共性”分析为内容，以为其建立完备与协调的共同基础为目的，那么这样的“任务”就不能再由任何作为对象的数学分支来完成，对此需要一套独立于各个数学分支之外的理论，“元数学”的概念与理论由此产生。

一般而言，“元数学是一种将数学作为人类意识和文化客体的科学思维或知识”；进一步说，“元数学是一种用来研究数学和数学哲学的数学”①；通俗地讲，元数学是“数学的数学”。但此数学非彼“数学”，将二者混为一谈就会导致矛盾。对此，需首先了解和认识一下元数学的形成与发展过程。

2. 元数学的形成与发展

元数学的形成与发展和数学发展史上曾经发生过的三次重大危机有着密切的关系②。

大约在公元前 500 年左右，无理数$\sqrt{2}$的出现对毕达哥拉斯(Pythagoras)学派所谓“宇宙间的一切现象都能归结为整数或整数之比”的信条形成致命冲击，毕达哥拉斯的得意门生希帕索斯(Hippasus)因无意中透露了$\sqrt{2}$的存在而被处死，这就是所谓的“第一次数学危机”。此次数学危机使人们认识到直觉和经验不一定靠得住，而推理证明才是可靠的。从此希腊人便开始了以“公设”(即公理)为出发点，运用演绎推理来建立几何学体系的方法研究与实践。作为第一次数学危机的产物，得以形成欧几里得(Euclid)《几何原本》的公理体系与亚里士多德(Aristotle)的逻辑体系。

---

① http://en.wikipedia.org/wiki/Metamathematics.

② http://baike.baidu.com/view/96916.htm.

第二次数学危机是由无穷小量的矛盾引起的。17 世纪后半叶，英国数学家牛顿(Newton)和德国数学家莱布尼茨(Leibniz)分别独立地建立了微积分学。虽然微积分以其运算的完整性和应用范围的广泛性成为当时解决问题的重要工具，但是由于对其中涉及的“无穷小量”概念无法做出合理的解释，从而引发了第二次数学危机。这说明当时人们的数学思想依旧缺乏严密性，对相关数学概念的理解和认识尚处在直观的层面，只强调形式的计算，而忽视基础的可靠性问题。直到 19 世纪 20 年代，一些数学家才开始关注微积分的严格基础。从波尔查诺(Bolzano)、阿贝尔(Abel)、柯西(Cauchy)、狄里克莱(Dirichlet)等人的工作开始，最终由魏尔斯特拉斯(Weierstrass)消除了其中不确切的地方，给出了现在通用的 $\varepsilon-\delta$ 极限定义，并将导数、积分等概念都严格地建立在极限的基础上，从而克服了危机和矛盾。随后历经近半个世纪，魏尔斯特拉斯、戴德金(Dedekind)、康拓尔(Cantor)等人又独立地建立了实数理论，并在此基础上建立了极限论的基本定理，从而使数学分析最终建立在实数理论的严格基础之上。

经过第一、第二次数学危机，人们将数学基础理论的无矛盾性，归结为集合论的无矛盾性，集合论已成为整个现代数学的理论基础，数学这座富丽堂皇的大厦就算竣工了。看来集合论似乎是不会有矛盾的，数学的严格性的目标快要达到了。在 1900 年巴黎召开的国际数学家大会上，数学家们为这一成果的喜悦溢于言表。然而，事隔不到两年，英国著名数理逻辑学家和哲学家罗素(Russell)即宣布了一条惊人的消息：集合论是自相矛盾的，并不存在什么绝对的严密性！史称“罗素悖论”。

当时，人们将“集合”描述成具有某种特性事物的汇集。依据这个描述，如果 $\varphi(x)$ 表示 x 具有特性 φ，则 $S=\{x:\varphi(x)\}$ 就应当为集合。对此，罗素给出了一个特性 φ，$\varphi(x)$ 当且仅当 $x\notin x$，于是存在“集合”L，满足

$$L=\{x:x\notin x\}$$

接下来问是否有 $L\in L$？如果 $L\in L$，那么作为 L 的元素，L 应有特性 φ，即 $L\notin L$；如果 $L\notin L$，那么 L 满足特性 φ，又有 $L\in L$。

1918 年，罗素将这个悖论通俗化，给出了“理发师悖论”：*某一村落中的一个理发匠，他只替村中所有不给自己理发的人理发，到底他是否替自己理发？*

罗素悖论的发现，无异于晴天霹雳，使人们从美梦中惊醒。罗素悖论以及集合论中其他一些悖论，深入到集合论的理论基础之中，从而从根本上危及了整个数学体系的确定性和严密性，于是在数学和逻辑学界引起了一场轩然大波，形成了数学史上的第三次危机。

“理发师悖论”不难解决，只须说不会有这样的一个理发师即可。但是对罗素悖论人们却不能说没有这样的 L，因为 L 已经实实在在地构造出来。为了消除“罗素悖论”，人们必须对“集合”这一基本概念进行重新思考，方法是在传统“集合”概念的基础上增加一些限制以排除“太大的集”。对此，德国数学家策梅罗(Zermelo)首先提出了集合论公理化方案，并在 1908 年提出了第一个公理集合论系统①。后经德国的以色列数学家弗兰克尔(Fraenkel)②

① E. Zermelo. Untersuchungen über die Grundlagen der Mengenlehre. Math. Ann. 65 (1908): 261-281.

② A. A. Fraenkel. Uber den Begriff “definit” und die Unabhängigkeit des Auswahlaxioms. S.-B. Berlin. Math. Ges. (1922): 250-273.

和挪威数学家斯科兰姆(Skolem)[①]的补充修正,得到了策梅罗-弗兰克尔公理系统 ZF,加上选择公理(AC),便形成了现在普遍使用的集合论公理系统 ZFC[②]。ZFC 公理系统将 L 视为集合论的论域而不再是传统意义上的集合,进而排除了"罗素悖论"。

为了避免数学中出现类似的悖论,数学家们做了各种努力。由于解决问题的出发点和所遵循的途径不同,20 世纪初期形成了不同的数学哲学流派,其中以罗素为首的逻辑主义学派,布劳威尔(Brouwer)为首的直觉主义学派和希尔伯特(Hilbert)为首的形式主义学派成为主流。这三大学派的形成与发展,将数学基础理论研究推向了一个新的阶段。20 世纪 20 年代初,德国数学家希尔伯特就古典数学的基础问题研究提出一项建议(该建议随后成为著名的 Hilbert 计划):首先强调数学理论的严格形式化,将数学具体分支中的概念进一步抽象,其结果是形成一个形式系统(形式理论或形式数学);其次,是将这个形式系统当作数学研究的对象,并能证明该形式系统是协调的。研究这个形式系统的数学理论必须具有相对的独立性,这套数学理论就称为元数学或证明论。元数学研究的最重要的成果之一是"哥德尔不完备性定理"。

3. 元数学与数理逻辑

元数学与数理逻辑息息相关,两者具有相同的发展根系。早在 17 世纪,人们就有"利用计算的方法来代替人们思维中的逻辑推理过程"的想法。当时德国著名的数学和物理学家莱布尼茨就曾经设想过能否创造一种"通用的科学语言",可以将推理过程像数学一样利用公式进行计算,从而得出正确的结论。这一思想可谓是现代数理逻辑中部分内容的萌芽。1847 年,英国数学家布尔(Boole)发表了《逻辑的数学分析》,建立了"布尔代数",并创造一套符号系统,利用符号来表示逻辑中的各种概念。布尔给出了一系列运算法则,利用代数的方法研究逻辑问题,初步奠定了数理逻辑的基础。19 世纪末 20 世纪初数理逻辑有了比较大的发展,德国数学家弗雷格(Frege)分别在 1879 年和 1884 年出版了著作《概念文字——模仿算术的纯思维的形式语言》和《算术基础——关于数概念的逻辑数学研究》[③],使得数理逻辑的符号系统更加完备,为现代数理逻辑(包括元数学)的形成与发展奠定了基础。

"数理逻辑"(Mathematical logic)的名称是由意大利著名数学家、逻辑学家和语言学家皮亚诺(Peano)首先给出的[④],又称为符号逻辑。无论是数理逻辑,还是元数学,都是关于数学基础研究的理论与方法,经过长期的发展与完善,已形成一个比较系统的理论体系,该理论体系的主要分支包括逻辑演算、模型论、证明论、递归论和公理集合论。各个分支既独立又相互关联,其研究内容和应用范围各有侧重。目前,"数理逻辑"的侧重点在于逻辑演算,包括命题演算与谓词演算,"元数学"则侧重于证明论的某些方面。由于"元数学"的侧重方面较之"数理逻辑"在应用领域有一定的局限性,因此使得"数理逻辑"逐步成为数学基础学科的代名词而被更多的人认识并接受。

4. 本课程学习目的

数理逻辑与计算机科学有着密切的联系,许多计算机科学的先驱者既是数学家,又是逻

---

① T. Skolem. Selected Works in Logic. Edited by J. E. Fenstad. Universitetsforlaget, Oslo, 1970. MR 44 # 2562.

② T. Jech. Set Theory. Springer-Verlag Berlin Heidelberg, 2003: 3-13.

③ http://en.wikipedia.org/wiki/Gottlob_Frege.

④ http://en.wikipedia.org/wiki/Giuseppe_Peano.

辑学家，如冯·诺依曼(von Neumann)、图灵(Turing)和邱奇(Church)等。数理逻辑和计算机科学有一个共同的基本属性，那就是两者都属于模拟人类认知机理的科学，前者试图以形式化的方法加以描述，后者却努力用程序化的设计加以实现。几个世纪以来，数学家和逻辑学家在数学基础研究领域的贡献为计算机科学的产生与发展奠定了强有力的理论基础，反之，现代计算机科学的理论研究与实践又大大促进了数理逻辑的研究、发展与进步。

数理逻辑的教材很多，其中不乏数理逻辑在计算机科学领域应用的内容，如数理逻辑在数字电路分析、编译方法、程序设计语言、程序设计方法学、关系数据库、知识表示与知识推理、人工智能方面的应用等。这样的内容安排无疑可以起到“学以致用”作用。然而，作为计算机科学与技术及相关专业研究生课程体系中的一门课程，加以“应用”来介绍数理逻辑会因受学时数的限制而“浮于皮毛”，容易造成对“逻辑”一知半解，对“应用”又难以深入的结果。与其“面面俱到”不如深入“精华”，因此本课程主要内容以元数学的基本理论与基本方法为主加以组织，同时兼顾了计算机科学与技术及相关专业特点。课程学习的主要目的是要让学习者更好地认识数理逻辑的精髓，使数理逻辑真正成为学习者知识体系和思维方式的有机组成部分。同时培养学习者抽象思维能力，提高学习者逻辑推理水平，强化学习者学科素养，使学习者在今后的工作与实践中，能够自觉或不自觉地将所学知识加以推广和应用。

Chapter 1

第1章 集合论基础

集合是数学中最原始的概念之一，通常不加定义而只给出描述。集合一般被描述为"按照某种特征或规律汇合起来的事物的总体"。集合论的全部历史是围绕着"无穷"的概念展开的，因此集合论又称为是关于无穷集合和超穷数的数学理论。

早在集合论创立之前，数学家和哲学家们就已经接触到大量有关"无穷"的问题。由于现实生活中并没有"无穷"的实体，因此无穷集的存在性一度受到人们的质疑，这其中就包括有"数学家之王"美誉的高斯(Gauss)和法国著名的大数学家柯西(Cauchy)。1831年7月，高斯在给他的朋友舒马赫尔(Schumacher)的信中说："我必须最最强烈地反对你把无穷作为一完成的东西来使用，因为这在数学中是从来不允许的。"然而，"无穷"问题却像一块具有魔力的"磁铁"，深深地吸引着那些勇于探索真理、意志顽强的数学家们。数学分析严格化的先驱、捷克数学家波尔查诺(Bolzano)是第一个为了建立集合的明确理论而做出积极努力的人，他坚持实无穷集合的存在性，通过引进一一对应的概念，给出了无穷集合的一个部分或子集可以等价于其整体的重要思想。19世纪70年代，德国数学家康拓尔在研究函数 $f(x)$ 的三角级数表示的唯一性过程中，引进了点集的极限、点集的导集等重要概念，为点集论奠定了基础。随后，他又建立了"可数集"的概念，并明确指出无穷集的存在，证明了"并非所有的无穷集都是可数的"以及"无穷集和有穷集一样也有数量(基数)上的差别"。围绕集合论的基本问题康拓尔发表了一系列文章，直到19世纪末，康拓尔最后一部重要著作《对超穷集合论基础的贡献》面世，标志集合论已从点集论过渡到抽象集合论，即今天人们所说的古典集合论或朴素集合论。

康拓尔的工作给数学发展带来了一场革命，同时也引来了许多"非难"和"质疑"，致使康拓尔在精神上受到巨大的打击。然而，历史终究公平地评价了他的创造。集合论在20世纪初已逐渐渗透到各个数学分支，成为分析理论、测度论、拓扑学及数理科学中必不可少的工具。在这个时期，世界上最伟大的数学家希尔伯特在德国传播了康拓尔的思想，称之为"数学家的乐园"和"数学思想最惊人的产物"，英国哲学家罗素把康拓尔的工作誉为"这个时代所能夸耀的最巨大的工作"。

本章介绍集合论基础知识，内容包括可数集与不可数集的基本概念与基本性质、有穷集与无穷集的本质区别以及无穷基数的比较等。在学习过程中，大家将体会"可数集"的精妙，认识"无穷集"的神奇，感受证明方法的精彩，领略数学大家的智慧。通过本章的学习，要充分认识有穷集和无穷集在本质上的区别，深入理解可数集的基本概念，掌握康拓尔对角线证明思想与方法，知晓不可数集的存在以及无穷量之间的差别。

1.1 可数集

“可数集”是康拓尔集合论中最基本也是最重要的概念之一。这一概念的引入为无穷集的研究奠定了重要基础，它不仅定义了一类无穷集存在的实例，而且它也是所有无穷集中的“最小者”，是人们跨越有穷，迈向无穷的出发点。可以说“可数集”是一个极富智慧的概念。在给出“可数集”定义之前，这里先回顾一下“映射”的概念。

1.1.1 映射

“映射”是一个重要的数学工具，通过映射可以建立数学对象之间的联系，分析数学对象之间的关联，抽象相关数学对象的一般规律。

1. 映射的概念

1）映射的定义

设 X 和 Y 是两个集合，φ 是一个法则，它使得对任意的 $x\in X$，都有 Y 中唯一确定的元素 y 与之对应，则 φ 称为集 X 到 Y 中的一个对应（映射），记为 $\varphi:X\rightarrow Y$。

对 $x\in X$，经规则 φ 在 Y 中与之对应的元素为 y，记为 $y=\varphi(x)$ 或 $\varphi(x)=y$，其中 x 称为原像，y 称为 x 经 φ 在 Y 中的像。集合 $\varphi(X)=\{\varphi(x)\mid x\in X\}$ 称为 φ 关于 X 的像集（简称 φ 的像集），显然 $\varphi(X)\subseteq Y$。

2）满射

设 $\varphi:X\rightarrow Y$，如果对任意 $y\in Y$，都有 $x\in X$ 使得 $\varphi(x)=y$，则称 φ 是满射（或到上的映射）。显然，映射 $\varphi:X\rightarrow Y$ 是满射当且仅当 $\varphi(X)=Y$。

3）单射

设 $\varphi:X\rightarrow Y$，如果对任意 $x_1,x_2\in X$，若 $x_1\neq x_2$ 则有 $\varphi(x_1)\neq\varphi(x_2)$，则称 φ 是单射。

考察单射的方法通常是设 $\varphi(x_1)=\varphi(x_2)$ 并由此推出 $x_1=x_2$。

4）双射（又称 1-1 映射）

设 $\varphi:X\rightarrow Y$，如果 φ 既是满射又是单射，则称 φ 是 X 到 Y 的双射（1-1 映射）。φ 是 X 到 Y 的双射可表示为：$\varphi:X\xrightarrow{1\text{-}1}Y$。

5）复合映射

设 $\varphi:X\rightarrow Y$，$\psi:Y\rightarrow Z$，对任意 $x\in X$，定义对应法则 $\varphi\circ\psi$ 满足 $\varphi\circ\psi(x)=\psi(\varphi(x))$，则 $\varphi\circ\psi$ 称为 φ 与 ψ 的复合（或合成）映射。显然 $\varphi\circ\psi:X\rightarrow Z$。

2. 映射的基本性质

命题 1.1.1 设 φ 是 X 到 Y 的双射，ψ 是 Y 到 Z 的双射，则 $\varphi\circ\psi$ 是 X 到 Z 的双射。

命题 1.1.2 设 φ 是 X 到 Y 的双射，定义 Y 到 X 元素之间的对应 ψ，使得对任意的 $y\in Y$，取 X 中满足 $\varphi(x)=y$ 的 x 与之对应，即 $\psi(y)=x$，则 ψ 是 Y 到 X 的双射。

在命题 1.1.2 中通过 φ 定义的映射 ψ 称为 φ 的逆映射，记为 φ^{-1}。

命题 1.1.3 设 φ 是 X 到 Y 的双射，φ^{-1} 为 φ 的逆映射，则 $\varphi\circ\varphi^{-1}$ 是集合 X 上的恒等映射，即对任意 $x\in X$ 均有 $\varphi\circ\varphi^{-1}(x)=x$；$\varphi^{-1}\circ\varphi$ 是集合 Y 上的恒等映射，即任意 $y\in Y$ 均有 $\varphi^{-1}\circ\varphi(y)=y$。

3. 集合的等价

设 A 和 B 是集合，如果存在双射 $\varphi:A\to B$，则称集合 A 和集合 B 等价，记为 $A\simeq B$。

命题 1.1.4 设 A、B 和 C 是集合，集合间的等价关系满足：

(1) 自反性，即对任意集合 A，$A\simeq A$；

(2) 对称性，即如果有 $A\simeq B$，那么就有 $B\simeq A$；

(3) 传递性，即如果有 $A\simeq B$ 和 $B\simeq C$，那么就有 $A\simeq C$。

1.1.2 可数集的概念

1. 可数集的定义

自然数集：通常意义下的自然数是指正整数，在此将 0 也加入其中，并将所有这些数组成的集合称为自然数集，记为 **N**。**N** 的元素可枚举如下：

$$0,1,2,\cdots,n-1,\cdots$$

若将 **N** 集取作标准，可给出如下的定义：

如果一无穷集和自然数集 **N** 能够建立 1-1 对应，则称它为可数（或可枚举）无穷集（简称可数集）。

例如，全体偶数组成的集合 $\mathbf{E}=\{2k\mid k\in\mathbf{N}\}$，全体奇数组成的集合 $\mathbf{D}=\{2k+1\mid k\in\mathbf{N}\}$和所有自然数的平方组成的集合 $\mathbf{G}=\{k^2\mid k\in\mathbf{N}\}$都是可数集。

注意：在上面的例子中，**E**、**D**、**G** 都是自然数集 **N** 的真子集，即这些集合并没有将全部的自然数都包含进去，但却和整个自然数的集有“同样多”的元数，岂不“怪”吗？在 17 世纪，人们曾把这一点作为“悖论”，因为对于有穷的集合来说，这种现象是绝不可能发生的。到 19 世纪末，康拓尔根据建立 1-1 对应的可能性，有系统地对无穷集加以比较，指出上述现象并不是悖论，它恰恰反映了无穷集和有穷集之间的一个本质区别，即集合 S 是无穷集当且仅当 S 和其自身的某个真子集是等价的。

2. 可数集的基本性质

命题 1.1.5 全体整数组成的集合 **Z** 是可数集。

证明：可以将全体整数按以下方法进行枚举。

$$\begin{array}{llllllllll} \mathbf{Z}: & 0, & 1, & -1, & 2, & -2, & 3, & -3, & \cdots \\ & \downarrow & \downarrow & \downarrow & \downarrow & \downarrow & \downarrow & \downarrow & \\ \mathbf{N}: & 0, & 1, & 2, & 3, & 4, & 5, & 6, & \cdots \end{array} \tag{1.1.1}$$

该枚举过程可以通过构造 $\mathbf{Z} \to \mathbf{N}$ 的映射 φ 来表示，即

$$\varphi(k) = \begin{cases} 2k-1, & k > 0 \\ 2|k|, & k \leqslant 0 \end{cases} \tag{1.1.2}$$

容易验证 φ 是 $\mathbf{Z}$ 到 $\mathbf{N}$ 上的 1-1 映射。故 $\mathbf{Z} \simeq \mathbf{N}$，从而 $\mathbf{Z}$ 是可数集。■

注意：证明一个集合是可数集的关键是给出该集合元素的一个枚举办法，称之为"枚举算法"，并保证集合的任意元素在有穷步中被枚举到。在命题 1.1.5 的证明中，式(1.1.1)就是一种枚举算法，而式(1.1.2)则是该枚举算法的数学表达式。如果一个集合 A 是可数的，那么该集合的元素可表示为 $a_0, a_1, a_2, \cdots$，即 $A = \{a_0, a_1, a_2, \cdots\}$。

命题 1.1.6 如果 X 和 Y 都是可数集，则 $X \cup Y$ 也是可数集。

证明：因为 X 和 Y 都是可数集，所以它们都与自然数集 $\mathbf{N}$ 等价。设 f 是 X 到 $\mathbf{N}$ 上的 1-1 对应，g 是 Y 到 $\mathbf{N}$ 上的 1-1 对应，作 $X \cup Y$ 到 $\mathbf{N}$ 上的对应如下：

$$\varphi(z) = \begin{cases} 2f(z), & z \in X \\ 2g(z)+1, & z \in Y \end{cases} \tag{1.1.3}$$

则不难验证 φ 是 $X \cup Y$ 到 $\mathbf{N}$ 上的 1-1 映射。

实际上，f 可以看成是对 X 元素的一个枚举，即 $x_0, x_1, x_2, \cdots$，而 g 可以看成是对 Y 元素的一个枚举，即 $y_0, y_1, y_2, \cdots$。由此可以构造集合 $X \cup Y$ 的枚举：

$$x_0, y_0, x_1, y_1, x_2, y_2, \cdots \tag{1.1.4}$$

可以看出，φ 是关于枚举式(1.1.4)的数学表达式。■

注意：在命题 1.1.6 中可以认为 X 和 Y 中不含相同的元素，即 $X \cap Y = \phi$。在 $X \cap Y \neq \phi$ 的情况下，只要在枚举式(1.1.4)的枚举过程中去除前面已出现过的元素，其余元素保持相对次序不变，则所得到的元素序列就是 $X \cup Y$ 的一个枚举。在这种情况下，只能说明一个枚举算法的存在性，却无法给出具体的数学表达式。

推论 1.1.7 任意有限个可数集的并集是可数的。

证明：设 $X_1, X_2, \cdots, X_m$ 是 m 个可数集，试归纳于 m 证明命题的结论。

奠基步：当 $m=1$ 时，只有一个集合 X_1，为可数集，命题成立。

归纳推导步：假定 $m-1$ 个可数集的并集为可数集，即 $X = X_1 \cup X_2 \cup \cdots \cup X_{m-1}$ 是可数集。根据命题 1.1.6 知 $X \cup X_m$ 是可数集，即

$$\bigcup_{i=1}^{m} X_i = X_1 \cup X_2 \cup \cdots \cup X_{m-1} \cup X_m = X \cup X_m \tag{1.1.5}$$

是可数集，由此推导出命题对 m 个可数集的情形也成立。根据归纳法原理命题得证。■

注意：推论 1.1.7 可以直接证明，即直接给出集合 $X_1 \cup X_2 \cup \cdots \cup X_{m-1} \cup X_m$ 的一个枚举算法，不仅如此，还可以给出枚举算法的数学表达式。有兴趣的读者不妨练习一下。

命题 1.1.8 可数个可数集的并集是可数集。

证明：设可数个可数集分别为 $A_0, A_1, A_2, \cdots$，其中 $A_i = \{a_{i0}, a_{i1}, a_{i2}, \cdots\}(i=0,1,2,\cdots)$。令 $A = \bigcup_{i=0}^{\infty} A_i$。将 A 的元素按照如下次序排成阵列：

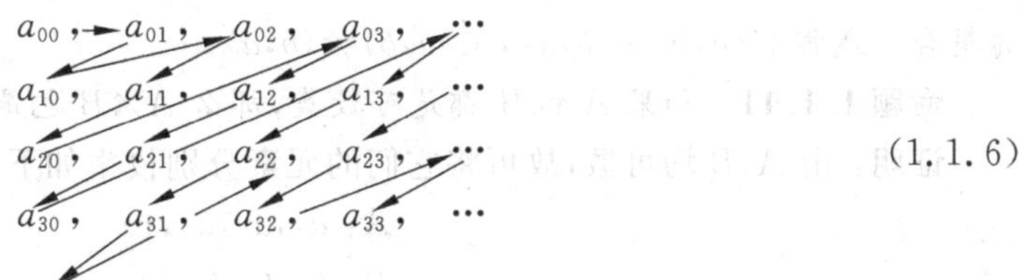

a_{00}, a_{01}, a_{02}, a_{03}, …
a_{10}, a_{11}, a_{12}, a_{13}, …
a_{20}, a_{21}, a_{22}, a_{23}, …
a_{30}, a_{31}, a_{32}, a_{33}, …

(1.1.6)

并依据箭头指示的方向顺序对集合 A 的元素进行枚举。不难看出该枚举算法可以保证 A 的每个元素在有限步内被枚举到，由此说明 A 是可数的。■

注意：可以根据式(1.1.6)的枚举算法给出相应的数学表达式 φ，使得 φ 为 A 到 $\mathbf{N}$ 上的 1-1 映射。我们按照箭头指引的顺序方向来枚举 A 的元素，不难看出 $\varphi(a_{00})=0$，$\varphi(a_{01})=1$，$\varphi(a_{10})=2$，$\varphi(a_{02})=3$，$\varphi(a_{11})=4$ 等。照此枚举，$\varphi(a_{ij})=?$ 要计算 $\varphi(a_{ij})$，将阵列式(1.1.6)看成是一些斜列组成：第 1 斜列为 a_{00}、第 2 斜列为 a_{01},a_{10}、第 3 斜列为 $a_{02},a_{11},a_{20},\cdots$，第 i 斜列为 $a_{0i-1},a_{1i-2},\cdots,a_{i-10}$ 等。注意到位于第 i 斜列元素的下标之和为 $i-1$，因此可知 a_{ij} 应位于第 $i+j+1$ 斜列，该斜列前有 $i+j$ 个斜列，共有 $1+2+\cdots+(i+j)=\frac{1}{2}(i+j)(i+j+1)$ 个元素，而在第 $i+j+1$ 斜列中，位于 a_{ij} 前面有 i 个元素。由于编号是从 0 开始的，即 $\varphi(a_{00})=0$，所以 a_{ij} 的编号应为 $\frac{1}{2}(i+j)(i+j+1)+i$。因此得到：$\varphi(a_{ij})=\frac{1}{2}(i+j)(i+j+1)+i$ 或 $\varphi(a_{ij})=\frac{1}{2}[(i+j)^2+3i+j]$。针对式(1.1.6)阵列，还可以有其他枚举算法，有兴趣者可以试一试。

命题 1.1.9　设 A 是可数无穷集，B 是有穷集，则 $A\cup B$ 是可数集。

命题 1.1.10　可数集的任何无穷子集都是可数集。

这两道命题的证明不难，留作读者练习。

1.1.3　可数集概念的延伸

1. 可数集的笛卡儿积

笛卡儿(Descartes)是伟大的哲学家、物理学家、数学家和生理学家，17 世纪欧洲哲学界和科学界最具影响力的巨匠之一。笛卡儿不仅是现代西方哲学思想的奠基人，有"现代哲学之父"之美誉，而且又是一位勇于探索的科学家，他所创立的"解析几何学"将以往相互对立的几何学中的"形"与代数学中的"数"统一起来，使几何曲线与代数方程相结合，为后来牛顿、莱布尼兹发现微积分以及一大批其他数学家的新发现开辟了道路，也为现代计算机科学与技术的发展与应用提供了重要的思想工具。因为在解析几何直角坐标系中，平面上的"点"是采用形如(x,y)的有序对来表示的，所以当人们用"有序对"的方法构造新的集合时，便自然将它与笛卡儿的名字联系在了一起。

设 A 和 B 为集合，则由所有的有序对 $\langle a,b\rangle$ 组成的集合，其中 $a\in A,b\in B$，称为 A 和 B 的笛卡儿积。即 $A\times B=\{\langle a,b\rangle \mid a\in A \text{ 且 } b\in B\}$。

注意：有序对 $\langle a,b\rangle$ 也可表示为 (a,b)，但不能与 $\{a,b\}$ 混淆。$\{a,b\}$ 表示以 a,b 为元素

的集合。通常有$\{a,b\}=\{b,a\}$,但$\langle a,b\rangle\neq\langle b,a\rangle$。

命题 1.1.11 如果 A 和 B 都是可数集,那么 $A\times B$ 也是可数集。

证明:由 A、B 均可数,故可将它们的元素分别枚举如下:

$$\begin{aligned}&A: a_0, a_1, a_2, \cdots\\&B: b_0, b_1, b_2, \cdots\end{aligned}\tag{1.1.7}$$

令 $C_i=\{\langle a_i,b_j\rangle\mid j=0,1,2,\cdots\}(i=0,1,2,\cdots)$,则 C_i 是可数集。于是 $A\times B=\bigcup_{i=0}^{\infty}C_i$,即 $A\times B$ 可以看成是可数个可数集的并集,故 $A\times B$ 是可数集。■

笛卡儿积的概念可以推广,即由两个集合的笛卡儿积推广到任意有限个(甚至无穷个)集合的笛卡儿积。

设 $A_1,\cdots,A_m$ 是 m 个集合,则 $A_1\times\cdots\times A_m=\{(a_1,\cdots,a_m)\mid a_i\in A_i(i=1,2,\cdots,m)\}$ 称为这 m 个集合的笛卡儿积。

命题 1.1.12 任意有穷个可数集的笛卡儿积是可数集。

证明:设 $A_1,A_2,\cdots,A_m$ 为 m 个可数集。试用归纳于 m 的方法来证明命题结论。

奠基步:当 $m=1$ 时,A_1 是可数集,命题成立。

归纳推导步:设 $m-1$ 个可数集的笛卡儿积可数,即 $A_1\times A_2\times\cdots\times A_{m-1}$ 为可数集。引入可数集 A_m,由命题 1.1.11 知,笛卡儿积$(A_1\times A_2\times\cdots\times A_{m-1})\times A_m$ 是可数的。

将集合 $A_1\times A_2\times\cdots\times A_m$ 中形如$(a_1,a_2,\cdots,a_m)$的元素与集合$(A_1\times A_2\times\cdots\times A_{m-1})\times A_m$ 中形如$((a_1,a_2,\cdots,a_{m-1}),a_m)$的元素作对应,则不难验证集合 $A_1\times A_2\times\cdots\times A_m$ 与集合$(A_1\times A_2\times\cdots\times A_{m-1})\times A_m$ 是等价的,故集合 $A_1\times A_2\times\cdots\times A_m$ 可数。根据归纳法原理知命题成立。■

2. 有理数集 Q

有理数(rational number)的真正含义是"成比例的数",即任何一个有理数都可以写成两个整数比 $m/n(n\neq0)$的形式。有理数通常可分为正有理数、0 和负有理数,所有有理数组成的集合记为 **Q**。每个有理数都可以在数轴上表示,而且它们在数轴上是稠密的。直观上有理数要比自然数"多得多",但实际情况并非如此。下面的命题告诉我们:在许多情况下直观的认识并不严谨,甚至是错误的。

命题 1.1.13 全体有理数组成的集合 **Q** 是可数集。

证明:用 $\mathbf{Q}^+$ 表示全体正有理数的集合,由于对每个有理数 $q>0$ 而言,q 均可表示为两个正整数(自然数)的比,因此可以用正整数的有序对$\langle m,n\rangle(n\neq0)$来表示 q,故有 $\mathbf{Q}^+\subseteq\mathbf{N}\times\mathbf{N}$(严格地说,$\mathbf{Q}^+$ 与 $\mathbf{N}\times\mathbf{N}$ 的某个子集等价),从而 $\mathbf{Q}^+$ 是可数集。同理,全体负有理数组成的集合 $\mathbf{Q}^-$ 也是可数集。由 $\mathbf{Q}=\mathbf{Q}^+\cup\{0\}\cup\mathbf{Q}^-$ 及命题 1.1.9 和推论 1.1.7 知 **Q** 是可数集。■

3. 整系数多项式

多项式的研究源于"代数方程求解",是最古老的数学问题之一。从表现的形式上看,多项式只有加法和乘法运算,其计算"简单";从表达的对象来看,多项式无限可微,其形状"平滑"。由于这些特点,使得多项式在数值分析、图论、计算机绘图等领域有着广泛的应用。

设 x 是一个符号,$a_0,a_1,\cdots,a_n$ 是 $n+1$ 个整数,形如 $a_0x^n+a_1x^{n-1}+\cdots+a_{n-1}x+a_n$ 的式子称为一个 n 次的整系数多项式。

命题 1.1.14 全体整系数多项式的集合是可数集。

证明：用 $F(x)$ 表示全体整系数多项式的集合，$F_n(x)$ 表示 n 次整系数多项式的全体。由于每个多项式都有一定的次数，所以有 $F(x)=F_0(x)\cup F_1(x)\cup F_2(x)\cup\cdots=\bigcup\limits_{n=0}^{\infty}F_n(x)$。因此，只要证明每个 $F_n(x)$ 都是可数集即可。

注意到任何 $F_n(x)$ 中的元素 $a_0x^n+a_1x^{n-1}+\cdots+a_{n-1}x+a_n$ 都可以和整数集上形如 $(a_0,a_1,\cdots,a_n)$ 的 $n+1$ 元数组对应，而由命题 1.1.12 可知，所有 $n+1$ 元整数的数组集是可数的，故 $F_n(x)$ 可数。而 $F(x)$ 是可数个可数集的并集，根据命题 1.1.8，它也为可数集。■

4. 自然数有穷子集的集合

如果对任意的 $a\in A$ 均有 $a\in B$，则称集合 A 是集合 B 的子集，记为 $A\subseteq B$；如果 $A\subseteq B$ 并且有 $b\in B$ 且 $b\notin A$，则称 A 是 B 的真子集，记为 $A\subset B$。

设 A 是集合，如果有自然数 n，集合 A 中恰好有 n 个元素，称 A 是有穷集合。设 $\mathbf{N}$ 是自然数集，所有 $\mathbf{N}$ 的有穷子集组成的集合记为 $\mathbf{N}^{<\mathbf{N}}$。

命题 1.1.15 所有自然数集的有穷子集组成的集合 $\mathbf{N}^{<\mathbf{N}}$ 是可数集。

证明：对集合 $\mathbf{N}^{<\mathbf{N}}$ 的元素进行分类：设不含任何元素的自然数子集的集合为 $\mathbf{N}_0$（$\mathbf{N}_0=\phi$）；含有 1 个元素的自然数子集的集合为 $\mathbf{N}_1=\{\{n\}\mid n\in\mathbf{N}\}$……一般地，含 n 个元素的自然数子集的集合为 $\mathbf{N}_n=\{\{a_1,a_2,\cdots,a_n\}\mid a_i\in\mathbf{N},i=1,2,\cdots,n\}$，则不难看出，所有自然数集的有穷子集组成的集合 $\mathbf{N}^{<\mathbf{N}}=\mathbf{N}_0\cup\mathbf{N}_1\cup\mathbf{N}_2\cup\cdots=\bigcup\limits_{n=0}^{\infty}\mathbf{N}_n$，即为可数个集合的并集。因此只要证明每个 $\mathbf{N}_n$ 是可数集即可。

这里将介绍一种编码方法来证明 $\mathbf{N}_n$ 是可数集。对 $\mathbf{N}_n$ 的任一元素 $A=\{a_1,a_2,\cdots,a_n\}$，其中 $a_i(i=1,2,\cdots,n)$ 是自然数。令 $C(A)=2^{a_1}+2^{a_2}+\cdots+2^{a_n}$ 是元素 A 的码，显然 $\mathbf{N}_n$ 的每个元素都有一个自然数码，不仅如此，当 $A=\{a_1,a_2,\cdots,a_n\}$ 和 $B=\{b_1,b_2,\cdots,b_n\}$ 是 $\mathbf{N}_n$ 的两个不同元素时，即 $A\neq B$，它们的码 $C(A)$ 和 $C(B)$ 是不同的。

用 C_n 表示 $\mathbf{N}_n$ 所有元素的码组成的集合，则 $C_n\subseteq\mathbf{N}$ 且不难验证 $\mathbf{N}_n\simeq C_n$，因而可得 $\mathbf{N}_n$ 可数。由此证明 $\mathbf{N}^{<\mathbf{N}}$ 是可数个可数集的并集，根据命题 1.1.8，它是可数集。■

注意：命题 1.1.15 中所涉及的自然数的子集为有穷集，这一点很重要。如果将自然数"有穷子集"的概念换成自然数的"任意子集"，则命题的结论将会发生质的变化。实际上，以后我们会看到，所有自然数集的子集组成的集合是不可数的。

5. 符号、语句与程序

语言是人类最重要的交流与沟通工具，而人们与计算机之间的"交流"则是通过"计算机程序设计语言"实现的。无论何种语言，其基础都可归结为"一组符号"和"一组规则"，根据规则由符号构成的符号串的总体就是语言。在任何一种计算机程序设计语言中，都要事先规定好该语言采用的"符号"有哪些，这些符号按何种规则构成"字"，进而形成"语句"，又由"语句"最终产生"程序"。所以无论多复杂的"计算机程序"，都可视为一个按特定规则排列起来的"符号串"。对此，给出如下描述：

- **符号集**。设 S 是由一些符号（如大小写字母、数字、+、-、*、/、=、&、$ 等）组成的集合，又称符号集。
- **符号串**。由 S 的元素组成的有穷序列称为符号串。符号串用小写希腊字母 α、β、γ

等表示,特别地,λ 表示空串。

符号串 α 中含有符号的个数(相同元素重复计算)称为符号串 α 的长度,记为 $l(\alpha)$。

符号串 α 和符号串 β 相等,记为 $\alpha=\beta$,当且仅当 $l(\alpha)=l(\beta)$,且 α 和 β 中符号与其排列的次序完全一样。

- **符号串集**。所有 S 的符号串组成的集合记为 $\sum^{<S}$。

命题 1.1.16 如果符号集 S 是可数集,则 $\sum^{<S}$ 也是可数集。

证明:用 $\sum_n$ 表示所有长度为 n 的符号串组成的集合,则对任意的 $\alpha\in\sum_n$,α 可用 S 元素的有序 n 元组表示,所以有

$$\sum_n \simeq \underbrace{S\times S\times\cdots\times S}_{n} \tag{1.1.8}$$

根据命题 1.1.12 知 $\sum_n$ 是可数集。注意到

$$\sum^{<S}=\sum_0\cup\sum_1\cup\sum_2\cup\cdots=\bigcup_{n=0}^{\infty}\sum_n \tag{1.1.9}$$

是可数个可数集的并,因而它也是可数集。■

计算机程序是一些特定符号组成的序列,由于程序设计语言采用的符号最多是可数的,因此根据命题 1.1.16 便有下面结论:

推论 1.1.17 所有的计算机程序最多是可数的。

1.2 康拓尔对角线方法

了解了可数集的概念之后,大家自然会关心是否还会有不可数的无穷集。与“可数集”的概念相对应,可以用较为直接的陈述来描述“不可数集”概念:所谓“不可数集”就是无法通过枚举的方法将其中的元素完全排列出来的集合。在给出“可数集”概念的基础上证明“不可数集”的存在性,足以表明“无穷”之间是存在差别的,这并非是康拓尔的“自圆其说”,而是科学的重大发现。康拓尔在证明不可数集存在性过程中采用的方法(简称对角线方法)已成为数学研究领域中一个十分重要的方法。

1.2.1 波尔查诺的无穷观

波尔查诺是捷克数学家、哲学家,其主要数学成就涉及分析学的数学基础问题。19 世纪初期,他对函数性质进行了仔细分析,在柯西之前就给出了连续性和导数的适当定义以及序列和级数收敛性的正确概念。在无穷集合论的建立过程中,波尔查诺最先发现了“无穷集”的一个基本性质:即无穷集的部分或真子集可以等价于其整体。例如,区间[0,5]中的实数可以通过公式 $y=12x/5$ 与区间[0,12]中的实数形成 1-1 对应(一一对应)的关系,尽管前者只是后者的局部。波尔查诺在无穷集方面的重要见解对康拓尔创建无穷集合理论产生了积极的影响。康拓尔在用对角线方法证明实数集 $\mathbf{R}$ 是不可数集时,首先对实数集进行了压缩。

1. 实数集 R 的压缩

命题 1.2.1　实数集 **R** 和区间[0,1]是等价的。

证明：在直角坐标系中，**R** 中的全体实数和 y 数轴上的点（视为实数）是 1-1 对应的。这里引进两个符号 $+\infty$ 和 $-\infty$，并将它们分别视为全体实数的两个端点（这样做并不影响 **R** 基数的变化）。考虑下面的对应规则：

$$\varphi(x)=\begin{cases}+\infty & x=1\\ \tan\dfrac{\pi}{2}(2x-1), & 0<x<1\\ -\infty, & x=0\end{cases} \tag{1.2.1}$$

当 x 在区间[0,1]中变化时，其像 $\varphi(x)$ 在 y 轴上从 $-\infty$ 到 $+\infty$ 的整个区间中变化。φ 将区间[0,1]中的点与整个 y 轴上的点（包括 $+\infty$）1-1 对应，因而得到 $\mathbf{R}\sim[0,1]$。■

2. 区间[0,1]中实数的 $2^{\#}$ 表示

通常采用十进制（$10^{\#}$）的计数方式来表示数，而对于学习计算机的同学来说，很容易接受的一个事实是：所有 $10^{\#}$ 均可用二进制（$2^{\#}$）数表示，而且这种表示之间是一一对应的关系。当一个数 $x\in[0,1]$ 时，即 $0\leqslant x\leqslant 1$，其 $2^{\#}$ 表示可以写成如下的形式：

$$0.a_0a_1\cdots a_n\cdots \tag{1.2.2}$$

其中，每个 a_n 是 1 或是 0，而且可以通过补 0 的方法使得小数点后面呈 0 和 1 的无穷序列。特别有数 1 可以表示为 0.11111…。据此可知所有形如式(1.2.2)的 $2^{\#}$ 表示的小数和 **R** 中的实数是一一对应的。所以要证明 **R** 不可数，只要证明所有形如式(1.2.2)的 $2^{\#}$ 小数是不可数的，这其中将用到康拓尔著名的对角线方法。

1.2.2　康拓尔的证明

命题 1.2.2　实数集 **R** 是不可数集。

证明：根据前面分析，只需证明所有形如式(1.2.2)的 $2^{\#}$ 小数的全体是不可数的。

用反证法证明，如果全体形如式(1.2.2)的 $2^{\#}$ 小数是可数的，则这些数的全体可枚举如下：

$$\begin{array}{l}0.x_{00}x_{01}x_{02}x_{03}\cdots\\ 0.x_{10}x_{11}x_{12}x_{13}\cdots\\ 0.x_{20}x_{21}x_{22}x_{23}\cdots\\ 0.x_{30}x_{31}x_{32}x_{33}\cdots\\ \quad\vdots\end{array} \tag{1.2.3}$$

其中，每个 x_{ij} 是 0 或 1。利用枚举式(1.2.3)构造一个 $2^{\#}$ 小数 $y=0.y_0y_1\cdots y_n\cdots$ 满足：如果 $x_{ii}=0$，则令 $y_i=1$；如果 $x_{ii}=1$，则令 $y_i=0$。不难验证，y 不同于式(1.2.3)所枚举出的全体 $2^{\#}$ 小数中的任意一个，由此产生矛盾。此矛盾说明全体 $2^{\#}$ 小数是不能枚举的，因此它们不可数，进而得到 **R** 也是不可数的。■

注意：在命题 1.2.2 的证明中，所设想的全体 $2^{\#}$ 小数的枚举式(1.2.3)可以视为一个阵列，而 $2^{\#}$ 小数 y 的构造则是依次考虑了该阵列中的 $x_{00},x_{11},\cdots,x_{m},\cdots$。由于这些数位好似位于阵列的对角线上，所以将如此构造新的对象的方法称为“对角线方法”。

由命题 1.2.2 的证明，不难得出下面的结论。

推论 1.2.3 由所有 0 和 1 无穷序列(0-1 无穷序列)组成的集合是不可数集。

再看一个运用康拓尔对角线方法证明数学命题的例子。

命题 1.2.4 全体自然数集到自然数集的函数组成的集合 $\mathbf{N}^{\mathbf{N}}$ 是不可数集。

证明：运用反证法。如果 $\mathbf{N}^{\mathbf{N}}$ 是可数集，那么它的全体元素可枚举如下：

$$f_0, f_1, \cdots, f_n, \cdots \tag{1.2.4}$$

构造函数 g，使得对任意 $n\in\mathbf{N}$，$g(n)=f_n(n)+1$。则函数 g 是自然数集上的函数，即 $g\in\mathbf{N}^{\mathbf{N}}$，于是 g 应在枚举式(1.2.4)中出现，即存在某个 n，g 为函数 f_n。但由 g 的定义知，$g(n)=f_n(n)+1\neq f_n(n)$，矛盾。此矛盾说明 $\mathbf{N}^{\mathbf{N}}$ 是无法枚举的，因而不可数。■

注意：

(1) 集合 $\mathbf{N}^{\mathbf{N}}$ 的元素是一些函数 $f:\mathbf{N}\to\mathbf{N}$，即 f 的定义域是 $\mathbf{N}$，其值域是 $\mathbf{N}$ 的子集。定义在自然数集上的函数可以是多元函数，但利用编码技术可以将定义在自然数集上的多元函数转化成一元函数，所以不失一般性，在此只考虑一元函数。

(2) 在命题 1.2.4 的证明中，函数 g 的构造依次考虑了所设想枚举式(1.2.4)中的函数值 $f_0(0), f_1(1), \cdots, f_n(n), \cdots$，这和在命题 1.2.2 证明中使用的对角线方法是一致的。

1.2.3 自然数集的幂集$\mathscr{P}(\mathbf{N})$

1. 自然数集幂集 $\mathscr{P}(\mathbf{N})$的定义

自然数集 $\mathbf{N}$ 的所有子集组成的集合称为 $\mathbf{N}$ 的幂集，记为 $\mathscr{P}(\mathbf{N})$，即 $\mathscr{P}(\mathbf{N})=\{A\mid A\subseteq\mathbf{N}\}$。

注意：在命题 1.1.15 中曾经考虑过自然数集的子集，但当时所涉及的是“有穷子集”，而这里的 $\mathscr{P}(\mathbf{N})$则包含了自然数集的“任意子集”，要注意其中的变化。在此将证明“所有自然数集的子集组成的集合 $\mathscr{P}(\mathbf{N})$是不可数的”。

为了证明 $\mathscr{P}(\mathbf{N})$的不可数性，这里引入“特征函数”的概念。

2. 自然数集子集的特征函数

设 $A\subseteq\mathbf{N}$ 是自然数集 $\mathbf{N}$ 的子集，定义 $\mathbf{N}$ 上的函数 χ_A 满足：

$$\chi_A(n)=\begin{cases}1, & n\in A\\ 0, & n\notin A\end{cases} \tag{1.2.5}$$

则函数 χ_A 称为子集 $A\subseteq\mathbf{N}$ 的特征函数。

利用特征函数的概念，可以依次得到下面的断言。

(1) 每个自然数集的子集都可用一个 0-1 无穷序列表示。

设 $A\subseteq\mathbf{N}$ 是自然数集的子集，由 χ_A 的定义可以看出，对任意的自然数 n，若 $n\in A$，则 $\chi_A(n)=1$；若 $n\notin A$，则 $\chi_A(n)=0$。如果将 χ_A 的函数值 $\chi_A(0), \chi_A(1), \cdots, \chi_A(n), \cdots$ 依次枚举出来便得到了一个 0-1 无穷序列。该 0-1 无穷序列称为子集 A 的表示序列。

(2) 每个 0-1 无穷序列均可导出 $\mathbf{N}$ 的一个子集。

设 $\chi=a_0a_1\cdots a_n\cdots$ 是一个 0-1 无穷序列，其中 $a_i\in\{0,1\}$，$i=0,1,\cdots$。定义一自然数集 B 满足 $n\in B$ 当且仅当序列 $\chi=a_0a_1\cdots a_n\cdots$ 中第 $n+1$ 位 a_n 的值为 1，显然 $B\subseteq\mathbf{N}$。此时，如

果 χ_B 是 B 的特征函数，那么对任意 $n\in \mathbf{N}$，有 $\chi_B(n)=a_n$，并满足 $\chi_B(n)=1$ 当且仅当 $n\in B$。子集 B 称为序列 $\chi=a_0a_1\cdots a_n\cdots$ 导出的子集。

(3) 对 $\mathbf{N}$ 的任意两个子集 A 和 B，如果 $A\neq B$，则有 $\chi_A\neq\chi_B$，且 A 和 B 的表示序列也不相同。

如果 $A\neq B$，那么一定存在 $n\in\mathbf{N}$，使得 $n\in A, n\notin B$ 或者 $n\in B, n\notin A$。无论何种情况均有 $\chi_A(n)\neq\chi_B(n)$，所以 $\chi_A\neq\chi_B$。

依据上述断言即可得到下列命题。

命题 1.2.5　幂集 $\mathscr{P}(\mathbf{N})$ 和所有 0-1 无穷序列组成的集合等价，进而有 $\mathscr{P}(\mathbf{N})\simeq\mathbf{R}$。

证明：由于 $\mathscr{P}(\mathbf{N})$ 的元素和 0-1 无穷序列 1-1 对应，而 0-1 无穷序列和区间 $[0,1]$ 中的 $2^{\#}$ 小数 1-1 对应，区间 $[0,1]$ 中的 $2^{\#}$ 小数又与 $\mathbf{R}$ 中的实数 1-1 对应，故有 $\mathscr{P}(\mathbf{N})\simeq\mathbf{R}$。■

推论 1.2.6　所有自然数集的子集组成的集合 $\mathscr{P}(\mathbf{N})$ 是不可数集。

3. 超越数

实数包括有理数和无理数，其中有理数又称代数数，无理数又称非代数数或超越数。通过前面的证明可知：有理数集是可数集，而实数集是不可数集。由此即可得到如下命题。

命题 1.2.7　所有超越数组成的集合是不可数集。

该命题揭示了一个事实：绝大部分的实数是无理数。

1.3 基数

在 1.1 节和 1.2 节中已经见到，无穷集可分为可数集和不可数集。从直观上看，不可数集要比可数集大得多。因此，同是无穷量就出现了差异，这种差异给了人们启示：无穷集是有大小的。这一思想由康拓尔最早引入，并为朴素集合论研究与发展奠定了基础。为了在“量”上给出集合之间“大”与“小”的描述，康拓尔定义了集合“基数”的概念。

1.3.1 基数的概念

在 1.1 节中曾经给出了集合之间“等价”的概念，即集合 A 和集合 B 的元素之间如果能够建立 1-1 对应，则称集合 A 和集合 B 是等价的。康拓尔将这种等价称为“等势”。命题 1.1.4 则说明这种“等势”是集合之间的一种“等价关系”，因此利用这一等价关系，可以将所有的集合进行“分类”，基数的概念正是在这种分类的基础上产生的。

基数是等势的集合组成的一个等价类，集合 M 和集合 N 同属一个等价类的充要条件是集合 M 和集合 N 等势，即 $M\simeq N$。集合 M 所在的等价类称为 M 的基数，记为 $\overline{\overline{M}}$(或 $|M|$)。

康拓尔用 $\overline{\overline{M}}$ 表示 M 的基数，意味由“集”到其“势”的双重抽象。在以后的叙述中，将使用现在普遍使用的记号 $|M|$ 表示集合 M 的基数。有道是：把顶在头上的两根“棍子”当“拐杖”使，可以让人感觉轻松些。

命题 1.3.1　设 $|M|$ 是一基数，如果集合 $N\in|M|$，则 $N\simeq M$ 且 $|N|=|M|$。

注意：根据基数的定义，命题 1.3.1 的结论是显然的，它反映了一个重要事实：如果集合 N 在等价类 $|M|$ 中(或者说具有基数 $|M|$)，那么可以说集合 N 和集合 M 的元素是"一样多"的。特别地，集合 M 具有基数 $|M|$，因此从某种意义上讲，基数 $|M|$ 的确反映了集合 M 中元素多少的特性。

1.3.2 基数大小关系性质

设 M 和 N 是集合，如果有 N 的子集 N_1，使得 $M \simeq N_1$，则称 M 的基数不大于(或小于等于) N 的基数，记为 $|M| \leqslant |N|$ (或 $|N| \geqslant |M|$)。

如果 M 和 N 是集合，且有 N 的子集 N_1 使得 $M \simeq N_1$，但没有 M 的子集 M_1 使得 $N \simeq M_1$，则称 M 的基数小于 N 的基数，记为 $|M| < |N|$ (或 $|N| > |M|$)。

命题 1.3.2 集合基数间的关系 $\leqslant$ 是传递的，即当 $|M| \leqslant |N|$ 且 $|N| \leqslant |P|$ 时，有 $|M| \leqslant |P|$。

证明：由 $|M| \leqslant |N|$ 知，存在 $N_1 \subseteq N$ 使得 $M \simeq N_1$。同样由 $|N| \leqslant |P|$ 知：存在 $P_1 \subseteq P$ 使得 $N \simeq P_1$。再由 $N_1 \subseteq N$ 和 $N \simeq P_1$ 可得存在 $P_2 \subseteq P_1$ 使得 $N_1 \simeq P_2$。注意到 P_2 也是 P 的子集，利用 $\simeq$ 的传递性知 $M \simeq N_1 \simeq P_2 \subseteq P$，因此 $|M| \leqslant |P|$。 ■

命题 1.3.3(伯恩斯坦定理) 设 M, N 是集合，如果 $|M| \leqslant |N|$ 且 $|M| \geqslant |N|$，则 $|M| = |N|$。

证明：由 $|M| \leqslant |N|$ 知，存在 N 的子集 N_1 使得 $M \simeq N_1 (\subseteq N)$；同样由 $|N| \leqslant |M|$ 知：存在 M 的子集 M_1 使得 $N \simeq M_1 (\subseteq M)$。

令 $g: M \to N_1$ 的 1-1 映射，$f: N \to M_1$ 的 1-1 映射。注意到 N_1 是 N 的子集，如果 $N_1 = N$，则有 $M \simeq N_1 = N$，就有 $|M| = |N|$。因此假设 $N_1 \subset N$，同理假设 $M_1 \subset M$。下面将利用 1-1 对应 f 和 g 构造一个 M 到 N 间的 1-1 对应 h，并由此证明 $|M| = |N|$。

令 $A_0 = M - M_1$，则 $A_0 \subset M$。用 $g[A_0]$ 表示 g 关于集合 A_0 的像的全体，则 $g[A_0] \subseteq g[M]$，其中 $g[M]$ 表示 g 关于集合 M 的像的全体。令 $B_1 = g[A_0]$，则 $B_1 \subseteq N$ 是 N 的一个子集。依次令 $A_1 = f[B_1]$，$B_2 = g[A_1]$，$A_2 = f[B_2]$，…，这样便分别得到一个 M 的子集序列 $A_0, A_1, A_2, \cdots, A_n, \cdots$ 和一个 N 的子集序列 $B_1, B_2, B_3, \cdots, B_{n+1}, \cdots$。注意 g 和 f 分别是 $M \to N$ 和 $N \to M$ 中的单射，故有 $A_0 \simeq B_1 \simeq A_1 \simeq B_2 \simeq \cdots$。

令 $A = A_0 \cup A_1 \cup \cdots \cup A_n \cup \cdots = \bigcup_{i=0}^{\infty} A_i$，则 A 是 M 的子集，同样 $B = \bigcup_{i=1}^{\infty} B_i$ 是 N 的子集。考虑集合 $N - B$ 和 $M - A$。

令 $f_1 = f|(N - B)$，即映射 f 在子集 $N - B$ 上的限制。任取 $x \in N - B$，则有 $f_1(x) = f(x)$。如果 $f(x) \in A$，则有某个 i 使得 $f(x) \in A_i$，因为 $A_i = f[B_i]$，所以应有某个 $y \in B_i$ 使得 $f(y) = f(x)$，注意到 $y \notin N - B$，故有 $y \neq x$，这与 f 是单射发生矛盾，此矛盾说明必有 $f(x) \notin A$，进而有 $f(x) \in M - A$，因此可得 f_1 是 $N - B$ 到 $M - A$ 上的映射。现任取 $y \in M - A$，则 $y \in M$，因而有 $x \in N$ 使得 $f(x) = y$。如果 $x \in B$，那么有某个 i 使得 $x \in B_{i+1}$，于是有 $y = f(x) \in f[B_{i+1}] = A_{i+1}$，这和 $y \notin A$ 矛盾，因此必有 $x \notin B$，从而得 $x \in N - B$，此说明 f 是 $N - B$ 到 $M - A$ 的满射。由 f 为单射，而 f_1 是 f 在 $N - B$ 上的限制，故 f_1 也是单射，从而 f_1 是 $N - B$ 到 $M - A$ 上的 1-1 映射。于是 f_1^{-1} 就是 $M - A$ 到 $N - B$ 上的 1-1 映射。

对于 M 的元素，有 $x\in A$ 和 $x\in M-A$ 两种可能，定义 $M\to N$ 的对应 h 如下：

$$h(x)=\begin{cases}f_1^{-1}(x), & x\in M-A\\ g(x), & x\in A\end{cases} \tag{1.3.1}$$

下面证明 h 是 M 到 N 的 1-1 映射。

首先，对任意 $x\in M$，不可能同时有 $x\in A$ 和 $x\in M-A$，故 $h(x)$ 唯一确定，即 h 是 $M\to N$ 的映射。其次，任取 $y\in N$，如果 $y\in B$，则有某个 $i\geqslant 0$ 使得 $y\in B_{i+1}$，而 $B_{i+1}=g[A_i]$，故有 $x\in A_i\subseteq A$，使得 $g(x)=y$，即 $h(x)=y$；如果 $y\notin B$，即 $y\in N-B$，则有 $x\in M-A$，使得 $f_1^{-1}(x)=y$，即 $h(x)=y$，故 h 是 $M\to N$ 的满射。最后，如果 $h(x)=h(y)$，则 $g(x)=g(y)$ 或 $f_1^{-1}(x)=f_1^{-1}(y)$，由 g 和 f_1^{-1} 都是单射知必有 $x=y$，故 h 是单射。由于 h 是 M 到 N 的 1-1 映射，所以 $M\simeq N$，因此 $|M|=|N|$。 ■

注意：命题 1.3.3 又称为康托尔-伯恩斯坦(Bernstein)-施罗德(Schroeder)定理。康托尔最早给出的证明依赖于选择公理，而上面的证明则表明这个结果的证明可以不使用选择公理。由于康托尔贡献了最初的版本，以及他在集合论中的突出成就，所以人们更加倾向于加上康托尔的名字。

1.4 自然数与有穷集

自然数是人们认识的所有数中最基本的一类，也是人们在日常生活中接触和使用最多的一类。为了使数的系统有严密的逻辑基础，19 世纪的数学家建立了自然数的两种等价的理论，即自然数的基数理论和自然数的序数理论，使自然数的概念、运算和有关性质得到严格的论述。本节将从集合论的观点来认识自然数。

1.4.1 集合论观点下的自然数

在集合论中，自然数是通过以下的方式描述的：

ϕ 是空集(表示 0)记为 $\tilde{0}$；$\{\phi\}$ 是以空集为元素的单点集(又称幺集，表示 1)记为 $\tilde{1}$；$\{\phi,\{\phi\}\}$(表示 2)记为 $\tilde{2}$；$\{\phi,\{\phi\},\{\phi,\{\phi\}\}\}$(表示 3) 记为 $\tilde{3}$；…；如果已有表示 n 的集合 $\tilde{n}$，则表示 $n+1$ 的集合 $\widetilde{n+1}$ 定义为 $\tilde{n}\cup\{\tilde{n}\}$；…。

根据上面的描述可以看出，任意自然数 n 都有集合 $\tilde{n}$ 与之对应。不仅如此，还有：若自然数 $m\neq n$ 则有 $\tilde{m}\neq\tilde{n}$，$m<n$ 的充要条件是 $\tilde{m}\in\tilde{n}$。由此可见，每个自然数都有其集合的表示。今后，依旧用 $0,1,2,\cdots,n,\cdots$ 来表示自然数。依据集合论的观点，自然数 0 是空集 ϕ，且对任意的自然数 $n(n>0)$ 有 $n=\{0,1,2,\cdots,n-1\}$，即 n 是依照通常的自然数次序由排在它前面的所有自然数组成的集合。

1.4.2 有穷集与有穷基数

过去将有穷集描述为“由有限的元素组成的集合”，并且说“如果一个集合不是有穷集，那么它就是无穷集”。这样的描述是建立在直观基础之上的，人们很难从这样的描述中分析和研究有穷集与无穷集的性质与差别。然而，在给出自然数的集合论描述之后，上述问题也就迎刃而解了。

1. 有穷集

将自然数视为集合，我们给出有穷集的定义：

集合 M 是有穷集，当且仅当存在某个自然数 n 使得 $M \simeq n$。

2. 有穷基数

有了有穷集的定义，可建立有穷基数的概念。

空集 ϕ 表示 0，其基数为 0；$\{\phi\}$ 表示 1，其基数为 1；一般地对有穷集 A 而言，如果 $a \notin A$，那么基数 $|A \cup \{a\}|$ 为 $|A|+1$。

命题 1.4.1 对每个自然数 n 而言，有穷基数 $n=|\{0,1,2,\cdots,n-1\}|$。

证明：试用归纳于 n 的方法来证明命题。

奠基步：当 $n=0$ 时，0 为空集 ϕ 即为 0 的基数。

归纳推导步：假定 n 是集合 $\{0,1,2,\cdots,n-1\}$ 的基数，令 $A=\{0,1,2,\cdots,n-1\}$，则 $|A|=n$。由 $n \notin A$，根据有穷集基数的定义知集合 $A \cup \{n\}$ 的基数为 $|A|+1$，即为 $n+1$。故 $n+1$ 是集合 $\{0,1,2,\cdots,n-1,n\}$ 的基数。 ■

注意：通过上面的分析可知，自然数 n 既可视为数，又可视为集合，还可视为基数。

3. 有穷集的性质

命题 1.4.2 集合 M 是有穷集当且仅当存在自然数 n，使得 $|M|=n$。

该命题可以通过有穷集的定义以及有穷基数的描述直接证得。接下来的命题则反映了有穷集合的一个重要性质，它揭示了有穷集区别于无穷集的一个本质特征。

命题 1.4.3 如果 $|M|=n$（n 为自然数），并且 $M \simeq M_1 \subseteq M$，则有 $M_1=M$，即有穷集不能与它的任何一个真子集等价。

证明：施归纳于有穷集 M 的基数 n 证明命题。

奠基步：当 $n=0$ 时，$|M|=0$，即 $M=\phi$，由 $M_1 \subseteq M$ 可得 $M_1=\phi=M$。

归纳推导步：假定命题在有穷集 $|M|=n$ 时成立，考虑 $|M|=n+1$ 时的情形。

设 $M_1 \subseteq M$ 且 $M \simeq M_1$，同时令 f 是 $M \to M_1$ 的 1-1 映射。任取 $a \in M$，则 $f(a) \in M_1$。由 $M \simeq M_1$ 及映射 f 的定义不难得到 $M-\{a\} \simeq M_1-\{f(a)\}$，同时显然有 $M-\{a\} \simeq M-\{f(a)\}$，因此可推出 $M-\{f(a)\} \simeq M_1-\{f(a)\}$；另一方面，由 $M_1 \subseteq M$ 又可得到 $M_1-\{f(a)\} \subseteq M-\{f(a)\}$，所以便得到了集合 $M-\{f(a)\}$ 与其子集 $M_1-\{f(a)\}$ 等价。注意到 $|M-\{f(a)\}|=n$，根据归纳假设就有 $M-\{f(a)\}=M_1-\{f(a)\}$，又因为 $f(a) \in M$，所以有 $M=M_1$。根据归纳法原理，命题得证。 ■

1.5 无穷集与 $\aleph_0$

1.5.1 最小的无穷量

当一个集合是无穷集时，其基数称为无穷基数或超穷基数。

自然数集合 **N** 的基数记为$\aleph_0$。

由于所有的可数无穷集都和自然数集等价，所以所有可数无穷集的基数均为$\aleph_0$。关于$\aleph_0$有如下命题：

命题 1.5.1 如果 n 为有穷基数，则 $n<\aleph_0$。

证明：利用自然数的集合表示，n 可看成是自然数集的子集$\{0,1,2,\cdots,n-1\}$的基数，故有 $n\leqslant\aleph_0$。如果 $n=\aleph_0$，那么 $n+1$ 也是有穷基数，同样 $n+1\leqslant\aleph_0$，这样就有 $n+1\leqslant n$，这与 $n<n+1$ 相矛盾，故必有 $n<\aleph_0$。 ■

命题 1.5.2 任一无穷集 M 必有一个可数无穷子集。

证明：由于 M 不空，任取 M 的一个元素 a_0，在 $M-\{a_0\}$ 中再取 $a_1,\cdots$，假定已取了 a_0，$a_1,\cdots,a_{n-1}$，由 M 是无穷集，可知 $M-\{a_0,a_1,\cdots,a_{n-1}\}$ 是非空集，因此可以从中再取 a_n，显然 a_n 和前面的元素均不相同。照此下去，便得到 M 的一个子集$\{a_0,a_1,\cdots,a_n,\cdots\}$。显然它是 M 的一个可数无穷子集。 ■

命题 1.5.3 如果$|M|$是无穷基数，则$\aleph_0\leqslant|M|$，即$\aleph_0$是无穷基数中最小者。

证明：由于$|M|$无穷，那么集 M 为无穷。由命题 1.5.2，M 中有一可数无穷子集，该子集的基数为$\aleph_0$，故$\aleph_0\leqslant|M|$。 ■

1.5.2 无穷集的肚量

命题 1.5.4 任一无穷集 M 必与它的一个真子集等价。

证明：设$\{a_0,a_1,\cdots\}$是 M 的一个可数无穷子集，令 P 是 M 中去掉 $a_0,a_1,\cdots$后的余集，则 $M=P\cup\{a_0,a_1,\cdots\}$。不难看出$\{a_1,a_2,\cdots\}$也是 M 的一个可数无穷子集，且与$\{a_0,a_1,\cdots\}$等价，因此 $P\cup\{a_1,a_2,\cdots\}\simeq P\cup\{a_0,a_1,\cdots\}$，即 M 与其真子集 $M-\{a_0\}$ 等价。 ■

命题 1.5.5 对任一无穷集 M，引入有穷个或可数无穷个元素后，其基数保持不变。

证明：设$\{a_0,a_1,\cdots\}$是 M 的一个可数无穷子集，则 $M=P\cup\{a_0,a_1,\cdots\}$。对任意可数集 B，$B\cup\{a_0,a_1,\cdots\}$也可数，于是有$\{a_0,a_1,\cdots\}\simeq B\cup\{a_0,a_1,\cdots\}$，继而便可得到 $M\cup B\simeq P\cup\{a_0,a_1,\cdots\}$，即$|M|=|M\cup B|$。 ■

命题 1.5.6 如果 M 是不可数集，则从 M 中抽取出有穷多个或可数无穷多个元素后其基数不变。

证明：在 M 中抽取可数无穷个元素为 $a_0,a_1,\cdots,a_n,\cdots$，则 $M=P\cup\{a_0,a_1,\cdots,a_n,\cdots\}$。对余集 P 而言，由命题 1.5.5 可知$|P|=|P\cup\{a_0,a_1,\cdots,a_n,\cdots\}|$，故$|P|=|M|$。 ■

注意：命题 1.5.4 和命题 1.5.5 是关于任意无穷集的，而命题 1.5.6 则是关于不可数无穷集的。如果说前两个命题表现了无穷集的“大肚”，那么后一命题则展示了不可数无穷集的“海量”。

1.6 更高的超穷基数

1.6.1 幂集的基数

在 1.2.3 节中曾给出自然数集的幂集 $\mathscr{P}(\mathbf{N})$的定义。一般地讲：

如果 M 是集合，则所有 M 的子集组成的集合就成为 M 的幂集，记为 $\mathscr{P}(M)$，即 $\mathscr{P}(M)=\{A\mid A\subseteq M\}$。

命题 1.6.1 设 A 是含有 n 个元素的集合，则 $\mathscr{P}(A)$ 含有 2^n 个元素。

证明：只要证明集合 A 恰好有 2^n 个子集。运用组合知识有：集合 A 中含 $m(\leqslant n)$ 个元素的子集个数为 C_n^m，m 分别取 $0,1,2,\cdots,n$，即得到 A 的所有子集个数为 $C_n^0+C_n^1+\cdots+C_n^n$。利用多项式 $(x+1)^n$ 的展开式 $(x+1)^n=C_n^0x^n+\cdots+C_n^{n-1}x+C_n^n$ 并令 $x=1$，即可得 $C_n^0+C_n^1+\cdots+C_n^n=2^n$。 ■

根据有穷集及其基数的定义知，如果 A 是有穷集且 $|A|=n$，那么有 $|\mathscr{P}(A)|=2^n$。将它推广至无穷集的情形，有：

对任意集合 M，若 M 的基数为 $|M|$，则幂集 $\mathscr{P}(M)$ 的基数为 $2^{|M|}$。

例如：自然数集 $\mathbf{N}$ 的基数为 $\aleph_0$，其幂集 $\mathscr{P}(\mathbf{N})$ 的基数为 $2^{\aleph_0}$。

如果 A 是有穷集，可以得到 $|A|<2^{|A|}$，那么对无穷集，结论又将如何呢？康拓尔回答了这一问题。

1.6.2 关于幂集的康拓尔定理

命题 1.6.2（康拓尔定理） 对任何集合 M，$|M|<|\mathscr{P}(\boldsymbol{M})|$。

证明：如果 M 是有穷集，$|M|=n$，则 $|\mathscr{P}(\boldsymbol{M})|=2^n$，显然有 $|M|<|\mathscr{P}(\boldsymbol{M})|$。对于一般的情形，从两个方面进行证明。

(1) 首先证明 $|M|\leqslant|\mathscr{P}(\boldsymbol{M})|$。

对任意 $m\in M$，$\{m\}$ 是 M 的子集，即 $\{m\}\in\mathscr{P}(M)$，令 $M_1=\{\{m\}\mid m\in M\}$，则 $M_1\subseteq\mathscr{P}(\boldsymbol{M})$。显然 $M\simeq M_1$，故有 $|M|\leqslant|\mathscr{P}(\boldsymbol{M})|$。

(2) 再证明 $|M|\neq|\mathscr{P}(\boldsymbol{M})|$。

反证，如果有 $|M|=|\mathscr{P}(\boldsymbol{M})|$，则有 $M\sim\mathscr{P}(\boldsymbol{M})$，于是存在 M 到 $\mathscr{P}(\boldsymbol{M})$ 的 1-1 对应 f，对任意的 $m\in M$，$f(m)\in\mathscr{P}(\boldsymbol{M})$，$f(m)$ 是 M 的一个子集，即 $f(m)\subseteq M$。

定义 M 的子集 $T=\{m\in M\mid m\notin f(m)\}$，则 $T\in\mathscr{P}(\boldsymbol{M})$。因为 f 是 $M\to\mathscr{P}(\boldsymbol{M})$ 的 1-1 对应，所以有 $m_0\in M$ 使得 $f(m_0)=T$，由此可得 $m_0\in T\Leftrightarrow m_0\notin f(m_0)\Leftrightarrow m_0\notin T$，矛盾！此矛盾表明不可能有 M 到 $\mathscr{P}(\boldsymbol{M})$ 的 1-1 对应，所以必有 $|M|\neq|\mathscr{P}(\boldsymbol{M})|$。

由(1)和(2)可得到 $|M|<|\mathscr{P}(\boldsymbol{M})|$。 ■

注意在 1.2.3 节中已经证明了实数集 $\mathbf{R}$ 和自然数集的幂集 $\mathscr{P}(\mathbf{N})$ 是等价的，而 $\mathbf{N}$ 的基数是 $\aleph_0$，于是 $\mathbf{R}$ 的基数当为 $2^{\aleph_0}$。根据幂集的康拓尔定理即可得到如下推论。

推论 1.6.3 $\aleph_0<2^{\aleph_0}$。

注意：$\aleph_0$ 和 $2^{\aleph_0}$ 都是无穷量，而推论 1.6.3 告诉我们，无穷量也有大小，是可以进行比较的。

1.6.3 其他超穷集的基数

反复使用幂集方法产生新集，如 $\mathbf{N},\mathscr{P}(\mathbf{N}),\mathscr{P}(\mathscr{P}(\mathbf{N})),\cdots$，就可以得一个超穷基数的无穷

序列，如$\aleph_0$，$2^{\aleph_0}$，$2^{2^{\aleph_0}}$，…，并且由关于幂集的康拓尔定理知，在这样的超穷基数的无穷序列中后者严格大于前者。下面让我们进一步认识超穷基数。

命题1.6.4 全体实平面上的点组成集合的基数为$2^{\aleph_0}$。

证明：在笛卡儿平面坐标系中，点可以由实数对(x,y)表示。根据前面分析知，每个实数可以看成是一个0-1的无穷序列，因此点(x,y)可以用两个0-1无穷序列$x_0x_1x_2\cdots$和$y_0y_1y_2\cdots$表示，用交叉枚举的方式可以将这两个序列合并成一个序列$x_0y_0x_1y_1x_2y_2\cdots$，这样每个实平面的点都唯一对应于一个实数。反之，任何一个实数的0-1序列表示，均可按上述的合并法逆向拆分成确定的两个0-1无穷序列而使之与实平面的点对应。由此证得全体实平面上的点与实数集中的实数是1-1对应的，所以命题成立。 ■

在命题1.6.4的基础上，利用数学归纳法不难证明以下命题。

命题1.6.5 对任意$n\geqslant 1$，n维实欧几里得空间的点组成集合的势为$2^{\aleph_0}$。特别地，三维空间的点组成集合的基数为$2^{\aleph_0}$。

有限维空间的概念可以扩展到无限维空间，对此有如下结论。

命题1.6.6 $\aleph_0$维实欧几里得空间的点组成集合的基数为$2^{\aleph_0}$。

证明：$\aleph_0$维实欧几里得空间的点可表示为$(x_0,x_1,x_2,\cdots)$，其中每个x_i均为实数，因而都可以表示成0-1的无穷序列。对每个i，设表示x_i的0-1无穷序列为$x_{i0}x_{i1}x_{i2}\cdots$，则点$(x_0,x_1,x_2,\cdots)$可以用$\aleph_0$个0-1无穷序列表示。将这$\aleph_0$个0-1无穷序列按照下列方式重新枚举：

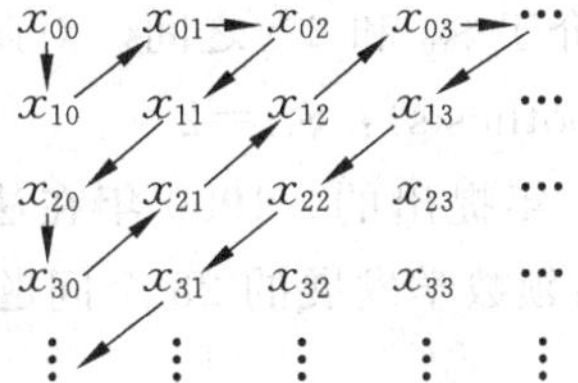

便得到了一个0-1的无穷序列。此说明$\aleph_0$维实欧氏空间的点与实数是1-1对应的。 ■

命题1.6.7 全体实连续函数组成集合的基数为$2^{\aleph_0}$。

证明：先证明数学分析中的一道命题：设f和g是实数上的函数，且有相同的定义域，即$\mathrm{dom}\, f=\mathrm{dom}\, g$。若对任意的有理数$x\in \mathrm{dom}\, f\cap \mathrm{dom}\, g$都有$f(x)=g(x)$，则对任意的实数$y\in \mathrm{dom}\, f\cap \mathrm{dom}\, g$，必有$f(y)=g(y)$。对此，任取$x_0\in \mathrm{dom}\, f\cap \mathrm{dom}\, g$，如果$x_0$是有理数，那么$f(x_0)=g(x_0)$；如果$x_0$是无理数，则可取一有理数的无穷序列$q_0,q_1,q_2,\cdots$即$\{q_m\}$使得$\lim\limits_{n\to\infty}q_n=x_0$。由于对所有$n$，$f(q_n)=g(q_n)$以及$f$与$g$在$x_0$处是连续的，所以有$f(x_0)=\lim\limits_{n\to\infty}f(q_n)=\lim\limits_{n\to\infty}g(q_n)=g(x_0)$。

上述证明说明，每个实连续函数由它在其定义域中有理数点的取值而完全确定。因此，每个实连续函数可以由一有理数集的子集来确定，而这样的集最多为$2^{\aleph_0}$个。此外，对每个实数a，取值为a的常数函数f_a是连续的，这样的函数至少又有$2^{\aleph_0}$个。命题得证。 ■

命题1.6.8 全体实函数组成的集合的基数为$2^{2^{\aleph_0}}$。

证明：由命题1.6.4知，全体实平面(2维实欧氏空间)上的点所组成的集的基数为$2^{\aleph_0}$。设此集为$\mathbf{R}^2$，那么$|\mathbf{R}^2|=2^{\aleph_0}$，于是$|\mathscr{P}(\mathbf{R}^2)|=2^{2^{\aleph_0}}$，其中$\mathscr{P}(\mathbf{R}^2)$是所有$\mathbf{R}^2$子集组成的集合，即$\mathbf{R}^2$的幂集。

我们知道，任一实函数f都可用平面上的曲线(图形)表示出来，而平面中的曲线又可

视为 $\mathbf{R}^2$ 的一个子集，这样的子集最多为 $2^{2^{\aleph_0}}$ 个，因此所有的实函数最多也只有 $2^{2^{\aleph_0}}$ 个。此外，对任一实数集 $\mathbf{R}$ 的子集 A，可以定义函数 f_A 满足：$f_A(x)=1$ 当且仅当 $x\in A$，否则 $f_A(x)=0$。而 $\mathbf{R}$ 所有子集的个数为 $2^{2^{\aleph_0}}$ 个，因而至少可定义 $2^{2^{\aleph_0}}$ 个这样的实函数。综上可得所有实函数组成的集合的基数为 $2^{2^{\aleph_0}}$。 ■

1.6.4 连续统与连续统假设

我们已有了基数(势)的概念，并且知道基数是可比较的。由康拓尔定理知道，在某个超穷基数的基础上，可以构造出更大的超穷基数，如 $\aleph_0, 2^{\aleph_0}, 2^{2^{\aleph_0}}, \cdots$，其中 $\aleph_0$ 是所有可数无穷集的基数，如自然数集、整数集、有理数集等。而 $2^{\aleph_0}$ 是自然数集幂集的基数，其势为 $2^{\aleph_0}$ 的集合还有实数集、全体自然数集上的函数集、全体无理数的集合等。特别地，在笛卡儿解析几何中，全体实数与实欧几里得直线上的点的坐标 1-1 对应，此直线上的点集即为“线连续统”，因此基数 $2^{\aleph_0}$ 便称为“连续统的势”。

可数无穷集的基数为 $\aleph_0$，实数集(或连续统)的基数为 $2^{\aleph_0}$，由康拓尔定理知 $\aleph_0<2^{\aleph_0}$。于是便产生了一个问题：是否存在集合，其基数介于 $\aleph_0$ 和 $2^{\aleph_0}$ 之间？如果用 $\aleph_1$ 表示大于 $\aleph_0$ 的最小超穷基数，则 $\aleph_0<\aleph_1$，且显然有 $\aleph_1\leqslant 2^{\aleph_0}$。那么上述问题又可表述为是否有 $\aleph_1=2^{\aleph_0}$。若 $\aleph_1\neq 2^{\aleph_0}$ 则 $\aleph_1<2^{\aleph_0}$，那么就有集合，其基数为 $\aleph_1$，它介于 $\aleph_0$ 和 $2^{\aleph_0}$ 之间；若 $\aleph_1=2^{\aleph_0}$，则不存在集合，其基数介于 $\aleph_0$ 和 $2^{\aleph_0}$ 之间。对此，便有了如下著名的假设。

连续统假设(Continuum Hypothesis)：$\aleph_1=2^{\aleph_0}$。

连续统假设是康拓尔在 1874 年提出的。1900 年在法国巴黎召开的世界数学家大会上，著名数学家希尔伯特提出了引领数学发展的 23 个问题，其中第 1 问题即为连续统假设问题。

20 世纪 30 年代，德国著名数学家、逻辑学家哥德尔(Gödel)证明了连续统假设的协调性，即承认 $\aleph_1=2^{\aleph_0}$ 和现行的集合论的公理体系不矛盾。

20 世纪 60 年代，美国著名数学家科恩(Choen)证明了连续统假设的独立性，即承认 $\aleph_1\neq 2^{\aleph_0}$ 和现行的集合论公理体系也不矛盾。

本章习题

习题 1.1 试证明集合之间的等价关系满足：

(1) 自反性，即对任意集合 A，有 $A\simeq A$；

(2) 对称性，即对任意集合 A 和 B，如果 $A\simeq B$，那么 $B\simeq A$；

(3) 传递性，即对任意集合 A、B 和 C，如果 $A\simeq B$ 且 $B\simeq C$，那么 $A\simeq C$。

习题 1.2 证明如果 A 是可数集，B 是有穷集，那么 $A\cup B$ 是可数集。

习题 1.3 证明任何可数集的无穷子集都是可数集。

习题 1.4 试证明在实平面中圆 $x^2+y^2=1$ 上的点组成的集合与区间 $[0,1]$ 等价。

习题 1.5 证明所有无理数组成集合的基数为 $2^{\aleph_0}$。

习题 1.6　设 $A_0, A_1, \cdots$ 是一组两两不交的集合，且每个集合的基数都是 $2^{\aleph_0}$，令 $A=\bigcup_{i=0}^{\infty} A_i$，证明 $|A|=2^{\aleph_0}$。

习题 1.7　设 $\mathbf{R}[x]$ 是由全体实系数多项式组成的集合，证明 $\mathbf{R}[x]$ 的基数为 $2^{\aleph_0}$。

习题 1.8　设 $\mathbf{R}$ 是实数集，如果 $R \subseteq \mathbf{R}\times\mathbf{R}$，则称 R 为一实二元关系。试计算所有实二元关系组成集合的基数。

习题 1.9　设 $\mathbf{Q}$ 是有理数集。证明存在 $\mathbf{Q}$ 上的序关系 $\prec$，如果对任意有理数 p 和 q，当 $p \prec q$ 时，则称“p 小于 q”，那么对 $\mathbf{Q}$ 的任意非空子集 $P \subseteq \mathbf{Q}$，P 都有在序关系 $\prec$ 下的“最小元”。

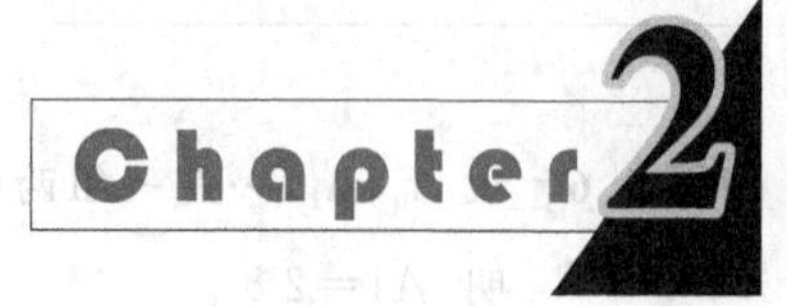

第 2 章 可计算性理论基础

可计算性理论(Computability Theory)是研究计算一般性质的数学理论,也称算法理论或能行性理论。可计算性理论的重要课题之一是通过建立计算的数学模型,给出"计算"这一直观概念的数学描述,并明确区分哪些问题是可计算的,哪些问题是不可计算的。

"计算"是人类基本的思维活动和行为方式,也是人们认识世界与改造世界的基本方法。随着计算机的诞生和计算机科学技术的发展,计算领域已成为一个极其活跃的领域,作为现代技术的重要标志之一,计算技术的发展已成为世界各国经济增长的主要动力。"计算"无处不在,而作为一门学科却是在 20 世纪末才为人们真正认识的,这要归功于美国计算机学会(简称 ACM)和美国电气电子工程师学会计算机分会(简称 IEEE-CS)联合组成的攻关组成员艰苦卓绝的工作[①]。目前,计算学科正以令人惊异的速度发展,涉及范围已大大超出传统的计算机科学与技术的研究领域,成为一门内容丰富、应用范围极广的学科[②]。如今,"计算"已不再是一个一般意义上的概念,而是"各门科学研究的一种基本视角、观念和方法,并已上升到一种具有世界观和方法论特征的哲学范畴"[③]。

可计算性理论是计算机软件与理论的重要组成部分之一,也是计算机科学的理论基础。20 世纪 30 年代图灵在可计算性理论方面取得的研究成果,对后来出现的存储程序计算机,即冯·诺依曼型计算机的设计思想产生了重要影响。目前,可计算性理论的基本概念、思想和方法已被广泛应用于计算机科学的各个领域,如算法设计与分析、计算机体系结构、数据结构、编译方法与技术、程序设计语言语义分析等。

本章介绍可计算性理论的基础知识,主要有计算概念的形成与发展和计算概念的数学描述,包括递归函数、图灵可计算性和理想计算机可计算性的定义以及它们之间的关系等。在学习过程中,将感受数学的魅力和数学大家们在建立可计算性理论基础过程中所展现出的高超思维方式。通过本章学习,要充分认识可计算性概念本质,深入理解可计算性概念数学表示和定义的基本思想方法,初步弄清各类可计算性函数之间的关系,重点掌握递归函数的基本概念与基本性质。

2.1 计算概念的形成与发展

计算概念的形成与发展经历了漫长的历史,它是计算科学思想史研究的主要线索之一。

---

① Denning P J, et al. Computing as a discipline. Communications of the ACM[J]. 1989, Vol. 32(1).

② 董荣胜,古天龙. 计算机科学技术与方法论[M]. 北京:人民邮电出版社,2002.

③ 郝宁湘. 计算:一个新的哲学范畴. 哲学动态[J]. 2000 年第 11 期.

尽管目前还无法考证人类究竟是从什么时期开始计数和进行数的运算的，但从现有的考古发现和有文字记载的史料中，人们仍然可以捕捉到早期人类在计算领域取得的成就以及从中体现出的人类智慧。在《力量——改变人类文明的 50 大科学定理》一书中，公式 1+1=2 被列为之首是有充分道理的，人类对数的可加性的发现和推广应用正是数学科学的全部根基[①]，称之为计算概念的形成与发展的雏形也未尝不可。目前对计算概念的形成与发展尚无系统的研究成果，不过可以从以下几个方面加以认识。

2.1.1 计算概念的初识——抽象思维的进步

人类的计算是伴随着人类文明的起源和进步而产生和发展的。最初计算的表现形式是“计数”，“数”的概念是人们通过计数认识的。在漫长的进化和发展过程中，人类的大脑逐渐具有了一种特殊的本领，这就是把直观的形象变成抽象的数字，进行抽象思维活动。正是由于能够在“象”和“数”之间互相转换，人类才真正具备了认识世界的能力。从“计数”到“数”的概念形成，是人类在抽象思维领域中迈出的辉煌一步。

考古发现，最早人类留有计数痕迹的东西是一些带有刻痕的骨头，这些骨头出土于欧洲西部，距今已有 2 万至 3 万年的历史，当时生活在这一地区的是奥里尼雅克(Aurignacian)时期(法国旧石器时代前期)的克罗麦昂(Cro-Magnon)人。将形象事物以刻痕的形式表示并记录在骨头上，表明当时的人类已或多或少地认识了“映射”的概念，而这一概念却是数学科学中最为基本也是十分重要的一个概念。人类最早使用计数系统的证据，是 1937 年在捷克斯诺伐克(Czechoslovakia)出土的 2 万年前的狼的颚骨，颚骨上“逢五一组”，共有 55 条刻痕。这样的记数方式被人类沿用至今，“正”字记数法便是例证。

在人类历史的探索与发现过程中，研究地球构造及历史的地质学家和观察人类体质与社会特征的人类学家向我们提供了早期人类活动的种种遗迹。他们通过地层里各个时期堆积物的相对位置来估测远古至今各个时代的顺序，并以此来探索人类科学的起源[②]。而研究科学思想史的科学家们则倾向于从自然科学最初形成的学科体系中寻觅人类科学思想史的根源，认为“古代科学最先发展起来的是天文学与数学，其次是力学，此外还有一些生物学与医学方面的研究，因为这几个学科同古代人类的生产与生活关系最为密切”[③]。然而，如果没有更早期人类对数的认识、数的表示和数的计算等方面取得的成就，无论是在古埃及通过人们反复测量土地诞生的最初的几何学，还是古巴比伦人最早认识的“金星运动周期”和对日食、月食的预报都是不可能的，这是一个可想而知的事实。计算科学思想史研究关注早期人类的“计算”行为方式，并以此为线索探寻和揭示人类在计算科学领域的重要思想以及计算科学进步的基本规律，这对促进人类科学思想史研究与发展有着重要意义。

2.1.2 计算概念的定义——计算本质的揭示

在数学科学领域，与“计算”密切相关的概念之一是“算法”，任何计算都是在一定算法支

① 李啸虎，田廷彦，马丁玲. 力量——改变人类文明的 50 大科学定理[M]. 上海：上海文化出版社，2005.

② 丹皮尔著. 科学史及其与哲学与宗教的关系(第四版)[M]. 李珩译. 北京：商务出版社，1987.

③ 林德宏. 科学思想史[M]. 南京：江苏科学技术出版社，1985.

持下进行的。公元前3世纪,古希腊和中国的数学家就有了算法的概念,如当时的欧几里得辗转相除法就是最好的例子。大约在公元9世纪初期,阿拉伯著名数学家、天文学家和地理学家花剌子密(al-Khwārizmi)①就给出了现在人们所熟悉的自然数运算规则。在一个相当长的时期里,人们把"确定关于数学对象(如整数、实数、连续函数等)的各种命题是否正确"作为数学的基本任务。随着社会的发展以及生产实际的需要,人们逐步开始关心另一类数学任务,"其中之一是在数学发展早期就被认为有极大的重要性,而且至今还在产生着具有重大数学意义的问题,即解决各种问题的算法或能行的计算过程的存在性问题"②。显然要想真正解决这一问题,就必须对"计算"的概念有一个清楚的认识。到20世纪30至40年代,该问题的解决有了突破性进展,一些著名的数学家几乎同时完全独立地给出了相当于能行可计算函数概念的各种确切定义,其中包括邱奇(Church)的λ-可定义性概念③,赫尔布兰德-哥德尔-格林(Herbrand-Gödel-Kleene)的一般递归性概念④,图灵的可计算性概念⑤等。经证明,这些形式上完全不同的概念是等价的。随着计算机的出现和计算机程序设计语言的发展,到20世纪50至60年代,人们又从不同的角度给出了可计算性函数的一些定义,其中有基于基本字符集算法的马尔科夫(Markov)可计算函数,以及基于URM(Unlimited Register Machine)理想计算机的谢菲尔德森-史特吉斯(Shepherdson-Sturgis)可计算函数等。同样,后者描述的可计算函数类与前面提到的是相一致的⑥。

2.1.3 计算概念的发展——计算方式的进化

人们在计算领域的探索和追求,导致了计算工具的发展,而计算工具的发展,特别是电子计算机的出现以及它在各个领域的广泛应用,又促进了计算方式的不断进化。人类的计算方式已由早期的手工和机械方式,进化到了现代的电子计算方式。计算理论如何发展,计算方式如何进一步演变,是当今人类十分关注的问题。20世纪90年代,美国计算机科学家艾德曼(Adleman)博士在美国《科学》杂志上发表文章,针对组合数学的有关问题,提出了分子计算模型,即DNA计算模型,并以解决7个结点的Hamilton问题为实例,成功地在DNA溶液的试管中进行了运算实验⑦。与此同时,量子计算(Quantum Computation)在理论上取得重大进展。量子计算概念是由美国阿冈国家实验室的保罗·贝尼奥夫(Paul Benioff)在20世纪80年初提出的⑧。到了1994年,贝尔(Bell)实验室的应用数学家彼得·

① 花剌子密(al-Khwārizmi)的拉丁文译名为Algoritmi,后成为Algorithm即"算法"一词的由来.

② 戴维斯著.可计算性与不可解性[M].沈泓译.北京:北京大学出版社,1984.

③ Church A. The Calculi of Lambda-conversion[M]. Princeton: Princeton University Press, 1941.

④ Kleene S C. General Recursive Function's of Natural Numbers. Mathematische Ann. [J]. 1936(112): 727-742.

⑤ Turing A M. On Computable Numbers, with an Application to the Entscheidungs problem. Proceedings of London Mathematical Society[J]. 1936-1937(45-46): 230-256, 544-546.

⑥ Cutland N. Computability-An introduction to recursive function theory[M]. London: Cambridge Uni. Press, 1980.

⑦ Adleman L. Molecular computation of solutions to combinatorial problems. Science[J]. 1994(266-11): 1021-1024.

⑧ Benioff P. The computer as a physical system: A microscopic quantum mechanical Hamiltonian model of computers as represented by Turing machines, Journal of Stat. Phys. [J]. 1980(22): 563-591.

肖尔(Peter Shor)于当年 IEEE 基础计算理论年会发表突破性工作——快速整数因数分解方法[①],使量子计算的潜在应用实力迅速引起广泛关注。虽然 DNA 计算和量子计算目前在理论上尚在雏形,但是我们相信,随着历史的前进和人类科技的进步,人们在新型计算理论研究与应用方面必将取得辉煌的成就,这些成就将表明:人类在计算领域的探索是永无止境的,其前景是广阔的。

2.2 算法与能行过程

"计算"是解决问题的最基本手段。随着计算机科学与技术的发展,"计算"的内涵与外延均发生了巨大的变化,其应用范围涉及社会发展的各个领域。"计算"离不开计算的规则与方法,正确的计算规则建立与可行的计算方法设计是正确地解决问题的关键所在。这其中便涉及"算法"的概念。

2.2.1 算法概念的由来

"算法"在中国古代文献中称为"术",最早在《周髀算经》、《九章算术》等数学名著中均有充分体现,如《周髀算经》中的勾股定理、分数运算和《九章算术》中的四则运算、求最大公约数、最小公倍数、开平方根、开立方根的方法、求素数的埃拉托斯特尼(Eratosthenes)筛法以及线性方程组求解方法等,都是现在人们所熟悉的算法。

现在人们普遍使用的英文算法 Algorithm 一词与阿拉伯数学家花剌子密以及他在代数和算术领域作出的重要贡献密切相关。花剌子密是生活在 8 世纪末 9 世纪初波斯的一位数学家、天文学家及地理学家,也是当时巴格达智慧之家的学者。花剌子密在数学领域最主要的贡献是他在 9 世纪 30 年代完成的著作《代数学》,该书首次系统地给出了解决一次方程及一元二次方程的理论与方法,大大扩展了此前的数学概念,为数学的发展开辟了一条新路径。正是因为在代数领域的特殊贡献,使他获得了"代数创造者"的殊荣,这一美誉与较之早 500 多年的古希腊数学家丢番图(Diophantus)所获得的"代数之父"美称齐名。花剌子密在数学领域的另一项重要贡献是关于"算术"的。在公元 825 年他所著的《印度数字算术》一书中,采用了印度-阿拉伯数字系统,即十进制进位制的记数系统,并给出了数的运算规则。花剌子密在印度数字方面的著作被翻译成拉丁文,并在中世纪时传入中东和西方,对西方中世纪的科学发展起到了重要的作用。花剌子密的拉丁文音译则为 Algorithm,而《印度数字算术》的拉丁语翻译是 Algoritmi de numero Indorum,其中包含了"花剌子密"运算法则之意,这正是英文中"算法"(Algorithm)一词的由来。如今 Algorithm 已由一个数学家名字的音译变成了一个十分重要的数学概念。

---

① Shor P W. Algorithm for quantum computation: discrete log and factoring. Proc. of the 35th Annual Symposium on Foundations of Computer Science(IEEE Computer Society Press, Los Alamitos, CA), 1994: 12.

2.2.2 算法概念的描述

迄今为止,尚无算法概念的确切定义,这是因为几乎所有问题的解决方法都可由所谓的算法来描述。面对问题的多样性和复杂性,当人们试图用语言对"变化莫测"的算法给出一个系统而又明确的定义时,总有"此消彼长"或"顾此失彼"的感觉。对此,人们通常以"共性"给出算法的一般性描述,而在特定的学科或应用领域再将相关的算法概念具体化。

算法(Algorithm)是解决一类问题的方法,可以理解为由基本运算及规定的运算顺序所构成的完整和有限的解题步骤。

算法的执行过程是针对一类问题中的特例而进行的,即能够对一定规范的特定输入,在有限时间内获得所要求的输出结果,从而达到解决问题的目的。算法的表示方法很多,通常有自然语言、伪代码、流程图、程序设计语言、控制表等。用自然语言描述算法往往显得冗长且容易引起歧义,因此很少用于在技术层面上较为复杂的算法描述;伪代码、流程图和控制表等以结构化的方法来表示算法,可以避免自然语言描述中普遍存在的二义性问题,因而是算法表示的常用工具;用程序设计语言的主要目的是通过对算法进行编程使之在计算机上得以实现。

在实际应用中,算法应具有以下几个方面的特征。

- **输入项**:一个算法有0个或多个输入,是算法执行的初始状态,一般由人为设定。0输入的情形通常发生在算法的初始状态由算法本身来设定的情况下。
- **输出项**:一个算法必须有一个或多个输出,以反映算法对输入数据加工后的结果。没有输出的算法是毫无意义的。
- **明确性**:算法的描述必须无歧义并且每一步骤都有确切的定义,以保证算法的实际执行结果是正确的,并能符合人们的希望和要求。
- **可行性**:也称有效性或能行性。算法中描述的任何计算步骤都是通过可以实现的基本运算的有限次执行来完成的,或从直观上讲,每个计算步骤至少在原理上能由人用纸和笔在有限的时间内完成。
- **有穷性**:算法有穷性是指算法的执行过程必须在有限的步骤和时间内终止。

注意:满足前4个特征的一组指令序列在实际应用中不能称为算法,只能称为计算过程。例如,计算机的操作系统就是一个典型的计算过程,操作系统用来管理计算机资源,控制作业的运行,没有作业运行时,计算过程并不停止,而是处于"等待"状态。

在计算机应用技术领域,算法通常是针对实际问题而设计,并且通过编程的手段实现的,其目的是运用计算机解决实际问题。在此情况下,一个无休止运行而无结果的算法是毫无意义的。因此,在计算机应用领域,掌握算法设计与分析的理论和方法是十分重要的。一方面,要求人们针对实际问题设计出正确的算法,如果一个算法有缺陷,或不适合于某个问题,执行这个算法将不会解决这个问题。另一方面,又要求人们学会选择和改进已有的算法,同样的问题可以有不同的算法,算法的优劣可以用**空间复杂度**与**时间复杂度**来衡量,不断提高算法的效率始终是人们不懈努力的追求。随着存储技术的发展,最能反映算法效率的时间复杂度已成为人们在算法设计与分析过程中关注的最主要方面之一。

注意：算法设计与分析已形成一套较为完整的理论与方法体系，对于从事计算机应用与开发的工作和技术人员来说，这些理论与方法是必须掌握的。目前有大量关于算法设计与分析的文献、专著和教材，然而作为算法设计与分析的基础，首先必须弄清楚的问题是：计算的本质是什么？“可计算”的确切定义是什么？究竟哪些问题是可计算的？而这就是“可计算性理论”要回答的问题。

2.2.3 能行过程与可计算性

在数学与计算机科学中，算法又可以说成是一个“能行过程”(effective procedure) 或“能行方法”(effective method)。能行过程是针对“问题”的，通常的说法是“解决某某问题的能行过程”。

解决问题的过程是一个问题状态变化的过程。如果用参数的形式来描述问题的状态，那么解决问题的过程就可以看成是一个参数变化的过程。解决问题开始时的状态称为“初始状态”，初始状态的参数称为“输入参数”；解决问题结束时的状态称为“结果状态”，结果状态的参数称为“输出参数”或“输出结果”。

注意：对一个问题而言，其“输出结果”与“输入参数”之间的关系应该是明确的。但允许有下述情形：有这样的“问题”，它们对输入范围内的有些“输入参数”(有效输入)有明确的“输出结果”，而对有些“输入参数”(无效输入)则没有明确的“输出结果”，甚至“结果”根本就不存在。对这类“问题”，在考虑其能行解决方法时，只要针对有效的输入即可。

> 如果存在解决某问题的能行过程，那么该问题称为是“可解的”或“可计算的”。

注意：如果要说明一类问题是“不可解”或“不可计算的”，那么就必须给出该类问题不存在能行过程的证明。

下面通过实例进一步认识“能行过程”的概念。

例 2-2-1 设 m 和 n 是两个正整数，且 $m \geqslant n$。求 m 和 n 的最大公因子的欧几里得算法可以通过下列过程表示。

步骤 1 以 n 除 m 得余数 r。 //求余数

步骤 2 若 $r=0$，则输出答案 n，过程终止；否则转到步骤 3。 //[①]判断余数是否为 0

步骤 3 将 m 的值变为 n，n 的值变为 r，转至步骤 1。 //变换参数值

分析：上述过程由 3 个步骤组成，输入参数为正整数 m 和 n；每个步骤的描述是明确的并且可以证明过程终止时输出数据为 m 和 n 的最大公因子；过程中的每一步骤都是可以通过一些可实现的基本运算(判断)完成；整个过程经过有穷步后终止。因此，求 m 和 n 最大公因子的欧几里得算法是一个能行过程。所以，求 m 和 n 最大公因子问题是可计算的。

例 2-2-2 考虑函数

$$g(n)=\begin{cases}1, & \text{如果 } \pi \text{ 小数部分有 } n \text{ 个连续的数字 } 7 \\ 0, & \text{否则}\end{cases} \tag{2.2.1}$$

① 本书中的//为注释符号，其后文字(至行末)为解释性内容。

绝大多数数学家会接受 g 是合法定义的函数。同时也存在能行的过程逐位生成 π 小数点后面的数字[①]。用 $\pi(k)$ 表示 π 小数点后面第 k 位数字，C 作为计数器，则可以采用下面的过程来计算 $g(n)$：

给定 n，令 $g(n)=0$，计数器 $C=0$，参数 $k=1$。

步骤 1 计算 $\pi(k)$。 //求 π 小数点后第 k 位数字

步骤 2 如果 $\pi(k)=7$，则 $C \leftarrow C+1$；否则 $C \leftarrow 0$。//计数器逢 7 加 1，否则清 0

步骤 3 如果 $C=n$，则输出 $g(n)=1$，过程终止；如果 $C<n$，则 $k \leftarrow k+1$，转至步骤 1。

分析：上述过程由 3 个步骤组成，对给定的输入 n，如果 π 小数点后面有 n 个连续的 7，那么过程一定会在有限步终止并输出 $g(n)=1$。问题是：如果 π 小数点后面没有 n 个连续的 7，那么上述过程将无休止地运行下去，而且在任何时候都无法得到人们想要的 $g(n)=0$ 的结论。因此，上述过程不是能行过程。

注意：在例 2-2-2 中，虽然给出的函数 g 的计算过程不是能行过程，但却不能以此断言没有计算函数 g 的能行过程。也许有计算函数 g 的能行过程，只是至今尚无人知晓。有趣的是，如果将例 2-2-2 中定义的函数改成如下函数

$$g^*(n)=\begin{cases}1, & \text{如果 } \pi \text{ 小数部分有 } n \text{ 个连续的数字 } 7\\ \uparrow, & \text{否则}\end{cases} \tag{2.2.2}$$

其中，$g^*(n)=\uparrow$ 表示函数 g^* 在输入 n 时无定义。那么计算函数 g 的过程对于 g^* 来说就是一个能行的过程。这是因为对给定的输入 n，如果 π 小数点后面有 n 个连续的 7，那么过程一定会在有限步终止并输出 $g(n)=1$；如果 π 小数点后面没有 n 个连续的 7，那么 $g^*(n)$ 是没有定义的，无须考虑什么"输出结果"的问题。

2.2.4 停机问题

算法也好，能行过程也罢，它们的基本表达形式都可以用一组合适指令（well-defined instructions）的有穷序列来描述。换句话说，在计算机科学领域，它们都可以表示为计算机"程序"。由推论 1.1.17 知，所有的计算机程序最多是可数的，因此可以将所有的程序枚举如下：

$$P_0, P_1, P_2, \cdots, P_e, \cdots \tag{2.2.3}$$

其中，P_e 中的下标 e 可视为该程序的编号或编码。通过上面的分析可知，对任意的程序 P_e 而言，它对某些输入是有明确输出的，运行有穷步后"停机"并给出结果；而对另一些输入可能是没有结果的，并因此进入"死循环"而"不停机"。因此，我们自然会关心下面的问题。

停机问题：是否存在一个能行过程 H，对任意的程序 P_e 和输入 x，H 能判断 P_e 对输入 x 是否停机？

为了回答这一问题，首先要对程序输入与输出的概念做些处理。程序通常有输入和输出，如果一个程序 P_e 的输入是 x，那么经运行后 P_e 的输出可表示为 $P_e(x)$。运用编码技术，可以将程序的输入和输出用自然数表示，因此任何程序都可以视为自然数上的"函数"。

---

① Cutland N. Computability-An introduction to recursive function theory[M]. London: Cambridge Uni. Press, 1980: 69.

命题 2.2.1　停机问题是不可解的。即不存在能行过程 H，对任意的程序 P_e 和输入 x，H 能判断 P_e 对输入 x 是否停机。

证明：运用反证法。如果停机问题是可解的，那么就存在能行过程 H，对任意程序 P_e 和输入 x，当 P_e 对输入 x 停机时有 $H(P_e,x)=1$；当 P_e 对输入 x 不停机时有 $H(P_e,x)=0$，其中 1 和 0 分别表示"停机"和"不停机"之意。

利用 H，我们定义计算过程 F 满足：对任意自然数 n，如果 $H(P_n,n)=1$，则 $F(n)=P_n(n)+1$；如果 $H(P_n,n)=0$，则 $F(n)=0$。因为过程 H 是能行的，所以过程 F 也是能行可计算的，因此计算 F 的程序一定会在程序的枚举式(2.2.3)中出现。设计算 F 的程序编号为 e_0，则 F 可表示为 P_{e_0}，即对任意的 n 均有 $F(n)=P_{e_0}(n)$。接下来考察程序 P_{e_0} 关于输入 e_0 的停机情况。如果程序 P_{e_0} 关于输入 e_0 停机，则有 $H(P_{e_0},e_0)=1$，此时有 $F(e_0)=P_{e_0}(e_0)+1\neq P_{e_0}(e_0)$；如果程序 P_{e_0} 关于输入 e_0 不停机，则 $P_{e_0}(e_0)$ 无定义，由 $H(P_{e_0},e_0)=0$ 却可以得到 $F(e_0)=0\neq P_{e_0}(e_0)$，这和 P_{e_0} 是计算 F 的能行过程矛盾。此矛盾表明判定停机问题的能行过程是不存在的。■

注意：需要指出的是，计算过程是可以用"程序"表述的。一个计算过程是否是能行的在于相应"程序"的运行是否能得到人们所需要的计算结果，所以"能行过程"的概念是针对"程序"的，即能行过程的考察对象是"程序"。但是，"停机问题"是针对所有"程序"的，它的考察对象应该是所有"程序"的汇集。据此我们认为，在一般意义下考虑的"能行过程"不能与所谓"停机问题"同"域"而论，否则就难以避免引起矛盾。

2.3　可计算性概念的数学描述

在 20 世纪以前，人们普遍认为，所有的问题类都是有算法的，人们关于计算问题的研究就是找出解决各类问题的算法来。随着时间的推移，人们发现有许多问题虽然经过长期的研究仍然找不到算法，于是开始怀疑，是否对有些问题来说根本就不存在算法，即它们是不可计算的。那么什么是可计算，什么又是不可计算的呢？要回答这一问题，最关键的就是要给出"可计算性"概念的精确定义。

20 世纪 30 年代，一些著名的数学家和逻辑学家从不同的角度分别给出了"可计算性"概念的确切定义，为计算科学的研究与发展奠定了重要基础。随着计算机的出现和计算科学的发展，科学家们将"可计算性"概念与"程序设计"思想有机结合，从而使"可计算性"的能行过程更加明显，进而大大促进了人们对"可计算性"概念的理解和认识。本节将选择其中的一些描述方法做简单介绍。

由于计算问题均可通过自然数编码的方法用"函数"的形式加以表示，所以可以通过对定义在自然数集上的"可计算性函数"的认识来理解"可计算性"的概念。

2.3.1　递归函数

递归函数是递归论这门学科中最基本的概念，其产生可以追溯到原始递归式的使用，如人们现在所熟知的数的加法与乘法。现代计算机应用技术中，大量的计算过程都是运用递归的形式来描述的，可以说递归技术已经成为计算机科学与技术研究与应用领域的重要技术之一。

1. 原始递归函数

原始递归函数(primitive recursive function)是定义在自然数集上的函数，其值域是自然数集的子集。一般用 $f(x_1,\cdots,x_n)$ 表示函数 f 在变量 $x_1,\cdots,x_n$ 处的取值，并称 f 为 n-元函数。为方便书写，可令 $x=(x_1,\cdots,x_n)$，则函数值 $f(x_1,\cdots,x_n)$ 可表示为 $f(x)$。原始递归函数的定义如下。

按下述规则产生的函数称为原始递归函数。

命题 2.3.1 基本函数：下列基本函数是原始递归函数，即

① 零函数 O，即对任意的 $x\in\mathbf{N}$，$O(x)=0$；

② 后继函数 S，即对任意的 $x\in\mathbf{N}$，$S(x)=x+1$；

③ 投影函数 P_i^n，即对任意的 $n,x_1,\cdots,x_n\in\mathbf{N}$，$n\geqslant 0$，$1\leqslant i\leqslant n$，$P_i^n(x_1,\cdots,x_n)=x_i$。

命题 2.3.2 合成模式：设 $f(y_1,\cdots,y_k)$ 和 $g_1(x),\cdots,g_k(x)$ 是原始递归函数，其中 $x=(x_1,\cdots,x_n)$，则运用合成模式产生的函数 $h(x)=f(g_1(x),\cdots,g_k(x))$ 是原始递归函数。

命题 2.3.3 递归模式：设 $f(x)$ 和 $g(x,y,z)$ 是原始递归函数，其中 $x=(x_1,\cdots,x_n)$，则运用递归模式产生的函数 $h(x,0)=f(x)$，$h(x,y+1)=g(x,y,h(x,y))$ 是原始递归函数。

1931 年，哥德尔在证明著名的不完全性定理时，给出了原始递归函数的描述，并以原始递归式为主要工具，运用编码技术将所有元数学的概念进行了算术化表示。原始递归函数的重要性一直受到数学家和逻辑学家的关注和重视。通常，人们将能够用"纸"和"笔"在有限步里可以计算的函数称为"直观可计算函数"或"可计算函数"。显然，原始递归函数都是直观可计算的。

例 2-3-1 证明自然数加法 $f(x,y)=x+y$ 是原始递归函数。

证明：首先我们注意到自然数集上的恒等函数 $I(x)=x$ 是原始递归函数，因为 $I(x)=P_1^1(x)$。$f(x,y)=x+y$ 可以通过递归模式 $f(x,0)=I(x)$，$f(x,y+1)=S(f(x,y))$ 定义。所以 $f(x,y)=x+y$ 是原始递归函数。■

例 2-3-2 证明自然数乘法 $g(x,y)=x\cdot y$ 是原始递归函数。

证明：我们已经证明了 $x+y$ 是原始递归的，在此基础上 $g(x,y)=x\cdot y$ 可以通过递归模式 $g(x,0)=O(x)$，$g(x,y+1)=g(x,y)+x$ 定义。所以 $g(x,y)=x\cdot y$ 是原始递归函数。■

其实，早在哥德尔给出不完备性定理之前，原始递归函数就已成为数学研究的重要内容。在研究中人们发现，几乎所有的初等函数都是原始递归的，于是便开始猜测：原始递归函数可能穷尽一切可计算的函数。不幸的是人们很快发现这一猜想是不成立的。在 19 世纪 20 年代，就有数学家构造出了可计算的但却不是原始递归的函数，其中最著名的是德国著名数学家阿克曼(Ackermann)在 1928 年给出的函数-阿克曼函数，其定义如下：

$$
\begin{aligned}
\psi(0,y) &= y+1,\\
\psi(x+1,0) &= \psi(x,1),\\
\psi(x+1,y+1) &= \psi(x,\psi(x+1,y))。
\end{aligned}
\tag{2.3.1}
$$

首先阿克曼函数的定义是无二意的。对任意的 $x,y\in\mathbf{N}$，如果 $x=0$，则 $\psi(0,y)=y+1$；

如果 $x>0$,则函数值 $\psi(x,y)$ 可以通过其“前面”的函数值 $\psi(x_1,y_1)$ 来计算,其中 $x_1<x$ 或 $x_1=x$ 并且 $y_1=y$。由于这些“前面”的函数值是有穷的,所以总可以在有限步里计算出函数值 $\psi(x,y)$。例如,$\psi(1,1)=3$ 和 $\psi(2,1)=5$ 等。然而我们却有下面结论。

命题 2.3.4 阿克曼函数不是原始递归函数。

阿克曼函数有一个很特别的性质,即对任何一个一元原始递归函数 $f(y)$,总可找出一个数 a,使得对所有的 y 均有 $f(y)<\psi(a,y)$。这样函数 $\psi(y,y)+1$ 便不可能是原始递归函数,否则将可找出一个数 e 使得对所有的 y 均有 $\psi(y,y)+1<\psi(e,y)$,令 $y=e$,即得 $\psi(e,e)+1<\psi(e,e)$,从而引起矛盾。

当然,也可以通过其他方式证明存在可计算函数不是原始递归的。例如运用原始递归函数最多只有可数无穷个这一断言,采用康拓尔对角线方法就可以形式化构造出可计算但却不是原始递归的函数。问题是除了原始递归函数以外,究竟还有哪些可计算函数呢?又如何给出一个能够穷尽所有可计算函数的数学定义呢?

2. 部分递归函数

1934 年,哥德尔在法国逻辑学家赫尔布兰德(Herbrand)早期工作的启示之下,提出了一般递归函数的定义。1936 年,美国逻辑学家格林(Kleene)又将一般递归函数的概念加以具体化,最终形成了所谓赫尔布兰德-哥德尔-格林(Herbrand-Gödel-Kleene)部分递归函数(partial recursive function)的概念。

部分递归函数除包括由基本函数、合成模式和递归模式描述的全体原始递归函数外,还包括无界搜索模式描述的函数,其中无界搜索模式定义为:

命题 2.3.5 无界搜索模式:如果 $f(x,y)$ 是部分递归函数,其中 $x=(x_1,\cdots,x_n)$,那么通过无界搜索模式定义的函数

$$g(x)=\mu y(f(x,y)=0)=\begin{cases}\text{满足 } \forall z<y(f(x,z)\downarrow \wedge f(x,y)=0) \text{ 的最小 } y, & \text{如果有此 } y\\ \text{无定义}, & \text{否则}\end{cases}$$

是部分递归函数。

注意:

(1)“无界搜索模式”中的符号 μ 表示“最小”之意,称为“μ-算子”,定义中出现的 $f(x,z)\downarrow$ 表示 $f(x,z)$ 有定义;部分递归函数的定义是在原始递归函数的基础上通过引入“无界搜索模式”加以扩充给出的,因此所有原始递归函数都是部分递归函数。

(2) 原始递归函数是全函数,即处处有定义,而部分递归函数则可能在有些地方没有定义,例如,当不存在 y 使得 $f(x,y)=0$ 或者存在某个 $z<y$ 使得 $f(x,z)\uparrow$ 时,$g(x)=\mu y(f(x,y)=0)$ 就没有定义,这便是“部分”的真正含义。

(3) 部分递归函数也称递归函数或一般递归函数。

给出部分递归函数的定义后,可以证明下面的结论。

命题 2.3.6 阿克曼函数是递归函数①。

3. 递归谓词

在数学与计算机科学中,“判定问题”与“计算问题”关系密切,两者在形式上常常可以相

① Cutland N. Computability-An introduction to recursive function theory[M]. London: Cambridge Uni. Press, 1980: 46-47.

互转化。例如,“给定 $x,y\in\mathbf{N}$,判定 x 是否为 y 的因子”就是一个判定问题,如果针对这一问题定义如下函数:

$$f(x,y)=\begin{cases}1, & \text{如果 } x \text{ 是 } y \text{ 的因子}\\ 0, & \text{如果 } x \text{ 非 } y \text{ 的因子}\end{cases}$$

则判定问题便转化成了一个计算问题。如果函数 $f(x,y)$ 是可计算的,那么它对应的判定问题就是“可判定”的。由于可判定问题通常是用“谓词”描述的,因而可建立“递归谓词”的概念。

设 $M(x_1,\cdots,x_n)$ 是关于自然数的 n-元谓词,其特征函数 $c_M(x)$ 定义为:

$$c_M(x)=\begin{cases}1, & \text{如果 } M(x) \text{ 成立}\\ 0, & \text{如果 } M(x) \text{ 不成立}\end{cases}$$

其中,$x=(x_1,\cdots,x_2)$。如果 $c_M(x)$ 是递归函数,则称 n-元谓词 $M(x_1,\cdots,x_n)$ 是递归的。

2.3.2 图灵机与图灵可计算函数

虽然部分递归函数给出了可计算函数的严格数学定义,但是在具体计算过程的每个步骤中,选用什么样的初始函数和执行怎样的基本运算仍然是不明确的。为了消除这些不确定的因素,英国数学家图灵“以人为本”,全面分析了人在计算过程中的行为特点,将计算归结在一些简单、明确的基本操作之上,并于 1936 年发表文章[①],给出了一种抽象的自动机计算模型。该计算模型有自己的“指令系统”,每条“指令”代表一种基本操作,任何算法可计算函数都可通过由指令序列组成的“程序”在自动机上完成计算。图灵的工作第一次将计算和自动机联系起来,对以后计算科学和人工智能的发展产生了巨大的影响。这种“自动机”就是现在人们熟知的“图灵机”。

1. 图灵机

图灵的基本思想是用机器来模拟人们用纸和笔进行数学运算的过程,他将这样的过程看作下列两种简单的动作:

(1) 在纸上写上或擦除某个符号;

(2) 将注意力从纸的一个位置移动到另一个位置。

在计算的每个阶段,人要决定下一步的动作(进入下一个状态)依赖于两个方面:

(1) 此人当前所关注的纸上某个位置的符号;

(2) 此人当前思维的状态。

对应于上述 4 个方面,一台图灵机应有以下 4 部分组成:

- 作为“纸”的一条两端无穷的“带子”,被分割成一个个小格,可以理解为“寄存器”,可以向“寄存器”中“写入”或“擦除”某个符号。
- 有一个移动的装置,能够在“纸上”移动,从一个“寄存器”到另一个“寄存器”。
- 在移动装置上有一个“读头”,能够“读出”和“改写”某个“寄存器”中的内容。
- 有一个状态存储器,能够记录当前的状态。

将上述 4 部分组装起来便是一台图灵机,图 2.1 是图灵机模型的示意图。

① Turing A M. On Computable Numbers, with an Application to the Entscheidungs problem. Proceedings of London Mathematical Society[J]. 1936—1937(45-46): 230-256, 544-546.

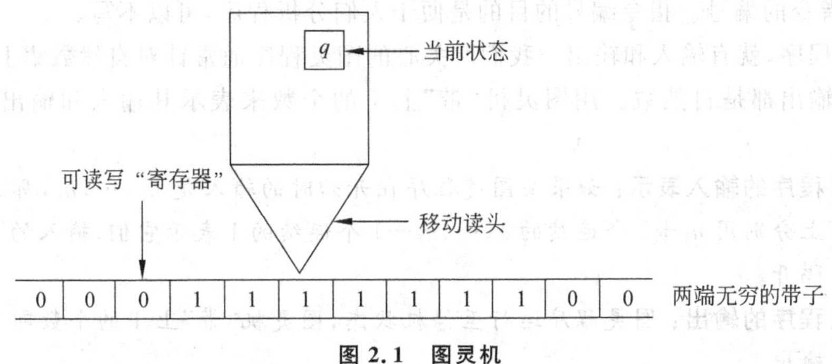

图 2.1　图灵机

2. 图灵程序

同现代计算机一样，图灵机是通过编写“程序”的方法进行计算的。因此，图灵机也有相应的“程序设计语言”、“指令系统”、“程序”等概念。我们不妨分别称之为图灵机语言、图灵机指令与图灵程序。

(1) 图灵机语言使用的基本符号。

- **状态符**：$q_0, q_1, \cdots, q_n, \cdots$，用以表示计算过程中每一时刻图灵机的状态，其中 q_0 专门用来表示停机状态。
- **数字符**：1 和 0，用于写入或修改“寄存器”的内容。
- **移位符**：R 和 L，分别表示移动装置的“右移”和“左移”。

(2) 图灵机指令。程序设计语言中的指令通常表示机器所能执行的“基本运算”或“基本动作”，图灵机的指令是以“语句”的形式表示的，有两种基本类型。

① **读写指令**：$q_i s_j \to s_k q_l$，其中 $s_j, s_k \in \{0,1\}$，q_i 和 q_l 表示状态。其语义为：如果在状态 q_i，读头读到的寄存器内容为 s_j，则将该寄存器的内容改成 s_k 并进入状态 q_l。

② **移位指令**：$q_i s_j \to \alpha q_l$，其中 $s_j \in \{0,1\}$，$\alpha \in \{R, L\}$，q_i 和 q_l 表示状态。其语义为：如果在状态 q_i，读头读到的寄存器内容为 s_j，则将移动装置右移（如果 α 是 R）或左移（如果 α 是 L）一格并进入状态 q_l。

注意：通常图灵机指令的表达形式为 $q_i s_j s_k q_l$ 或 $q_i s_j \alpha q_l$，而并无符号→。引入符号→的目的是为了便于分析和理解图灵指令的含义。

在指令 $q_i s_j \to s_k q_l$ 或 $q_i s_j \to \alpha q_l$ 中，位于符号→左端的部分 $q_i s_j$ 称为指令的**前件**，位于符号→右端的部分 $s_k q_l$ 或 αq_l 称为指令的**后件**。指令的实际含义是：由前件的“判断”决定后件规定的“动作”。

(3) 图灵程序。由图灵机指令组成的有穷序列称为图灵程序。

例 2-3-3　下面指令的有穷序列是一个图灵程序。

$$
\begin{aligned}
&I_1.\ q_1 0 \to R q_1 \\
&I_2.\ q_1 1 \to 1 q_2 \\
&I_3.\ q_2 1 \to 0 q_3 \\
&I_4.\ q_2 0 \to R q_4 \\
&I_5.\ q_3 1 \to R q_2 \\
&I_6.\ q_3 0 \to R q_4 \\
&I_7.\ q_4 1 \to R q_2 \\
&I_8.\ q_4 0 \to 0 q_0
\end{aligned}
\tag{2.3.2}
$$

其中，I_k 是指令的编号。指令编号的目的是便于人们分析程序，可以不写。

既然是程序，就有输入和输出。我们所关心的图灵程序通常针对自然数集上的函数，因此其输入和输出都是自然数。用图灵机"带"上 1 的个数来表示其输入和输出，具体描述如下。

- **图灵程序的输入表示**：如果某图灵程序在开始时的输入是 $n_1,\cdots,n_k$，那么在图灵机"带"上分别用 n_1+1 个连续的 1，…，n_k+1 个连续的 1 表示它们，输入的数与数之间用 0 隔开。
- **图灵程序的输出**：图灵程序运行至停机状态，图灵机"带"上 1 的个数即为该图灵程序的输出。
- **初始状态约定**：图灵程序运行之前图灵机的状态称为程序的初始状态。图灵程序在初始状态时，其所有的输入数据都位于图灵机"读头"的右端。程序的初始状态一般用 q_1 表示。
- **图灵程序的执行**：图灵程序从初始状态开始运行，每执行完一条指令就会进入下一状态，如 q_i，如果在 q_i 状态"读头"读到的"寄存器"内容为 s_k，那么程序执行的下一条指令一定是以 q_is_k 为前件的指令，如果此时程序中没有以 q_is_k 为前件的指令，则程序自动"停机"，否则程序将一直进行下去，直到进入停机状态 q_0 终止。

下面通过对例 2-3-3 中程序的分析，来理解和认识一个图灵程序的执行过程。设该程序为 P，开始的输入数据为 6，则程序 P 的初始状态如图 2.2 所示。

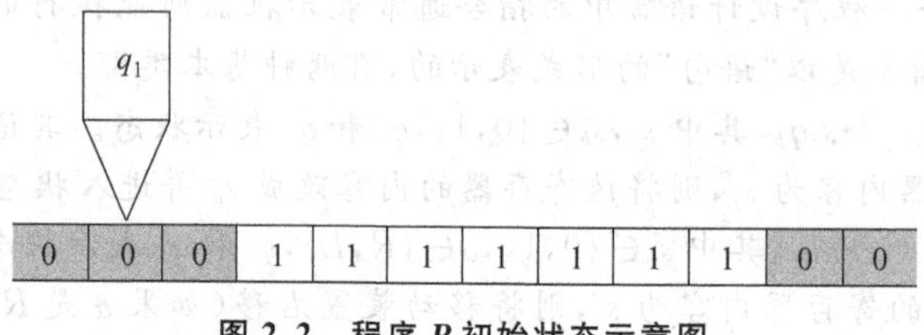

图 2.2　程序 P 初始状态示意图

程序的执行过程可以通过下列步骤进行描述。

步骤 1　程序从第一条指令 I_1 开始执行，读头不断地在"带"上右移，直到发现第一个不为 0 的单元格为止，执行指令 I_2 并进入状态 q_2。

步骤 2　在状态 q_2，如果遇到 1，则将其改为 0 进入状态 q_3，执行步骤 3；如果遇到 0，则读头右移一格，进入状态 q_4，执行步骤 4（不难看出，首次进入步骤 2 执行 I_3 时，将"带上"的第一个 1 改成了 0）。

步骤 3　在状态 q_3，如果遇到 0，则右移一格，进入状态 q_4，执行步骤 4；如果遇到 1，则右移一格，进入状态 q_2，执行步骤 2。

步骤 4　在状态 q_4，如果遇到 0，则停机；如果遇到 1，则右移一格，进入状态 q_2，执行步骤 2。

分析：程序运行过程中，一种情况在步骤 2，如果遇到 1 则总是将它改为 0，如果遇到 0 则右移一格进入步骤 4，在此情况下如果继续遇到 0，则运算终止。也就是说该程序在进入真正计算时，如果遇到两个连续的 0 就结束。另一种情况从步骤 3 开始，总是遇到 0（是步骤 2 刚刚修改的），所以右移一格，进入状态 q_4，在此情况下如果继续遇到 0，则运算终止；否则，右移一格（跳过当前的 1）进入步骤 2，此时步骤 2 将与前面单元格右临单元格的 1 改为 0。

经过分析可以看出，该程序的执行过程是读头沿着"带"子从左到右依次交替地将1改为0。图2.2表示了该程序在输入6时的初始状态，程序执行完成后的状态见图2.3。从结果看出，当输入为6("带"上7个连续的1)时，结果为3("带"上剩下的3个1)。一般地，如果输入数据为$2k$("带"上$2k+1$个连续的1)，则程序运行的结果为k("带"上剩下的k个1)；如果输入数据为$2k+1$("带"上$2(k+1)$个连续的1)，则程序运行的结果为$k+1$("带"上剩下的$k+1$个1)。由此可见，例2-3-3的程序可以用来计算函数$f(n)=\lceil n/2 \rceil$，其中符号$\lceil * \rceil$表示对数$*$向上取整。

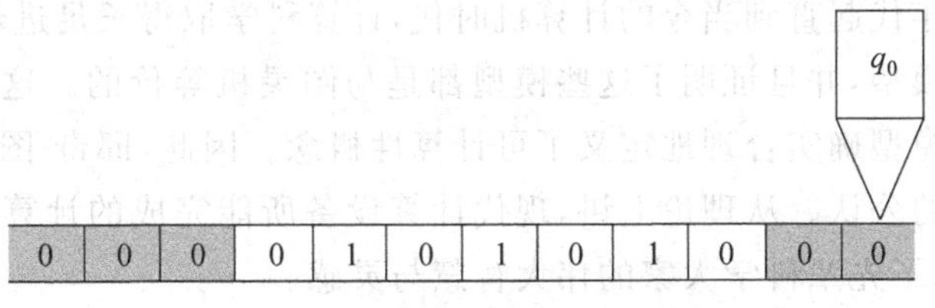

图2.3 程序P完成状态示意图

3. 图灵可计算函数

经分析可知，例2-3-3中给出的图灵程序P可以用来计算函数$f(n)=\lceil n/2 \rceil$，因而称该函数是图灵可计算函数。一般地有如下定义。

> 设$f(x_1,\cdots,x_n)$是定义在自然数集上的函数。如果存在图灵程序P_f，对任意的输入$x_1,\cdots,x_n$，当$f(x_1,\cdots,x_n)\downarrow=y$时，$P_f$的执行在有限步终止并且输出$y$，那么就称$P_f$是计算$f(x_1,\cdots,x_n)$的图灵程序，函数$f(x_1,\cdots,x_n)$称为图灵可计算函数。

注意：

(1) 在图灵可计算函数的描述中$f(x_1,\cdots,x_n)\downarrow=y$表示函数$f$在$x_1,\cdots,x_n$处收敛并且函数值为$y$。函数$f$可能在某些地方没有定义，造成$P_f$在相应输入的运行过程中进入"死循环"而不会终止。这种情况是允许的，因此图灵可计算函数未必是全函数，可以是部分函数。

(2) 对一个图灵可计算函数而言，计算该函数的图灵程序不是唯一的，这与人们解决问题的思路和程序设计的风格有关。

(3) 图灵可计算函数是通过图灵程序计算的，根据推论1.1.17知，所有图灵可计算函数最多是可数的。

图灵机是以"读"、"写"和"移位"作为基本动作，用"状态"的变化将这些基本动作有序地组织起来，通过"程序"的执行完成运算过程。无论是计算模型，还是计算的基本动作，图灵机都给人一种"简洁"之感。然而就是这样一个简洁的计算模型，它的计算能力却是巨大的，下面的命题①足可说明这一点。

命题2.3.7 部分递归函数是图灵可计算函数。

递归函数和图灵可计算函数都是对直观可计算函数的精确描述。此外，还有一些其他

① Turing A M. On Computable Numbers, with an Application to the Entscheidungs problem. Proceedings of London Mathematical Society[J]. 1936-1937(45-46): 230-256, 544-546.

的表述形式,较早的有邱奇在 1932 年给出的 λ-可定义函数的概念①。一个显见的事实是:**凡由数学精确定义的可计算函数都是直观可计算的**。问题是直观可计算函数是否恰好就是这些精确定义的可计算函数呢?对此邱奇认为:凡直观可计算函数都是 λ-可定义的。1937 年,图灵证明了图灵可计算函数与 λ-可定义函数是等价的②,从而拓展了邱奇的论点,即

直观可计算函数≡部分递归函数≡λ-可定义函数≡图灵可计算函数

这就是著名的**邱奇-图灵论题**(Church-Turing Thesis)。

由于直观可计算函数不是一个精确的数学概念,因此邱奇-图灵论题是不能加以证明的。从 20 世纪 30 年代起直到当今的计算机时代,计算科学取得长足进步,人们也提出了许多不同的精确计算模型,并且证明了这些模型都是与图灵机等价的。这充分表明了图灵机和其他等价的计算模型确实合理地定义了可计算性概念。因此,邱奇-图灵论题得到了计算机科学界和数学界的公认。从理论上讲,现代计算设备所能完成的计算在图灵机上都能实现,这一点充分展示了先辈科学大家的伟大智慧与灵感。

2.4 理想计算机

20 世纪 30 年代图灵机的诞生可以说为人类计算注入了一种全新的理念,而电子计算机的出现及其在各个领域的广泛运用,又使这一理念得到进一步的发展。到了 20 世纪 50 至 60 年代,先后出现了许多以"计算机"为背景、"指令和程序"为基础的理想计算机计算模型。1963 年由谢菲尔德森(Shepherdson)和史特吉斯(Strugis)构想的无穷寄存器计算机 URM 便是其中的一种③。由于 URM 所采用的指令系统和计算方式与现代计算机的计算形式十分相似,所以可以通过对它的介绍,使我们对现代计算机的计算本质有一个更好的认识。

2.4.1 URM模型与指令系统

1. URM 计算模型

URM 的结构非常简单,实际上就是一个无穷的存储装置。该装置由无穷多个寄存器组成,每个寄存器可视为一个存储单元,用 $R_1, R_2, \cdots, R_n, \cdots$ 表示这些寄存器的标号,其下标可视为存储单元的"地址",其中 R_n 表示第 n 个寄存器或存储单元;用 $r_1, r_2, \cdots, r_n, \cdots$ 表示寄存器或存储单元的内容,其中 r_n 为存储单元 R_n 的内容。URM 计算模型如图 2.4 所示。

R_1	R_2	R_3	R_4	R_5	R_6	R_7	…
r_1	r_2	r_3	r_4	r_5	r_6	r_7	…

图 2.4 URM 计算模型示意图

① Church A. A set of postulates for the foundation of logic. Annals of Mathematics, Series 2, 1932(33): 346-366.

② Turing A. M. Computability and λ-definability. J. Symb. Logic. 1937(2): 153-163.

③ Shepherdson J. C., Strugis H. E. Computability of recursive functions. J. Assoc. Computing Machinery, 1963(10): 217-255.

2. URM 指令

URM 包括以下 4 种类型的指令。

(1) **置零指令** $Z(n)$：将 R_n 单元内容置零，可表示为 $0 \rightarrow R_n$ 或 $r_n := 0$。符号 $:=$ 称为赋值符，表示将 R_n 的内容 r_n 用符号 $:=$ 右边的数替代。

例如，执行指令 $Z(3)$，寄存器的状态变化如图 2.5 所示。

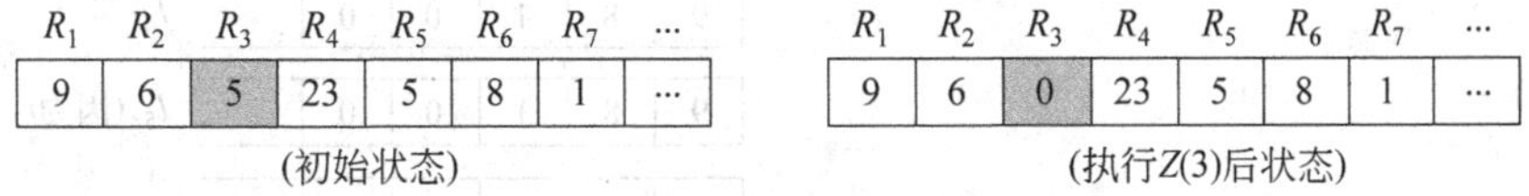

图 2.5　指令 $Z(3)$ 执行过程示意图

(2) **后继指令** $S(n)$：将 R_n 单元内容加 1，可表示为 $r_n + 1 \rightarrow R_n$ 或 $r_n := r_n + 1$。

例如，执行指令 $S(5)$，寄存器的状态变化如图 2.6 所示。

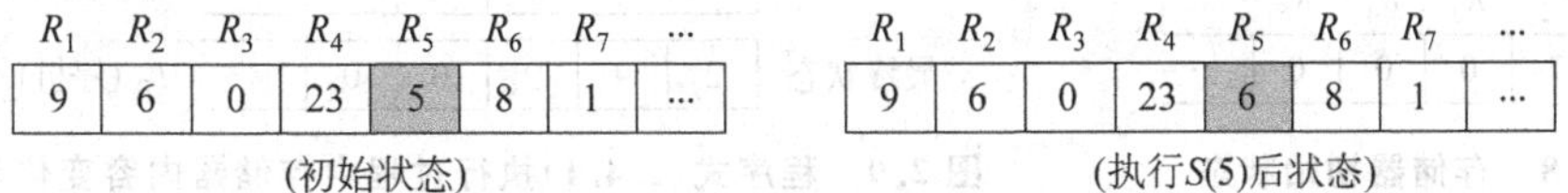

图 2.6　指令 $S(5)$ 执行过程示意图

(3) **传送指令** $T(m,n)$：将 R_n 单元内容替换成用 R_m 的内容，可表示为 $r_m \rightarrow R_n$ 或 $r_n := r_m$。

例如，执行指令 $T(5,1)$，寄存器的状态变化如图 2.7 所示。

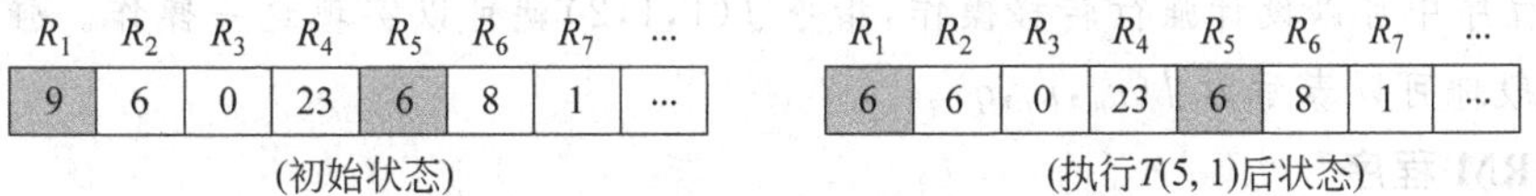

图 2.7　指令 $T(5,1)$ 执行过程示意图

URM 通过程序进行计算。所谓 URM 程序是指由 URM 指令组成的序列，程序中的指令用 $I_1, I_2, \cdots, I_n$ 等进行编号，其中 $I_k (1 \leqslant k \leqslant n)$ 表示程序的第 k 条指令。一般情况下，程序的执行是按照指令排列的顺序依次逐条进行的，但在有些情况下需要进行"判断"，并且根据判断的结果改变程序执行的顺序。URM 由跳转指令提供这样的功能。

(4) **跳转指令** $J(m,n,q)$：如果 R_m 的内容与 R_n 的内容相等，即当 $r_m = r_n$ 时，则从程序的第 q 条指令开始执行，否则顺序执行下一条指令。

例 2-4-1　考虑如下 URM 程序

$$
\begin{aligned}
&I_1.\ J(1,2,6)\\
&I_2.\ S(2)\\
&I_3.\ S(3)\\
&I_4.\ J(1,2,6)\\
&I_5.\ J(1,1,2)\\
&I_6.\ T(3,1)
\end{aligned}
\tag{2.4.1}
$$

设存储器的初始状态如图 2.8 所示。

则程序式(2.4.1)执行过程以及在此过程中存储器各个单元的数据变化如图 2.9 所示。

R_1	R_2	R_3	R_4	R_5	
9	7	0	0	0	…

图 2.8　存储器初始状态

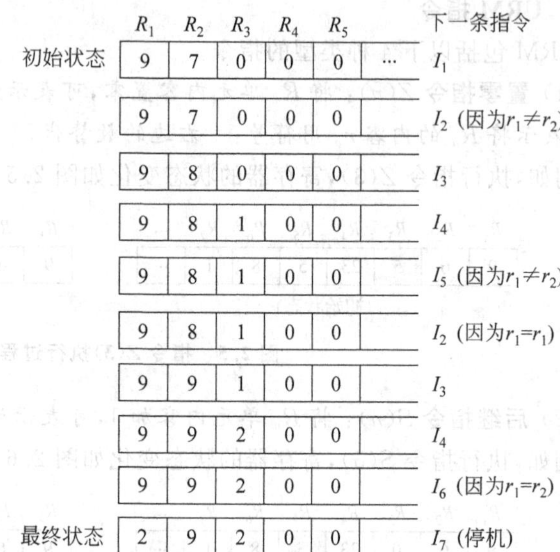

图 2.9　程序式(2.4.1)执行过程中存储器内容变化示意图

注意：

(1) 程序式(2.4.1)在执行完指令 I_6 后已经没有了下一条指令，按照顺序执行的原则，这里用 I_7 表示停机。

(2) 程序中可以设计强行转移操作，指令 $J(1,1,2)$ 就可以实现这一操作。强行转移操作指令一般地可以表示为 $J(r_n, r_n, q)$。

3. URM 程序

URM 程序就是 URM 指令的序列。

用 P、Q、G 等英文大写字母表示程序。如果程序 P 由 s 条指令组成，则 P 可表示为 $P = I_1, \cdots, I_s$，其中指令的条数 s 称为程序 P 的长度，记为 $l(P)$。

- **程序的收敛与发散**：对程序 P 而言，如果其输入为 $a_1, \cdots, a_n$，运行结束输出结果为 b，则称 $P(a_1, \cdots, a_n)$ 收敛于 b，记为 $P(a_1, \cdots, a_n) \downarrow b$；如果对输入 $a_1, \cdots, a_n$，P 的运行无法终止，则称 $P(a_1, \cdots, a_n)$ 发散，记为 $P(a_1, \cdots, a_n) \uparrow$。
- **程序的输入和输出**：任何程序的输入和输出都放在存储单元里。对一个程序 P，可以根据情况为其输入和输出安排存储单元。$P[m+1, \cdots, m+n \to k]$ 表示程序 P 的输入 $a_1, \cdots, a_n$ 安排在存储器的 $R_{m+1}, \cdots, R_{m+n}$ 单元，运行结束后的结果放在 R_k 单元。对主程序我们约定：在初始状态时其输入依次放在存储器开始的若干个单元，其他单元的内容为 0，运行的最终结果放在存储器的第一个单元 R_1 中。
- **程序的合并**：设 $P = I_1, \cdots, I_s$ 和 $Q = I'_1, \cdots, I'_t$ 是两个程序，则 PQ 表示程序 $I_1, \cdots, I_s, I'_{s+1}, \cdots, I'_{s+t}$，称为程序 P 和 Q 的合并，其中 $I'_{s+1}, \cdots, I'_{s+t}$ 是原先程序 Q 的指令 $I'_1, \cdots, I'_t$，并且输入和输出数据寄存器单元地址已经过适当调整，特别地，原先 Q 中转移指令 $J(m, n, q)$ 在 PQ 中已替换成 $J(m, n, s+q)$。

注意：在一个程序中，转移指令往往会跳出本程序执行的指令范围，这在程序的合并过程中会产生问题。为此我们约定：以后使用的 URM 程序均为标准程序，即其中的转移指令不会跳出本程序执行的指令范围。

2.4.2 URM可计算函数

设 f 是从 N^n 到 N 的部分函数。如果有 URM 程序 P 满足对任意的 $a_1,\cdots,a_n,b\in N$，当 $(a_1,\cdots,a_n)\in \mathrm{Dom}(f)$ 时，$f(a_1,\cdots,a_n)=b$ 当且仅当 $P(a_1,\cdots,a_n)\downarrow b$，则称 P 是计算部分函数 f 的 URM 程序，又称 f 是 URM 可计算的。

命题 2.4.1 下列基本函数是 URM 可计算的。

(1) 零函数 O，即对任意的 $x\in \mathbf{N}$，$O(x)=0$。

(2) 后继函数 S，即对任意的 $x\in \mathbf{N}$，$S(x)=x+1$。

(3) 投影函数 P_i^n，即对任意的 $n,x_1,\cdots,x_n\in \mathbf{N}$，$n\geqslant 0$，$1\leqslant i\leqslant n$，$P_i^n(x_1,\cdots,x_n)=x_i$。

证明：这些函数对应于 URM 的基本指令。计算它们的 URM 程序分别为：

(1) 零函数 O，程序 $Z(1)$。

(2) 后继函数 S，程序 $S(1)$。

(3) 投影函数 P_i^n，程序 $T(i,1)$。 ■

命题 2.4.2 如果 $f(y_1,\cdots,y_k)$ 和 $g_1(x),\cdots,g_k(x)$ 是 URM 可计算函数，其中 $x=(x_1,\cdots,x_n)$，则运用合成模式产生的函数 $h(x)=f(g_1(x),\cdots,g_k(x))$ 也是 URM 可计算函数。

证明：设 $F,G_1,\cdots,G_k$ 分别是计算 $f,g_1,\cdots,g_k$ 的 URM 程序。由于在计算函数 $h(x)$ 的过程中会产生一些中间结果，所以在设计计算 $h(x)$ 的程序时，需要安排存储器中的某些寄存器单元来存放这些中间结果。对此我们可以约定：凡是为中间结果安排的存储单元都是其他程序不会使用的单元。计算函数 $h(x)$ 的 URM 程序 H 设计如下：

设输入数据 $x=(x_1,\cdots,x_n)$ 存放在 $R_1,\cdots,R_n$ 单元。取 m 使得从 R_m 之后的存储器单元不为其他程序使用，并用它们存放中间结果。

步骤 1 将输入数据 $x=(x_1,\cdots,x_n)$ 从 $R_1,\cdots,R_n$ 单元分别传送至 $R_{m+1},\cdots,R_{m+n}$ 单元。

步骤 2 以 $R_{m+1},\cdots,R_{m+n}$ 单元的内容(即 $x=(x_1,\cdots,x_n)$)为输入，调用程序 $G_1,\cdots,G_k$，分别计算 $g_1(x),\cdots,g_k(x)$，并将计算结果依次存放在 $R_{m+n+1},\cdots,R_{m+n+k}$ 单元。

步骤 3 以 $R_{m+n+1},\cdots,R_{m+n+k}$ 单元的内容，即 $(g_1(x),\cdots,g_k(x))$ 为输入数据，调用程序 F 计算 $f(g_1(x),\cdots,g_k(x))$ 并将计算结果存放至 R_1 单元。

计算函数 $h(x)=f(g_1(x),\cdots,g_k(x))$ 的程序 H 为：

$$
\begin{aligned}
&T(1,m+1),\cdots,T(n,m+n)\\
&G_1[m+1,\cdots,m+n\rightarrow m+n+1]\\
&\quad\vdots\\
&G_k[m+1,\cdots,m+n\rightarrow m+n+k]\\
&F[m+n+1,\cdots,m+n+k\rightarrow 1]
\end{aligned}
$$

由此证得 $h(x)=f(g_1(x),\cdots,g_k(x))$ 是 URM 可计算的。 ■

命题 2.4.3 如果 $f(x)$ 和 $g(x,y,z)$ 是 URM 可计算函数，其中 $x=(x_1,\cdots,x_n)$，则运用递归模式产生的函数 $h(x,0)=f(x)$，$h(x,y+1)=g(x,y,h(x,y))$ 也是 URM 可计算函数。

证明：设 F、G 分别是计算 $f(x)$，$g(x,y,z)$ 的 URM 程序，输入数据 $x=(x_1,\cdots,x_n)$ 和 y 存放在 $R_1,\cdots,R_n$ 和 R_{n+1} 单元。取 m 如命题 2.4.2 中所示。

计算函数 $h(x,y)$ 的过程描述如下：

首先用程序 F 计算 $h(x,0)$ 并将结果存放在 R_{m+n+3} 单元；如果 $y\neq 0$，则用程序 G 依次计算 $h(x,1),\cdots,h(x,k),\cdots$ 直到算出 $h(x,y)$。

在此计算过程中有一个变化的量 k，k 放在单元 R_{m+n+2} 中，初值为 0。在依次计算 $h(x,1),\cdots,h(x,k),\cdots,h(x,y)$ 的过程中，用 k 与 y（存放在 R_{m+n+1} 单元）比较，如果不等，即 $k<y$，则用程序 G 来计算 $g(x,k,h(x,k))$ 得到 $h(x,k+1)$ 的值并存放在 R_{m+n+3} 单元，执行 $k\leftarrow k+1$（即 $S(m+n+2)$）操作；如果 $k=y$，则说明上步已经计算出 $g(x,y-1,h(x,y-1))$ 的值 $h(x,y)$ 且存放在单元 R_{m+n+3} 中，此时只要将 R_{m+n+3} 的内容送至 R_1 即可。

在计算 $h(x,y)$ 过程中，某时刻存储器的数据状态如图 2.10 所示。

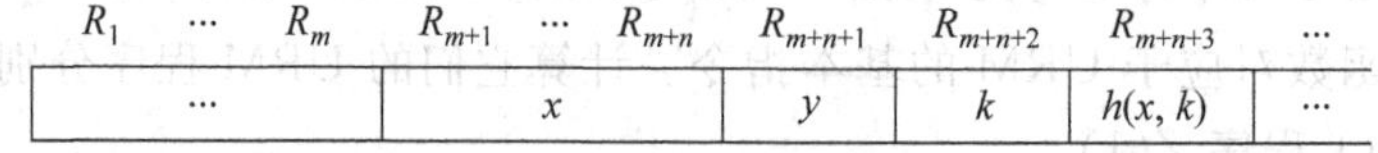

R_1 … R_m R_{m+1} … R_{m+n} R_{m+n+1} R_{m+n+2} R_{m+n+3} …
… x y k $h(x,k)$ …

图 2.10 计算 $h(x,y)$ 某时刻存储器内容示意图

计算函数 $h(x,y)$ 的程序 H 为：

$$
\begin{array}{ll}
 & T(1,m+1),\cdots,T(n+1,m+n+1) \\
 & Z(m+n+2) \\
 & F[1,2,\cdots,n\rightarrow m+n+3] \\
I_q. & J(m+n+2,m+n+1,p) \\
 & G[m+1,\cdots,m+n,m+n+2,m+n+3\rightarrow m+n+3] \\
 & S(m+n+2) \\
 & J(1,1,q) \\
I_p. & T(m+n+3,1)
\end{array}
$$

所以 $h(x,y)$ 是 URM 可计算的。 ■

命题 2.4.4 如果 $f(x,y)$ 是 URM 可计算函数，其中 $x=(x_1,\cdots,x_n)$，则通过无界搜索模式定义的函数

$$
g(x)=\mu y(f(x,y)=0)=\begin{cases}\text{满足 } \forall z<y(f(x,z)\downarrow \wedge f(x,y)=0) \text{ 的最小 } y, & \text{如果有此 } y\\ \text{无定义}, & \text{否则}\end{cases}
$$

也是 URM 可计算函数。

证明：设 F 是计算 $f(x,y)$ 的 URM 程序。计算 $g(x)$ 的输入数据 $x=(x_1,\cdots,x_n)$ 存放在 $R_1,\cdots,R_n$ 单元。取 m 如命题 2.4.2 中所示。

算法的基本过程是：依次计算 $f(x,0),f(x,1),\cdots,f(x,k),\cdots$，直到发现某个 k 满足 $f(x,k)=0$，则此 k 即为 $g(x)$ 的值。计算过程中变化量 k（放在单元 R_{m+n+1} 中）从 0 开始逐步加 1，在计算收敛的情况下，k 的最终值就是输出结果；为判断是否有 $f(x,k)=0$，将单元 R_{m+n+2} 的内容置零，并在每一步将计算出的中间结果 $f(x,k)$（存放在 R_1）与 R_{m+n+2} 中的 0 进行比较，若相等，则终止计算并将当前的 k 传送至 R_1 单元，否则 $k\leftarrow k+1$ 继续计算 $f(x,k)$。

在计算 $g(x)$ 过程中，某时刻存储器的数据状态如图 2.11 所示。

R_1 … R_m	R_{m+1} … R_{m+n}	R_{m+n+1}	R_{m+n+2}	…
…	x	k	0	…

图 2.11　计算 g(x)某时刻存储器内容示意图

计算函数 $g(x)$的程序 G 为：

$$
\begin{aligned}
& T(1,m+1),\cdots,T(n,m+n)\\
& Z(m+n+1)\\
& Z(m+n+2)\\
I_q.\quad & F[m+1,\cdots,m+n+1\to 1]\\
& J(1,m+n+2,p)\\
& S(m+n+1)\\
& J(1,1,p)\\
I_p.\quad & T(m+n+1,1)
\end{aligned}
$$

所以 $g(x)$是 URM 可计算的。 ■

由命题 2.4.1～2.4.4，可得下面结论：

命题 2.4.5　部分递归函数都是 URM 可计算函数。

本章习题

习题 2.1　试证明下列定义在自然数集上的函数是递归函数。

(a) $x+y$　　(b) $x\cdot y$　　(c) x^y　　(d) $x!$

习题 2.2　试证明定义在自然数集上的函数 $x\dot{-}y=\begin{cases}0, & \text{如果 } x\leqslant y\\ x-y, & \text{如果 } x>y\end{cases}$ 是递归函数。

习题 2.3　试证明绝对值函数 $|x-y|$ 是递归函数。

习题 2.4　试证明符号函数

$$\mathrm{sg}(x)=\begin{cases}0, & \text{如果 } x=0\\ 1, & \text{如果 } x\neq 0\end{cases} \quad \text{和} \quad \overline{\mathrm{sg}}(x)=\begin{cases}1, & \text{如果 } x=0\\ 0, & \text{如果 } x\neq 0\end{cases}$$

是递归函数。

习题 2.5　试证明函数 $\min(x,y)$与 $\max(x,y)$是递归函数，其中 $\min(x,y)$表示取 x 和 y 中较小者，$\max(x,y)$表示取 x 和 y 中较大者。

习题 2.6　设函数 $f_1(x),\cdots,f_k(x)$是递归函数，$M_1(x),\cdots,M_k(x)$是递归谓词。证明分情形定义的函数

$$g(x)=\begin{cases}f_1(x), & \text{如果 } M_1(x) \text{ 成立}\\ f_2(x), & \text{如果 } M_2(x) \text{ 成立}\\ \quad\vdots & \quad\quad\vdots\\ f_k(x), & \text{如果 } M_k(x) \text{ 成立}\end{cases}$$

是递归函数。

习题 2.7　试证明如果谓词 $M(x)$和 $Q(x)$是递归谓词，那么 $\sim M(x)$，$M(x)\wedge Q(x)$，

$M(x) \vee Q(x)$和$M(x) \rightarrow Q(x)$都是递归的。

习题 2.8 试证明函数

$$g(x)=\begin{cases}\sqrt{x}, & \text{如果 } x \text{ 是某自然的平方} \\ \uparrow, & \text{如果 } x \text{ 不是某自然的平方}\end{cases}$$

是部分递归函数。

习题 2.9 试编写计算$x+y$的图灵机程序。

习题 2.10 试编写计算$x \cdot y$的URM程序。

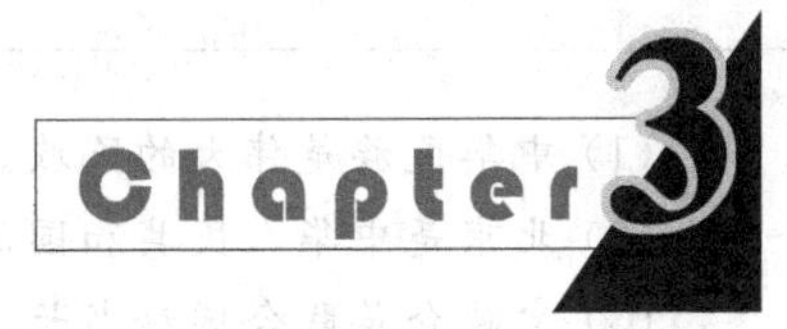

第 3 章　形式命题演算

数理逻辑又称符号逻辑，是数学基础研究不可缺少的组成部分。“利用计算的方法来代替人们思维中的逻辑推理过程”是数理逻辑研究的主要思想基础。早在 17 世纪，德国数学家莱布尼茨(Leibniz)就曾经设想过建立一种“通用的科学语言”，将推理过程像数学一样用“公式”进行计算并最终得出正确的结论。正是沿着莱布尼茨的这一思想，传统逻辑研究的数学化方法得到发展。以符号为元素、公式为基本对象、形式公理为基础、推理规则为手段，构建逻辑演算形式系统，通过“证明”和“定理”等概念的形式化描述建立形式系统推理机制，并在此基础上讨论形式系统的可靠性、协调性与充分性，是数理逻辑基础研究的主要思想方法。到了 19 世纪末 20 世纪初，随着符号系统与理论基础的不断完善，数理逻辑逐步成为一门独立的学科。

数理逻辑包括的内容很多，其中“命题演算”与“谓词演算”是两个最基本、也是最重要的组成部分。本章介绍命题与命题演算的基本概念与基本性质，内容包括构建命题演算形式系统的基本方法、形式系统中的证明与定理、形式系统的演绎推理等相关概念，以及命题演算形式系统的可靠性与充分性分析等。

3.1　命题与命题演算形式系统

3.1.1　命题的概念

命题是数理逻辑中的一个原始概念，是高度抽象的产物。可描述为：

命题是用陈述语句表达的有具体意义、无矛盾，且在特定领域与时间范围内能够明确其真假、非真即假的断言。

注意：

(1) 陈述语句是命题表达的基本形式，因此用“疑问”、“感叹”和“祈使”语气表达的内容均不能成为命题；

(2) 命题是断言，凡断言一定是针对特定领域和特定对象的，通常与时间和空间的因素有关。因此将在特定领域与时间范围内能够明确其真假的断言称为命题是有道理的；

(3)“非真即假”是经典逻辑的一个重要特征，因此经典逻辑又称“二值逻辑”。

例如：

(1) 中华民族是伟大的民族。

(2) 北京是中华人民共和国的首都。

(3) 拿破仑是联合国秘书长。

(4) 雪是黑色的。

等都是命题,而下列语句则不是命题。

(5) 今天天气真好啊!(感叹句)

(6) 全体立正!(祈使句)

(7) 最近股市行情如何?(疑问句)

(8) 我正在说谎。(悖论)

其中,(5)、(6)和(7)不是用陈述语句表达的,因而不是命题;(8)"我正在说谎"的表述无法明确其本身内容的真假:如果"我正在说谎"为"真",那么就表明"我"是在"说谎",因此,"我"所说的"我正在说谎"就不能为"真";如果"我正在说谎"为"假",那么就说明"我"没有"说谎",因此,"我"所说的"我正在说谎"就该为"真"。

还有一些有争议的陈述,如:

(9) 1+1=10。

该陈述在二进制运算中是对的,而在其他数制的运算中却不正确,也就是说它的"真"与"假"需要有先决条件,因此有些学者认为它不是命题。但是,根据人们对命题的理解,只要在特定的领域可以明确真假,就应该是命题。

(10) 别的星球上存在着生命。

该陈述的真假现在还无人知道,因此有些学者理所当然地认为它不是命题。但是,可以就此陈述从"存在生命"和"不存在生命"两个方面分别做出"假设",并形成相应的"理论体系"。就像"连续统假设",目前的数学理论还不能证明其真假,可以认为它是"真"的,也可以认为它"不真",无论如何"连续统假设"都是一道实实在在的命题。

(11) 张山是个高个子同学。

该陈述中"高个子"是一个模糊的概念,所以有人会认为它不应该是经典逻辑考虑的问题。但我们知道,"高个子"实际上是一个相对的概念,如果在特定环境中考虑一些特殊的对象,明确"张山是个高个子同学"是"对"或"错"应该是没有问题的。

注意:对命题概念的理解和表述因人而异。然而当"命题"被用符号代替,"命题公式"成为考虑的基本对象,命题之间的关系性质与推理演算的基本规律成为关注的主要方面时,人们的思想趋于统一,而最初对命题概念的描述所存在的差异自然而然也就成了"过往烟云"。

上面例子中列出的命题有一个特点,即它们是具有单一主谓结构的陈述句,这样的命题称之为**简单命题**。如果将简单命题用**连词**结合起来,就可得到**复合命题**的概念。

例如:

(1) 中国**不是**超级大国。(否定)

(2) 我**是**教师,你们**也是**教师。(并且)

(3) **不是**小李没来,**就是**小王没来。(或者)

(4) **如果**你刻苦学习,**那么**你就会取得好的成绩。(如果…那么…)

等都是复合命题。

注意：利用连词构造复合语句的方式很多，但基本上都可以归结为上述例子中给出的4种基本形式。

(1) 虽然只有一套主语和谓语，但由于加入了**"否定"**的成分，所以将之规定为复合命题。

(2) 用"是"、"也是"将两个句子组成了一个复合命题，句子的结合关系也可以用"和"、"并且"等连词表达，这样的复合语句称为**"合取"**复合命题。

(3) 用"不是"、"就是"所表示的复合关系有"或"和"或者"之意，这样的复合语句称为**"析取"**复合命题。

(4) 用"如果"、"那么"所表示的复合关系是指在一定的"前提"下可能产生的"结果"，这样的复合语句称为**"条件"**复合命题。

3.1.2 命题的表示与翻译

1. 命题的表示

命题包括简单命题和复合命题。

一般情况下，用小写英文字母 p,q,r 或 $p_1,\cdots,p_n,\cdots$ 表示简单命题，用～(非)、∧(并且)、∨(或)、→(蕴含)表示连词，叫做**联结词或逻辑运算符**，分别称为否定词、合取词、析取词和条件(或蕴含)词。简单命题通过联结词～(非)、∧(并且)、∨(或)、→(蕴含)构成复合命题，主要有下列几种基本形式。

- $\sim p_1$(可理解为"非 p_1"，"不是 p_1"等)；
- $p_1 \wedge p_2$(可理解为"p_1 并且 p_2"，"p_1 和 p_2"等)；
- $p_1 \vee p_2$(可理解为"p_1 或者 p_2"，"不是 p_1 就是 p_2"等)；
- $p_1 \to p_2$(可理解为"p_1 蕴含 p_2"，"如果 p_1，那么 p_2"等)。

注意：

(1) 简单命题又称**原子命题**，原子命题是命题演算中不能再分解的最基本对象。

(2) 原子命题通过联结词形成复合命题，复合命题又可通过联结词继续生成更加复杂的命题形式，例如，$(p_1 \wedge (\sim p_2)) \to (p_3 \vee p_4)$等。它们统称为**命题公式**，用花体大写英文字母 $\mathscr{A}$、$\mathscr{B}$、$\mathscr{C}$ 等表示。

(3) 在用联结词形成复杂命题公式的过程中，用括号(和)标明联结词的运算次序，就像四则运算中的"先乘除、后加减"那样，逻辑运算也有先后次序的概念，通常联结词运算的次序约定为～、∧、∨、→等。

(4) 在形如 $p_1 \to p_2$ 的命题公式中，p_1 称为"前件"或"前提"，p_2 称为"后件"或"结论"。

2. 命题的翻译

命题通常是用自然语言表达的。但在实际应用过程中，如系统分析、设计与开发等，对命题的处理十分重要，形式化表示往往是一个不可缺少的环节。

> 我们将自然语言表达的命题用命题公式表示的过程，或将命题公式表达的命题含义用自然语言表述的过程统称为命题的翻译。

注意：命题翻译包括"自然语言表达"与"命题公式表示"互相转换的两个方面。在计算机应用领域，能够将自然语言陈述的"事实"或"需求"用符号化的方法准确地表示出来，是一项非常重要的工作，也是一项需要掌握的技术。因此，下面着重进行介绍。

例 3-1-1 将下列陈述用命题公式表示出来。

(1) 中国不是超级大国。

(2) 我是教师，你们也是教师。

(3) 不是小李没来，就是小王没来。

(4) 如果你刻苦学习，那么你就会取得好的成绩。

翻译：

(1) 用命题符号 p 表示"中国是超级大国"，则"中国不是超级大国"可表示为 $\sim p$。

(2) 用 p 表示"我是教师"，q 表示"你们是教师"，则"我是教师，你们也是教师"可表示为 $p \wedge q$。

(3) 用 p 表示"小李来"，q 表示"小王来"，则"不是小李没来，就是小王没来"可表示为 $(\sim p) \vee (\sim q)$。

(4) 用 p 表示"你刻苦学习"，q 表示"你取得好成绩"，则对应命题可表示为 $p \rightarrow q$。 ■

通过例 3-1-1 可以看出，将自然语言陈述的"事实"用命题公式表示的过程大致分为两个步骤：

首先要认真分析句子，找出句子中的"原子命题"并分别引入命题符号予以表示。需要注意的是，**"原子命题"不能有否定的成分**；其次是仔细分析句子结构，理解和把握"原子命题"之间的逻辑关系，**正确运用联结词**将整个句子用命题公式表示出来。

例 3-1-2 将下列陈述用命题公式表示出来。

(1) 要想稳定台海局势，要么美国不干预，要么中国具有强大的军事力量，而中国具有强大的军事力量就可以遏制美国的干预。

(2) 你要么向东走，要么向西走。

(3) 负负得正。

翻译：

(1) 用命题符号 p 表示"稳定台海局势"，q 表示"美国干预"，r 表示"中国具有强大的军事力量"，则"要想稳定台海局势，要么美国不干预，要么中国具有强大的军事力量，而中国具有强大的军事力量就可以遏制美国的干预"可表示为

$$(p \rightarrow \sim q \vee r) \wedge (r \rightarrow \sim q)$$

注意：句中前半段"要么美国不干预，要么中国具有强大的军事力量"是"稳定台海局势"的必要条件，因此作为条件式 $(p \rightarrow \sim q \vee r)$ 的后件，意为"如果要想稳定台海局势，那么美国不能干预或者中国有强大的军事力量"。句中后半段中的"中国具有强大的军事力量"应理解为"遏制美国的干预"（意为"使美国不干预"，用 $\sim q$ 表示）的充分条件。

(2) 用 p 表示"你向东走"，q 表示"你向西走"。对(2)的第一感觉是命题 p 和 q 具有"或"的关系。仔细分析会发现，这里的"或"与通常人们理解的"或"是有区别的，原因在于"向东"与"向西"不可能同时发生，因此，"你要么向东走，要么向西走"的准确表达应该为：

$$(p \wedge \sim q) \vee (\sim p \wedge q) \quad \text{或者} \quad (p \vee q) \wedge (\sim (p \wedge q))$$

公式$(p\wedge\sim q)\vee(\sim p\wedge q)$表示的"或"关系称为"异或"关系，记为 $p\bar{\vee}q$，其中联结词$\bar{\vee}$称为"异或联结词"。通常意义下的或$\vee$称为"兼容或"。

(3)"负负得正"看似一个简单句，其实不然。首先该句有"否定"成分，其次该句还蕴含了"一个事物连续否定两次便会回到原先状态"的因果关系，所以"负负得正"可表示为$(\sim(\sim p)\rightarrow p)$，其中命题符号 p 可视为"正"。 ■

命题的翻译不是一件容易的事情，需要经过长期的摸索与实践才能越做越好。以后我们在学习谓词演算时也会遇到类似的问题。然而，在数学基础研究方面，人们更关心的问题是如何建立命题之间的逻辑与推理关系，对此这里引入命题演算形式系统的概念。

3.1.3 命题演算形式系统

1. 逻辑演算形式系统的基本要素

形式系统是现实世界实际事物及其相互间关系高度抽象的产物，形式系统的分析与研究在各类学科中都是一项十分重要的工作。构建形式系统的研究方法称为形式化研究方法，它是将事物的共性与关系研究提升到理论研究高度的重要手段。在数理逻辑中，形式系统通常采用符号化的方法来描述或刻画研究的基本对象，并以"公设"(即公理)为基础，通过"推理规则"的运用来构建整个形式系统的理论体系。构成形式系统的基本要素一般包括以下几方面。

- **符号集**：用于描述形式系统研究的基本对象以及对象间的基本关系和运算。
- **生成规则**：依据明确的"语法"规则，对研究的基本对象进行扩展。在逻辑演算形式系统中，运用生成规则产生的基本对象称为**合适公式**，所有合适公式组成的集合称为公式集。"生成规则"产生的对象全体也称"**集公式**"。
- **公理集**："公理"是形成形式系统理论体系的基础。"公理"也称"公设"，一般情况下，不同的"公设"所形成的形式系统理论体系是不同的。
- **推理规则**：推理规则是形成形式系统理论体系的形式规则。以公理为基础，运用推理规则产生的结果，称为形式系统的"定理"。由公理和全部定理构成形式系统的理论体系。

2. 命题演算形式系统 *L*

按照构造形式系统的一般方法，给出命题演算形式系统如下定义：

***L* 的符号**。命题演算形式系统使用的符号有$\sim$、$\wedge$、$\vee$、$\rightarrow$、(、)、p_1、p_2 等，其中符号$\sim$、$\wedge$、$\vee$、$\rightarrow$称为逻辑运算符，p_1、p_2 等称为命题变元或命题符号，命题变元也可用 p、q、r 等表示。括号(和)称为技术性符号，用来指明逻辑运算的次序。

***L* 的公式**。L 的公式又称 L 的合适公式(well-formed formula，wff)，依据如下规则生成：

(1) 任意命题变元 p_i 是 wff；

(2) 如果 $\mathscr{A}$ 是 wff，则$\sim\mathscr{A}$也是 wff；

(3) 如果 $\mathscr{A}$、$\mathscr{B}$ 是 wffs，则 $\mathscr{A}\wedge\mathscr{B}$、$\mathscr{A}\vee\mathscr{B}$、$\mathscr{A}\rightarrow\mathscr{B}$ 都是 wffs；

(4) 只有经(1)、(2)和(3)产生的公式为 wffs。

注意：花体大写英文字母 $\mathscr{A}$、$\mathscr{B}$、$\mathscr{C}$ 等表示一般意义上的合适公式。合适公式的定义是以归纳的形式给出的，其中(1)是初始部分，又称奠基部分；(2)和(3)为归纳推导部分；(4)则是"界"，指出作为合适公式的必要条件。今后凡是涉及一般合适公式的命题，都可以采用数学归纳法并施归纳于合适公式的结构予以证明。

L 的公理。L 包含如下公理：

(L_1) $\mathscr{A}\to(\mathscr{B}\to\mathscr{A})$

(L_2) $(\mathscr{A}\to(\mathscr{B}\to\mathscr{C}))\to((\mathscr{A}\to\mathscr{B})\to(\mathscr{A}\to\mathscr{C}))$

(L_3) $(\sim\mathscr{A}\to\sim\mathscr{B})\to(\mathscr{B}\to\mathscr{A})$

(L_4) $\mathscr{A}\to(\mathscr{B}\to\mathscr{A}\wedge\mathscr{B})$

(L_5) $\mathscr{A}\wedge\mathscr{B}\to\mathscr{A},\mathscr{A}\wedge\mathscr{B}\to\mathscr{B}$

(L_6) $\mathscr{A}\to\mathscr{A}\vee\mathscr{B},\mathscr{B}\to\mathscr{A}\vee\mathscr{B}$

(L_7) $(\mathscr{A}\to\mathscr{C})\to((\mathscr{B}\to\mathscr{C})\to(\mathscr{A}\vee\mathscr{B}\to\mathscr{C}))$

L 的推理规则。由 $\mathscr{A}$ 和 $\mathscr{A}\to\mathscr{B}$ 可得到 $\mathscr{B}$。该推理规则称为假言推理(Modus Ponens)，简称 MP 推理规则。

注意：在命题演算形式系统中，公理以及推理规则都是以形式化的方法给出的，故又称为形式化公理和形式化推理规则，其中出现的公式 $\mathscr{A}$、$\mathscr{B}$、$\mathscr{C}$ 等可以用任意其他合适公式进行一致性替换。

例如，$(\mathscr{A}\to\mathscr{B})\to((\mathscr{C}\to\mathscr{D})\to(\mathscr{A}\to\mathscr{B}))$可以作为公理 L_1 来使用，而$(\mathscr{C}\vee\mathscr{D})\wedge(\sim\mathscr{C}\wedge\mathscr{D})\to\mathscr{C}\vee\mathscr{D}$ 可以看成公理 L_5；由$(\mathscr{C}\to\mathscr{D})\to(\mathscr{A}\to\mathscr{B})$和 $\mathscr{C}\to\mathscr{D}$ 经过 MP 推理规则可得到 $\mathscr{A}\to\mathscr{B}$ 等。

3.2 命题演算形式推理

3.2.1 命题演算形式证明与定理

在形式系统 L 中，从公理出发，经过 MP 推理可不断产生新的"结论"，这一过程称为形式系统 L 的"证明"，"证明"产生的结论称为形式系统的"定理"。具体定义如下：

形式系统中的"证明"是一合式公式的序列

$$\mathscr{A}_1,\mathscr{A}_2,\cdots,\mathscr{A}_n \tag{3.2.1}$$

其中，每个公式 $\mathscr{A}_i(1\leqslant i\leqslant n)$或者是形式系统的公理，或者由位于其前面的两个公式 $\mathscr{A}_j$ 和 $\mathscr{A}_k(1\leqslant j,k<i)$经使用 MP 得到。

如果合适公式序列 $\mathscr{A}_1,\mathscr{A}_2,\cdots,\mathscr{A}_n$ 是形式系统的证明，那么该序列中最后一个公式 $\mathscr{A}_n$ 称为形式系统的"定理"，记为$\vdash_L\mathscr{A}_n$。在不会引起混淆的情况下，符号$\vdash_L$中的下标 L 可以省略。

注意：

(1) 如果 $\mathscr{A}_1,\mathscr{A}_2,\cdots,\mathscr{A}_n$ 是形式系统 L 的证明，那么对任意 $k<n$，$\mathscr{A}_1,\cdots,\mathscr{A}_k$ 也是 L 的一个证明，因此证明序列中任意公式 $\mathscr{A}_k$ 都是 L 的定理。特别 L 的公理是定理，它的证明是由它自身一个公式组成的公式序列。

(2) 如果称某公式，如 $\mathscr{A}_i$，是由公式 $\mathscr{A}_j$ 和 $\mathscr{A}_k$ 经使用 MP 得到，那么 $\mathscr{A}_j$ 和 $\mathscr{A}_k$ 必定是两个形如 $\mathscr{B}$ 和 $\mathscr{B}\to\mathscr{A}_i$ 的公式，其中 $\mathscr{B}$ 可设为 $\mathscr{A}_j$ 和 $\mathscr{A}_k$ 中的任一个。

(3) 式子$\vdash_L \mathscr{A}_n$中的符号$\vdash_L$并非形式系统L的符号，它用来表示"公式$\mathscr{A}_n$为形式系统的定理"这一说法。

(4) 形式系统的"定理"是一种形式定理，它不同于通常定理的概念，因而不妨称这种定理为"元定理"。

例 3-2-1 下面的公式序列是L的一个证明。

(1) $p_1\to(p_2\to p_1)$ //L_1

(2) $(p_1\to(p_2\to p_1))\to((p_1\to p_2)\to(p_1\to p_1))$ //L_2

(3) $(p_1\to p_2)\to(p_1\to p_1)$ //由(1)、(2)MP

由此可以得到$(p_1\to p_2)\to(p_1\to p_1)$是$L$的定理。 ■

例 3-2-2 试证明对任意合适公式$\mathscr{A}$和$\mathscr{B}$有下列式子成立。

(1) $\vdash(\mathscr{A}\to\mathscr{A})$

(2) $\vdash(\sim\mathscr{B}\to(\mathscr{B}\to\mathscr{A}))$

证明：需要证明公式$(\mathscr{A}\to\mathscr{A})$和$\sim\mathscr{B}\to(\mathscr{B}\to\mathscr{A})$是$L$中的定理，就要给出其证明的公式序列。

(1) 证明的公式序列如下：

① $(\mathscr{A}\to((\mathscr{A}\to\mathscr{A})\to\mathscr{A}))\to((\mathscr{A}\to(\mathscr{A}\to\mathscr{A}))\to(\mathscr{A}\to\mathscr{A}))$ //L_2

② $\mathscr{A}\to((\mathscr{A}\to\mathscr{A})\to\mathscr{A})$ //L_1

③ $(\mathscr{A}\to(\mathscr{A}\to\mathscr{A}))\to(\mathscr{A}\to\mathscr{A})$ //(1)、(2)MP

④ $\mathscr{A}\to(\mathscr{A}\to\mathscr{A})$ //L_1

⑤ $\mathscr{A}\to\mathscr{A}$ //(4)、(3)MP

故有$(\mathscr{A}\to\mathscr{A})$是$L$的定理，即$\vdash(\mathscr{A}\to\mathscr{A})$。

(2) 证明的公式序列如下：

① $(\sim\mathscr{B}\to(\sim\mathscr{A}\to\sim\mathscr{B}))$ //L_1

② $(\sim\mathscr{A}\to\sim\mathscr{B})\to(\mathscr{B}\to\mathscr{A})$ //L_3

③ $((\sim\mathscr{A}\to\sim\mathscr{B})\to(\mathscr{B}\to\mathscr{A}))\to(\sim\mathscr{B}\to((\sim\mathscr{A}\to\sim\mathscr{B})\to(\mathscr{B}\to\mathscr{A})))$ //L_1

④ $\sim\mathscr{B}\to((\sim\mathscr{A}\to\sim\mathscr{B})\to(\mathscr{B}\to\mathscr{A}))$ //(2)、(3)MP

⑤ $(\sim\mathscr{B}\to((\sim\mathscr{A}\to\sim\mathscr{B})\to(\mathscr{B}\to\mathscr{A})))\to((\sim\mathscr{B}\to(\sim\mathscr{A}\to\sim\mathscr{B}))\to(\sim\mathscr{B}\to(\mathscr{B}\to\mathscr{A})))$ //L_2

⑥ $(\sim\mathscr{B}\to(\sim\mathscr{A}\to\sim\mathscr{B}))\to(\sim\mathscr{B}\to(\mathscr{B}\to\mathscr{A}))$ //(4)、(5)MP

⑦ $\sim\mathscr{B}\to(\mathscr{B}\to\mathscr{A})$ //(1)、(6)MP

故有$\vdash(\sim\mathscr{B}\to(\mathscr{B}\to\mathscr{A}))$。 ■

注意：要证明一个合适公式是L的定理，通常的方法是构造出"证明"的公式序列。由于L的定理是在公理的基础上产生的，因此在构造"证明"的过程中，凡是已被证明为"定理"的合适公式均可作为"公理"使用。

3.2.2 相对证明与演绎定理

1. 基于假设的证明

L中的证明是从L的公理出发构造证明的公式序列，因而也称是基于公理的证明。有时除了运用公理外，还可以将一些公式(未必是公理)作为"假设"在证明中直接运用，并由此

推出其他的结论(公式),这样的证明过程称为基于假设的证明,具体定义如下:

设Γ是一合适公式的集合,其中的公式可以是公理、定理或一般公式。如果合式公式序列$\mathscr{A}_1,\mathscr{A}_2,\cdots,\mathscr{A}_n$满足:每个$\mathscr{A}_i(1\leqslant i\leqslant n)$或者是形式系统的公理,或者是$\Gamma$的成员(即$\mathscr{A}_i\in\Gamma$),或者由位于其前面的两个公式$\mathscr{A}_j$和$\mathscr{A}_k(1\leqslant j,k<i)$经使用MP得到,那么该公式序列就称为是由$\Gamma$推导出的证明(或基于$\Gamma$的证明)。

如果合适公式序列$\mathscr{A}_1,\mathscr{A}_2,\cdots,\mathscr{A}_n$是由$\Gamma$推导出的证明,则该序列的最后一个公式$\mathscr{A}_n$称为可由$\Gamma$推导出的结论(或基于$\Gamma$的结论),记为$\Gamma\vdash_L\mathscr{A}_n$或$\Gamma\vdash\mathscr{A}_n$。

注意:

(1) 由Γ推导出的证明$\mathscr{A}_1,\mathscr{A}_2,\cdots,\mathscr{A}_n$和一般证明$\mathscr{A}_1,\mathscr{A}_2,\cdots,\mathscr{A}_n$的区别在于:前者可用$\Gamma$中的公式。如果$\Gamma$为空集$\phi$时,那么$\phi\vdash\mathscr{A}_n$和$\vdash\mathscr{A}_n$是一样的,所以基于$\Gamma$的证明是基于公理证明的推广形式。由于证明的结论是相对于Γ中公式的,因此这样的证明称为"相对证明"。

(2) 如果$\Gamma\vdash_L\mathscr{A}_n$,则在基于$\Gamma$的证明公式序列$\mathscr{A}_1,\mathscr{A}_2,\cdots,\mathscr{A}_n$中,所使用到的$\Gamma$中的公式称为"假设"。

例 3-2-3 设$\Gamma=\{\mathscr{A},(\mathscr{B}\to(\mathscr{A}\to\mathscr{C}))\}$,其中$\mathscr{A}$、$\mathscr{B}$、$\mathscr{C}$是任意合适公式。试证明$\Gamma\vdash\mathscr{B}\to\mathscr{C}$。

证明:构造一个由Γ推导出的公式序列(即基于Γ的证明),最后产生$\mathscr{B}\to\mathscr{C}$。

(1) $\mathscr{A}$ //假设(即$\mathscr{A}\in\Gamma$)

(2) $\mathscr{B}\to(\mathscr{A}\to\mathscr{C})$ //假设(即$\mathscr{B}\to(\mathscr{A}\to\mathscr{C})\in\Gamma$)

(3) $\mathscr{A}\to(\mathscr{B}\to\mathscr{A})$ //L_1

(4) $\mathscr{B}\to\mathscr{A}$ //(1)、(3)MP

(5) $(\mathscr{B}\to(\mathscr{A}\to\mathscr{C}))\to((\mathscr{B}\to\mathscr{A})\to(\mathscr{B}\to\mathscr{C}))$ //L_2

(6) $(\mathscr{B}\to\mathscr{A})\to(\mathscr{B}\to\mathscr{C})$ //(2)、(5)MP

(7) $\mathscr{B}\to\mathscr{C}$ //(4)、(6)MP

故有$\{\mathscr{A},(\mathscr{B}\to(\mathscr{A}\to\mathscr{C}))\}\vdash\mathscr{B}\to\mathscr{C}$,即$\Gamma\vdash\mathscr{B}\to\mathscr{C}$。 ■

2. 演绎定理

通过上述分析可知,要证明某个公式是L的定理就需要构造出证明的公式序列,这通常不是一件容易的事情。相对证明的手段能够在一定程度上为此提供方便。

命题 3.2.1(演绎定理) 如果$\Gamma\cup\{\mathscr{A}\}\vdash\mathscr{B}$,那么$\Gamma\vdash\mathscr{A}\to\mathscr{B}$。

分析:$\Gamma\cup\{\mathscr{A}\}\vdash\mathscr{B}$的含义是有一个公式的序列

$$\mathscr{A}_1,\mathscr{A}_2,\cdots,\mathscr{A}_n \quad (\text{源公式序列})$$

其中,$\mathscr{A}_i$或是Γ中的公式,或是$\mathscr{A}$,或是公理,或是由排在它前面的两公式$\mathscr{A}_k,\mathscr{A}_j(k,j<i)$经MP得到,并且$\mathscr{A}_n$是公式$\mathscr{B}$。

要证明$\Gamma\vdash\mathscr{A}\to\mathscr{B}$,就要给出一个公式序列

$$\mathscr{A}'_1,\mathscr{A}'_2,\cdots,\mathscr{A}'_m \quad (\text{目标公式序列})$$

要求$\mathscr{A}'_i$或是Γ的公式,或是公理,或是$\mathscr{A}'_j$与$\mathscr{A}'_k(j,k<i)$经MP得到,并且$\mathscr{A}'_m$是公式$\mathscr{A}\to\mathscr{B}$。

证明:采用数学归纳法并用归纳于源公式序列的长度(即序列中公式个数)n的方法证明。

奠基步:$n=1$时,源公式序列中只有一个公式,它必为$\mathscr{B}$。

情形1 $\mathscr{B}$ 是公理或是 Γ 的公式。则目标公式序列构造如下：

(1) $\mathscr{B}$ //($\mathscr{B}$ 是公理)或($\mathscr{B}\in\Gamma$)

(2) $\mathscr{B}\to(\mathscr{A}\to\mathscr{B})$ //L_1

(3) $\mathscr{A}\to\mathscr{B}$ //(1)、(2)MP

注意到上述证明公式序列(1)、(2)、(3)中的公式或是 Γ 的元素，或是公理，或是经 MP 推理所得，且结果为 $\mathscr{A}\to\mathscr{B}$，所以有 $\Gamma\vdash(\mathscr{A}\to\mathscr{B})$。

情形2 $\mathscr{B}$ 是 $\mathscr{A}$。此时根据例 3-2-2(1)知$\vdash\mathscr{A}\to\mathscr{A}$，显然有 $\Gamma\vdash(\mathscr{A}\to\mathscr{B})$。

归纳推导步：假定当源序列的长度$<n$ 时命题成立，考虑长度为 n 的源序列 $\mathscr{A}_1,\mathscr{A}_2,\cdots,\mathscr{A}_n$，其中 $\mathscr{A}_n$ 是公式 $\mathscr{B}$。

情形1 $\mathscr{B}$ 是公理或是 Γ 的公式。

情形2 $\mathscr{B}$ 是 $\mathscr{A}$。

这两种情形可以仿照奠基步中构造目标公式序列的方法给出基于 Γ 的证明，从而得到 $\Gamma\vdash(\mathscr{A}\to\mathscr{B})$。

情形3 $\mathscr{B}$ 在源公式序列中是由某两个先前的公式 $\mathscr{A}_k,\mathscr{A}_j(k,j<n)$经 MP 得到。

在此情况下，$\mathscr{A}_k$ 和 $\mathscr{A}_j$ 必定是两个形如 $\mathscr{C}$ 和 $\mathscr{C}\to\mathscr{B}$ 的公式。不妨假设 $\mathscr{A}_k$ 是 $\mathscr{C}\to\mathscr{B}$，$\mathscr{A}_j$ 是 $\mathscr{C}$。由于 $\mathscr{A}_j$ 和 $\mathscr{A}_k$ 是源公式序列中的公式，因此有

$$\Gamma\cup\{\mathscr{A}\}\vdash\mathscr{A}_j,\quad \Gamma\cup\{\mathscr{A}\}\vdash\mathscr{A}_k$$

注意到 $k,j<n$，即基于 $\Gamma\cup\{\mathscr{A}\}$证明的公式序列 $\mathscr{A}_1,\cdots,\mathscr{A}_j$ 和 $\mathscr{A}_1,\cdots,\mathscr{A}_k$ 的长度均小于 n，因而根据归纳假定就有

$$\Gamma\vdash\mathscr{A}\to\mathscr{A}_j,\quad \Gamma\vdash\mathscr{A}\to\mathscr{A}_k$$

即

$$\Gamma\vdash\mathscr{A}\to\mathscr{C},\quad \Gamma\vdash\mathscr{A}\to(\mathscr{C}\to\mathscr{B})$$

由此可以得到一个基于 Γ 证明的公式序列，使得 $\mathscr{A}\to\mathscr{C}$ 和 $\mathscr{A}\to(\mathscr{C}\to\mathscr{B})$在该序列中出现。设此序列如下：

(1) $\mathscr{A}_1'$

⋮

(2) $\mathscr{A}\to\mathscr{C}$ 　　由 Γ 推导出的公式序列

⋮

(3) $\mathscr{A}\to(\mathscr{C}\to\mathscr{B})$

在此基础上接着构造公式序列：

① $(\mathscr{A}\to(\mathscr{C}\to\mathscr{B}))\to((\mathscr{A}\to\mathscr{C})\to(\mathscr{A}\to\mathscr{B}))$ //L_2

② $(\mathscr{A}\to\mathscr{C})\to(\mathscr{A}\to\mathscr{B})$ //(l)、(l+1)MP

③ $\mathscr{A}\to\mathscr{B}$ //(k)、(l+2)MP

显然整个公式序列是一个基于 Γ 的证明，且最后一个公式为 $\mathscr{A}\to\mathscr{B}$，所以有 $\Gamma\vdash\mathscr{A}\to\mathscr{B}$。根据数学归纳法原理，命题得证。 ■

注意：演绎定理为构造形式系统 L 的证明带来了方便。例如，在例 3-2-2 中证明$\vdash\mathscr{A}\to\mathscr{A}$ 颇费了一番周折，如果运用演绎定理，则由 $\mathscr{A}\vdash\mathscr{A}$ 即刻得到$\vdash\mathscr{A}\to\mathscr{A}$，可谓方便之极。

演绎定理的“逆”定理也是成立的。

命题 3.2.2 如果 $\Gamma \vdash (\mathscr{A} \to \mathscr{B})$，则 $\Gamma \cup \{\mathscr{A}\} \vdash \mathscr{B}$。

证明：因为 $\Gamma \vdash (\mathscr{A} \to \mathscr{B})$，所以有一个基于 Γ 的证明，结论为 $\mathscr{A} \to \mathscr{B}$，即：

(1) $\mathscr{A}_1$
⋮　　由 Γ 推导出的公式序列
(k) $\mathscr{A} \to \mathscr{B}$

在此基础上继续构造序列：

(k+1) $\mathscr{A}$ //假设

(k+2) $\mathscr{B}$ //由(k)、(k+1)MP

最终得到一个基于 $\Gamma \cup \{\mathscr{A}\}$ 的证明，且结论为 $\mathscr{B}$，故 $\Gamma \cup \{\mathscr{A}\} \vdash \mathscr{B}$。 ■

注意：命题 3.2.1 和命题 3.2.2 都称为演绎定理。演绎定理为人们提供了一种相对证明的方法和手段，其基本思想是：要证明形如 $\mathscr{A} \to \mathscr{B}$ 的公式是定理，可以在假设 $\mathscr{A}$ 的基础上证 $\mathscr{B}$。这一证明过程的转换在"增加"更多前提的基础上"简化"了结论，以"一增一简"的变化为我们的证明提供了便利。

利用演绎定理很容易得到下面的命题。

命题 3.2.3 对任意的合适公式 $\mathscr{A}$、$\mathscr{B}$、$\mathscr{C}$，有 $\{(\mathscr{A} \to \mathscr{B}), (\mathscr{B} \to \mathscr{C})\} \vdash \mathscr{A} \to \mathscr{C}$。

证明：

(1) $\mathscr{A} \to \mathscr{B}$ //假设

(2) $\mathscr{B} \to \mathscr{C}$ //假设

(3) $\mathscr{A}$ //假设

(4) $\mathscr{B}$ //(1)、(3)MP

(5) $\mathscr{C}$ //(2)、(4)MP

故 $\{(\mathscr{A} \to \mathscr{B}), (\mathscr{B} \to \mathscr{C}), \mathscr{A}\} \vdash \mathscr{C}$，由演绎定理得

$$\{(\mathscr{A} \to \mathscr{B}), (\mathscr{B} \to \mathscr{C})\} \vdash \mathscr{A} \to \mathscr{C}$$ ■

注意：命题 3.2.3 又称**假言三段论**(Hypothetical Syllogism，HS)。在今后的命题演算中，HS 可以作为推理规则使用。

在 $\{(\mathscr{A} \to \mathscr{B}), (\mathscr{B} \to \mathscr{C})\} \vdash \mathscr{A} \to \mathscr{C}$ 的基础上，两次运用演绎定理可以得到

$$\vdash (\mathscr{A} \to \mathscr{B}) \to ((\mathscr{B} \to \mathscr{C}) \to (\mathscr{A} \to \mathscr{C}))$$

故有公式 $(\mathscr{A} \to \mathscr{B}) \to ((\mathscr{B} \to \mathscr{C}) \to (\mathscr{A} \to \mathscr{C}))$ 是形式系统 L 的定理。

接下来将通过一些命题的证明给出 L 中一些重要的定理，同时也了解一些构造形式系统 L 证明的基本方法和技巧。

命题 3.2.4

(a) $\sim\sim\mathscr{A} \vdash \mathscr{A}$

(b) $\mathscr{A} \vdash \sim\sim\mathscr{A}$

证明：(a) 的证明序列如下：

① $\sim\sim\mathscr{A}$ //假设

② $\sim\sim\mathscr{A} \to (\sim\sim\sim\sim\mathscr{A} \to \sim\sim\mathscr{A})$ //L_1

③ $(\sim\sim\sim\sim\mathscr{A} \to \sim\sim\mathscr{A}) \to (\sim\mathscr{A} \to \sim\sim\sim\mathscr{A})$ //L_3

④ $\sim\sim\mathscr{A} \to (\sim\mathscr{A} \to \sim\sim\sim\mathscr{A})$ //②、③HS

⑤ $(\sim\mathscr{A} \to \sim\sim\sim\mathscr{A}) \to (\sim\sim\mathscr{A} \to \mathscr{A})$ //L3

⑥ $\sim\sim\mathscr{A}\to(\sim\sim\mathscr{A}\to\mathscr{A})$ //④、⑤HS

⑦ $(\sim\sim\mathscr{A}\to\mathscr{A})$ //①、⑥MP

⑧ $\mathscr{A}$ //①、⑦MP

所以$\sim\sim\mathscr{A}\vdash\mathscr{A}$。

(b) 的证明序列如下：

(1) $\sim\sim(\sim\mathscr{A})\to(\sim\mathscr{A})$ //由(a)的证明可得

(2) $(\sim\sim\sim\mathscr{A}\to\sim\mathscr{A})\to(\mathscr{A}\to\sim\sim\mathscr{A})$ //L_3

(3) $(\mathscr{A}\to\sim\sim\mathscr{A})$ //(1)、(2)MP

最后运用演绎定理即可得到 $\mathscr{A}\vdash\sim\sim\mathscr{A}$。 ■

注意：由命题 3.2.4 可知，$\sim\sim\mathscr{A}\to\mathscr{A}$ 和 $\mathscr{A}\to\sim\sim\mathscr{A}$ 都是形式系统 L 的定理。此表明：一道命题与其否定的再否定后得到的命题是等价的。实际上它们正是所谓"负负得正"的形式化描述。

命题 3.2.5

(a) $\sim\mathscr{B}\to\sim\mathscr{A}\vdash\mathscr{A}\to\mathscr{B}$

(b) $\mathscr{A}\to\mathscr{B}\vdash\sim\mathscr{B}\to\sim\mathscr{A}$

(c) $\mathscr{A}\to\sim\mathscr{B}\vdash\mathscr{B}\to\sim\mathscr{A}$

(d) $\sim\mathscr{A}\to\mathscr{B}\vdash\sim\mathscr{B}\to\mathscr{A}$

证明：

(a) 可以由公理(L_3)运用演绎定理直接得到。

(b) 的证明序列如下：

(1) $\mathscr{A}\to\mathscr{B}$ //假设

(2) $\mathscr{B}\to\sim\sim\mathscr{B}$ //命题 3.2.4(b)

(3) $\mathscr{A}\to\sim\sim\mathscr{B}$ //(1)、(2)HS

(4) $\sim\sim\mathscr{A}\to\mathscr{A}$ //命题 3.2.4(a)

(5) $\sim\sim\mathscr{A}\to\sim\sim\mathscr{B}$ //(4)、(3)HS

(6) $(\sim\sim\mathscr{A}\to\sim\sim\mathscr{B})\to(\sim\mathscr{B}\to\sim\mathscr{A})$ //L_3

(7) $\sim\mathscr{B}\to\sim\mathscr{A}$ //(5)、(6)MP

所以 $\mathscr{A}\to\mathscr{B}\vdash\sim\mathscr{B}\to\sim\mathscr{A}$ 或$\vdash(\mathscr{A}\to\mathscr{B})\to(\sim\mathscr{B}\to\sim\mathscr{A})$。

类似可证(c)和(d)，留作练习。 ■

注意：在数学证明中，一道命题与其逆否命题是等价的，欲证"如果 $\mathscr{A}$ 那么 $\mathscr{B}$"可以通过证"若无 $\mathscr{B}$ 则无 $\mathscr{A}$"完成，后者是前者的逆否命题，所用的证明方法称为"反证法"。命题 3.2.5 中的诸式给出了各种类型反证过程的形式化表示，不妨将它们称为"反证原理"。

命题 3.2.6 $\vdash(\sim\mathscr{A}\to\mathscr{A})\to\mathscr{A}$。

证明：构造证明序列如下：

(1) $\sim\mathscr{A}\to\mathscr{A}$ //假设

(2) $\sim\mathscr{A}\to(\mathscr{A}\to\sim(\sim\mathscr{A}\to\mathscr{A}))$ //例 3-2-2(2)

(3) $\sim\mathscr{A}\to(\mathscr{A}\to\sim(\sim\mathscr{A}\to\mathscr{A}))\to((\sim\mathscr{A}\to\mathscr{A})\to(\sim\mathscr{A}\to\sim(\sim\mathscr{A}\to\mathscr{A})))$ //L_2

(4) $(\sim\mathscr{A}\to\mathscr{A})\to(\sim\mathscr{A}\to\sim(\sim\mathscr{A}\to\mathscr{A}))$ //(2)、(3)MP

(5) $\sim\mathscr{A}\to\sim(\sim\mathscr{A}\to\mathscr{A})$ //(1)、(4)MP

(6) $(\sim\mathscr{A}\to\mathscr{A})\to\mathscr{A}$ //(5)利用反证原理

(7) $\mathscr{A}$ //(1)、(6)MP

故$(\sim\mathscr{A}\to\mathscr{A})\vdash\mathscr{A}$,由演绎定理得$\vdash(\sim\mathscr{A}\to\mathscr{A})\to\mathscr{A}$。■

注意:命题3.2.6是数学证明中一个非常有趣的证明原理的形式化描述,即如果假设$\mathscr{A}$不成立又能推出$\mathscr{A}$成立,那么$\mathscr{A}$就一定成立。这实际上也是一种"反证"的手段,与命题3.2.5表示的"因果命题"反证手段不同的是,本命题是关于单一命题的。

命题 3.2.7 设$\mathscr{A}$是合适公式,则对任意合适公式$\mathscr{B}$均有$\mathscr{A},\sim\mathscr{A}\vdash\mathscr{B}$。

证明:构造证明序列如下:

(1) $\sim\mathscr{A}$ //假设

(2) $\mathscr{A}$ //假设

(3) $\sim\mathscr{A}\to(\mathscr{A}\to\mathscr{B})$ //例3-2-2(2)

(4) $\mathscr{B}$ //(1)、(3)MP、(2)MP

故$\mathscr{A},\sim\mathscr{A}\vdash\mathscr{B}$。■

注意:命题3.2.7告诉我们在数学证明中一个不可忽视的重要问题,那就是"如果将相互矛盾的命题作为前提,那么所有的命题都为真"。如果在一个形式系统中所有的"命题"都为真,那么这个形式系统也就没有任何实际应用价值了。因此,"无矛盾性"是人们建立形式系统的基本要求,无矛盾的形式系统称为是"协调的"。

由命题3.2.7通过演绎定理即可得到下面的结论。

命题 3.2.8

(1) $\sim\mathscr{A}\vdash\mathscr{A}\to\mathscr{B}$

(2) $\mathscr{A}\vdash\sim\mathscr{A}\to\mathscr{B}$

注意:到目前为止,通过3个例子(例3-2-1、例3-2-2和例3-2-3)和8道命题(命题3.2.1～3.2.8)给出了形式系统L中的一些重要"定理"。这些"定理"在以后构造形式系统L的证明时可以直接使用。需要特别提醒的是:在这些例子和命题的证明构造过程中,只用到了公理(L_1)、(L_2)和($L3$)。这一点非常重要,它将在以后我们重新认识形式系统L时用到。

命题 3.2.9

(1) $\mathscr{A}\to(\mathscr{B}\to\mathscr{C})\vdash\mathscr{A}\wedge\mathscr{B}\to\mathscr{C}$

(2) $\mathscr{A}\wedge\mathscr{B}\to\mathscr{C}\vdash\mathscr{A}\to(\mathscr{B}\to\mathscr{C})$

证明:

(1) 的证明如下:

① $\mathscr{A}\to(\mathscr{B}\to\mathscr{C})$ //假设

② $\mathscr{A}\wedge\mathscr{B}$ //假设

③ $\mathscr{A}\wedge\mathscr{B}\to\mathscr{A}$ //L_5

④ $\mathscr{A}$ //②、③MP

⑤ $\mathscr{B}\to\mathscr{C}$ //①、④MP

⑥ $\mathscr{A}\wedge\mathscr{B}\to\mathscr{B}$ //L_5

⑦ $\mathscr{B}$ //②、⑥MP

⑧ $\mathscr{C}$ //⑤、⑦MP

故有$\mathscr{A}\to(\mathscr{B}\to\mathscr{C}),\mathscr{A}\wedge\mathscr{B}\vdash\mathscr{C}$,由演绎定理得$\mathscr{A}\to(\mathscr{B}\to\mathscr{C})\vdash\mathscr{A}\wedge\mathscr{B}\to\mathscr{C}$。

（2）的证明如下：

① $\mathscr{A}\wedge\mathscr{B}\rightarrow\mathscr{C}$　//假设

② $\mathscr{A}$　//假设

③ $\mathscr{B}$　//假设

④ $\mathscr{A}\rightarrow(\mathscr{B}\rightarrow\mathscr{A}\wedge\mathscr{B})$　//L_4

⑤ $\mathscr{B}\rightarrow\mathscr{A}\wedge\mathscr{B}$　//②、④MP

⑥ $\mathscr{A}\wedge\mathscr{B}$　//③、⑤MP

⑦ $\mathscr{C}$　//①、⑥MP

故有 $\mathscr{A}\wedge\mathscr{B}\rightarrow\mathscr{C},\mathscr{A},\mathscr{B}\vdash\mathscr{C}$，由演绎定理得 $\mathscr{A}\wedge\mathscr{B}\rightarrow\mathscr{C}\vdash\mathscr{A}\rightarrow(\mathscr{B}\rightarrow\mathscr{C})$。■

命题 3.2.10

（1）$\mathscr{A}\rightarrow\mathscr{B}\vdash(\mathscr{A}\wedge\mathscr{C})\rightarrow(\mathscr{B}\wedge\mathscr{C})$

（2）$\mathscr{A}\rightarrow\mathscr{B}\vdash(\mathscr{C}\wedge\mathscr{A})\rightarrow(\mathscr{C}\wedge\mathscr{B})$

证明：

（1）的证明如下：

① $\mathscr{A}\rightarrow\mathscr{B}$　//假设

② $\mathscr{A}\wedge\mathscr{C}$　//假设

③ $\mathscr{A}\wedge\mathscr{C}\rightarrow\mathscr{A}$　//L_5

④ $\mathscr{A}$　//②、③MP

⑤ $\mathscr{A}\wedge\mathscr{C}\rightarrow\mathscr{C}$　//L_5

⑥ $\mathscr{C}$　//②、⑤MP

⑦ $\mathscr{B}$　//①、④MP

⑧ $\mathscr{B}\rightarrow(\mathscr{C}\rightarrow(\mathscr{B}\wedge\mathscr{C}))$　//L_4

⑨ $\mathscr{C}\rightarrow(\mathscr{B}\wedge\mathscr{C})$　//⑦、⑧MP

⑩ $\mathscr{B}\wedge\mathscr{C}$　//⑥、⑨MP

故有 $\mathscr{A}\rightarrow\mathscr{B},\mathscr{A}\wedge\mathscr{C}\vdash\mathscr{B}\wedge\mathscr{C}$，进而有 $\mathscr{A}\rightarrow\mathscr{B}\vdash(\mathscr{A}\wedge\mathscr{C})\rightarrow(\mathscr{B}\wedge\mathscr{C})$。

（2）的证明如下：

① $\mathscr{A}\rightarrow\mathscr{B}$　//假设

② $\mathscr{C}\wedge\mathscr{A}$　//假设

③ $\mathscr{C},\mathscr{A}$　//②L_5MP

④ $\mathscr{B}$　//③、①MP

⑤ $\mathscr{C}\wedge\mathscr{B}$　//③、④L_4MP

故 $\mathscr{A}\rightarrow\mathscr{B},\mathscr{C}\wedge\mathscr{A}\vdash\mathscr{C}\wedge\mathscr{B}$，继而有 $\mathscr{A}\rightarrow\mathscr{B}\vdash(\mathscr{C}\wedge\mathscr{A})\rightarrow(\mathscr{C}\wedge\mathscr{B})$。■

命题 3.2.11

（1）$\mathscr{A}\rightarrow\mathscr{B}\vdash\mathscr{A}\vee\mathscr{C}\rightarrow\mathscr{B}\vee\mathscr{C}$

（2）$\mathscr{A}\rightarrow\mathscr{B}\vdash\mathscr{C}\vee\mathscr{A}\rightarrow\mathscr{C}\vee\mathscr{B}$

证明：

（1）的证明如下：

① $\mathscr{A}\rightarrow\mathscr{B}$　//假设

② $\mathscr{A}\vee\mathscr{C}$　//假设

③ $\mathscr{B}\rightarrow\mathscr{B}\vee\mathscr{C}$　//L_6

④ $\mathscr{A}\rightarrow\mathscr{B}\vee\mathscr{C}$　//①、③HS

⑤ $\mathscr{C}\to\mathscr{B}\vee\mathscr{C}$ //L_6

⑥ $(\mathscr{A}\to\mathscr{B}\vee\mathscr{C})\to((\mathscr{C}\to\mathscr{B}\vee\mathscr{C})\to(\mathscr{A}\vee\mathscr{C}\to\mathscr{B}\vee\mathscr{C}))$ //L_7

⑦ $(\mathscr{C}\to\mathscr{B}\vee\mathscr{C})\to(\mathscr{A}\vee\mathscr{C}\to\mathscr{B}\vee\mathscr{C})$ //④、⑥MP

⑧ $\mathscr{A}\vee\mathscr{C}\to\mathscr{B}\vee\mathscr{C}$ //⑤、⑦MP

⑨ $\mathscr{B}\vee\mathscr{C}$ //②、⑧MP

故 $\mathscr{A}\to\mathscr{B},\mathscr{A}\vee\mathscr{C}\vdash\mathscr{B}\vee\mathscr{C}$，由演绎定理得 $\mathscr{A}\to\mathscr{B}\vdash\mathscr{A}\vee\mathscr{C}\to\mathscr{B}\vee\mathscr{C}$。

(2) 的证明留作练习。 ■

注意：命题 3.2.9、命题 3.2.10 和命题 3.2.11 涉及公理 $L_4\sim L_7$，主要反映了合取 ∧ 和析取 ∨ 两个逻辑运算的基本性质。

3.3 命题公式的等价与替换

3.3.1 等价命题公式

1. 等价命题公式的定义

设 $\mathscr{A}$、$\mathscr{B}$ 是合适公式，用 $\mathscr{A}\leftrightarrow\mathscr{B}$ 表示公式 $(\mathscr{A}\to\mathscr{B})\wedge(\mathscr{B}\to\mathscr{A})$ 的缩写，称为 $\mathscr{A}$ 和 $\mathscr{B}$ 的等价式。显然，等价式 $\mathscr{A}\leftrightarrow\mathscr{B}$ 是合适公式，其中符号↔可读作“等价于”。如果在形式系统 L 中有 $\vdash(\mathscr{A}\leftrightarrow\mathscr{B})$，则称公式 $\mathscr{A}$ 和 $\mathscr{B}$ 在形式系统 L 中是等价的。

注意：符号↔又称为“等词”，它并非最初给出的形式系统 L 的符号。为更好地揭示命题与命题之间的关系，通过引进一些符号简化命题的表达形式以便讨论和研究是十分必要的，这也是数学形式化研究的重要方法之一。符号↔可视为逻辑运算符并作为联结词使用，运算次序在其他联结词之后。

2. 等价命题公式的基本性质

命题 3.3.1 对任意合适公式 $\mathscr{A}$、$\mathscr{B}$，若 $\mathscr{A}\vdash\mathscr{B}$ 并且 $\mathscr{B}\vdash\mathscr{A}$，则 $\vdash\mathscr{A}\leftrightarrow\mathscr{B}$。

证明：

(1) $\mathscr{A}\vdash\mathscr{B}$ //假设

(2) $\mathscr{B}\vdash\mathscr{A}$ //假设

(3) $\mathscr{A}\to\mathscr{B}$ //(1)演绎定理

(4) $\mathscr{B}\to\mathscr{A}$ //(2)演绎定理

(5) $(\mathscr{A}\to\mathscr{B})\to((\mathscr{B}\to\mathscr{A})\to(\mathscr{A}\to\mathscr{B})\wedge(\mathscr{B}\to\mathscr{A}))$ //L_4

(6) $(\mathscr{B}\to\mathscr{A})\to(\mathscr{A}\to\mathscr{B})\wedge(\mathscr{B}\to\mathscr{A})$ //(3)、(5)MP

(7) $(\mathscr{A}\to\mathscr{B})\wedge(\mathscr{B}\to\mathscr{A})$ //(4)、(6)MP

(8) $\mathscr{A}\leftrightarrow\mathscr{B}$ //(7)根据↔的定义

故若有 $\mathscr{A}\vdash\mathscr{B}$ 和 $\mathscr{B}\vdash\mathscr{A}$，就有 $\vdash\mathscr{A}\leftrightarrow\mathscr{B}$。 ■

注意：和以往构造证明序列有所不同的是：在命题 3.3.1 的证明中，用 $\mathscr{A}\vdash\mathscr{B}$ 和 $\mathscr{B}\vdash\mathscr{A}$ 作为假设，这种证明也叫做辅助证明。实际上，假设 $\mathscr{A}\vdash\mathscr{B}$ 可以看成由 $\mathscr{A}$ 出发推导出 $\mathscr{B}$ 的一个公式序列。

命题 3.3.2 等价命题公式的“自反性”、“对称性”和“传递性”可表达如下。

(1) $\vdash\mathscr{A}\leftrightarrow\mathscr{A}$ (2) $\mathscr{A}\leftrightarrow\mathscr{B}\vdash\mathscr{B}\leftrightarrow\mathscr{A}$ (3) $\mathscr{A}\leftrightarrow\mathscr{B},\mathscr{B}\leftrightarrow\mathscr{C}\vdash\mathscr{A}\leftrightarrow\mathscr{C}$

命题 3.3.3 等价命题公式具有下列推理性质。

(1) $\mathscr{A}\to\mathscr{B},\mathscr{B}\to\mathscr{A}\vdash\mathscr{A}\leftrightarrow\mathscr{B}$

(2) $\mathscr{A}\leftrightarrow\mathscr{B}\vdash(\mathscr{A}\to\mathscr{B})\wedge(\mathscr{B}\to\mathscr{A})$

(3) $\mathscr{A}\leftrightarrow\mathscr{B}\vdash\mathscr{A}\to\mathscr{B}$

(4) $\mathscr{A}\leftrightarrow\mathscr{B}\vdash\mathscr{B}\to\mathscr{A}$

(5) $\mathscr{A}\leftrightarrow\mathscr{B},\mathscr{A}\vdash\mathscr{B}$

(6) $\mathscr{A}\leftrightarrow\mathscr{B},\mathscr{B}\vdash\mathscr{A}$

这些命题的证明不难,有兴趣的读者可以自行证明。

3.3.2 等价命题替换定理

1. 命题公式的子公式

设 $\mathscr{A}$ 和 $\mathscr{C}$ 是合适公式,如果满足下列条件,则称 $\mathscr{A}$ 是 $\mathscr{C}$ 子公式。

(1) 若 $\mathscr{C}$ 是命题符号 p,则 $\mathscr{A}$ 只能是 p;

(2) 若 $\mathscr{C}$ 是 $\sim\mathscr{M}$,则 $\mathscr{A}$ 是 $\mathscr{M}$ 的子公式;

(3) 若 $\mathscr{C}$ 是 $\mathscr{M}\to\mathscr{N}$,$\mathscr{M}\wedge\mathscr{N}$ 或 $\mathscr{M}\vee\mathscr{N}$,则 $\mathscr{A}$ 或是 $\mathscr{M}$ 或是 $\mathscr{N}$ 的子公式;

(4) 凡子公式必满足规则(1)、(2)和(3)之一。

例如,公式 $\mathscr{C}$:$(\mathscr{P}\to\mathscr{Q})\to((\mathscr{R}\to\mathscr{Q})\to(\mathscr{P}\to\mathscr{Q}))$,其中公式 $\mathscr{P}\to\mathscr{Q}$ 为其子公式,而且子公式 $\mathscr{P}\to\mathscr{Q}$ 在 $\mathscr{C}$ 中有两处出现。

为了明确 $\mathscr{A}$ 是 $\mathscr{C}$ 的子公式这一事实,通常将 $\mathscr{C}$ 写成 $\mathscr{C}_A$ 的形式。

2. 子公式替换

设 $\mathscr{A}$ 是 $\mathscr{C}_A$ 的子公式,用公式 $\mathscr{B}$ 替换 $\mathscr{C}_A$ 中子公式 $\mathscr{A}$ 的一处或多处出现的过程称为子公式替换,简称公式替换。用公式 $\mathscr{B}$ 替换 $\mathscr{C}_A$ 中子公式 $\mathscr{A}$ 的一处或多处出现后,得到的公式记为 $\mathscr{C}_B$。

注意:子公式替换是用某个公式 $\mathscr{B}$ 去替换另一个公式 $\mathscr{C}_A$ 中的子公式 $\mathscr{A}$,替换的方式可以完全替换,即对子公式 $\mathscr{A}$ 所有出现处都用 $\mathscr{B}$ 进行替换;也可以是局部替换,即对子公式 $\mathscr{A}$ 的某些出现处进行替换,替换后的公式都记为 $\mathscr{C}_B$。

例如,设 $\mathscr{C}_A$ 为 $(\mathscr{P}\to\mathscr{Q})\wedge((\mathscr{P}\to\mathscr{Q})\vee\sim\mathscr{R})$,其中有子公式 $\mathscr{A}$ 为 $\mathscr{P}\to\mathscr{Q}$。用公式 $\sim\mathscr{A}\vee\mathscr{B}$ (设为 $\mathscr{B}$)去替换其中的子公式 $\mathscr{A}$,则 $\mathscr{C}_B$ 可是 $(\mathscr{P}\to\mathscr{Q})\wedge((\sim\mathscr{A}\vee\mathscr{B})\vee\sim\mathscr{R})$,也可以是 $(\sim\mathscr{A}\vee\mathscr{B})\wedge((\sim\mathscr{A}\vee\mathscr{B})\vee\sim\mathscr{R})$。前者是局部替换,而后者是完全替换。

3. 等价替换定理

命题 3.3.4(替换定理) 设 $\mathscr{A},\mathscr{B},\mathscr{C}_A$ 是公式,其中 $\mathscr{A}$ 是 $\mathscr{C}_A$ 的子公式。将 $\mathscr{C}_A$ 中 $\mathscr{A}$ 的一处或多处出现用 $\mathscr{B}$ 替换后得到公式 $\mathscr{C}_B$,则有 $\mathscr{A}\leftrightarrow\mathscr{B}\vdash\mathscr{C}_A\leftrightarrow\mathscr{C}_B$。

注意:替换定理说的是:对一个公式的若干相同部分(子公式)代以一个与该部分等价的公式后,所得到的新公式与原先的公式是等价的。特别地,如果先前公式是 L 的定理,那么等价替换后产生的新的公式也是 L 的定理。

证明:施归纳于 $\mathscr{C}_A$ 的长度(即 $\mathscr{C}_A$ 中含符号的个数)来证明。

奠基步:由于 $\mathscr{A}$ 是 $\mathscr{C}_A$ 的子公式,则可假定 $\mathscr{C}_A$ 即为 $\mathscr{A}$。此时 $\mathscr{C}_A$ 经替换后得到的 $\mathscr{C}_B$ 即为 $\mathscr{B}$,于是 $\mathscr{C}_A\leftrightarrow\mathscr{C}_B$ 即为 $\mathscr{A}\leftrightarrow\mathscr{B}$,显然有 $\mathscr{A}\leftrightarrow\mathscr{B}\vdash\mathscr{C}_A\leftrightarrow\mathscr{C}_B$。

归纳推导步:假定 $\mathscr{C}_A$ 的长度为 n,并且命题对所有长度小于 n 的公式成立。根据合适公式的归纳定义,分情形归纳证明。

情形 1 $\mathscr{C}_A$ 为 $\sim\mathscr{M}$,那么 $\mathscr{A}$ 是 $\mathscr{M}$ 的子公式,记 $\mathscr{M}$ 为 $\mathscr{M}_A$,经替换后为 $\mathscr{M}_B$,根据归纳假定有 $\mathscr{A}\leftrightarrow\mathscr{B}\vdash\mathscr{M}_A\leftrightarrow\mathscr{M}_B$。注意到 $\mathscr{M}_A\leftrightarrow\mathscr{M}_B$ 当且仅当 $\sim\mathscr{M}_A\leftrightarrow\sim\mathscr{M}_B$,所以由 $\mathscr{A}\leftrightarrow\mathscr{B}$ 可推出 $\mathscr{C}_A\leftrightarrow\mathscr{C}_B$。

情形 2 $\mathscr{C}_A$ 为 $\mathscr{M}_A \wedge \mathscr{N}_A$。由归纳假定，$\mathscr{A} \leftrightarrow \mathscr{B}$ 可推出 $\mathscr{M}_A \leftrightarrow \mathscr{M}_B$ 和 $\mathscr{N}_A \leftrightarrow \mathscr{N}_B$，由此可推出 $\mathscr{M}_A \wedge \mathscr{N}_A \leftrightarrow \mathscr{M}_B \wedge \mathscr{N}_B$，所以有 $\mathscr{A} \leftrightarrow \mathscr{B} \vdash \mathscr{C}_A \leftrightarrow \mathscr{C}_B$。

情形 3 $\mathscr{C}_A$ 为 $\mathscr{M}_A \vee \mathscr{N}_A$。由归纳假定，$\mathscr{A} \leftrightarrow \mathscr{B}$ 可推出 $\mathscr{M}_A \leftrightarrow \mathscr{M}_B$，$\mathscr{N}_A \leftrightarrow \mathscr{N}_B$，进而可推出 $\mathscr{M}_A \vee \mathscr{N}_A \leftrightarrow \mathscr{M}_B \vee \mathscr{N}_B$，所以有 $\mathscr{A} \leftrightarrow \mathscr{B} \vdash \mathscr{C}_A \leftrightarrow \mathscr{C}_B$。

情形 4 $\mathscr{C}_A$ 为 $\mathscr{M}_A \to \mathscr{N}_A$。由归纳假定，$\mathscr{A} \leftrightarrow \mathscr{B}$ 可推出 $\mathscr{M}_A \leftrightarrow \mathscr{M}_B$，$\mathscr{N}_A \leftrightarrow \mathscr{N}_B$，进而可推出 $(\mathscr{M}_A \to \mathscr{N}_A) \leftrightarrow (\mathscr{M}_B \to \mathscr{N}_B)$，所以有 $\mathscr{A} \leftrightarrow \mathscr{B} \vdash \mathscr{C}_A \leftrightarrow \mathscr{C}_B$。

根据归纳法原理，命题成立。■

注意：在替换定理的证明中省略了一些证明细节，这些细节可以通过下面命题的证明得到补充。

命题 3.3.5

(1) $(\mathscr{A} \leftrightarrow \mathscr{B}) \vdash \sim\mathscr{A} \leftrightarrow \sim\mathscr{B}$

(2) $\mathscr{A} \leftrightarrow \mathscr{B}, \mathscr{C} \leftrightarrow \mathscr{D} \vdash \mathscr{A} \wedge \mathscr{C} \leftrightarrow \mathscr{B} \wedge \mathscr{D}$

(3) $\mathscr{A} \leftrightarrow \mathscr{B}, \mathscr{C} \leftrightarrow \mathscr{D} \vdash \mathscr{A} \vee \mathscr{C} \leftrightarrow \mathscr{B} \vee \mathscr{D}$

(4) $\mathscr{A} \leftrightarrow \mathscr{B}, \mathscr{C} \leftrightarrow \mathscr{D} \vdash (\mathscr{A} \to \mathscr{C}) \leftrightarrow (\mathscr{B} \to \mathscr{D})$

证明：留作练习。

3.4 对偶命题公式

3.4.1 命题公式的对偶式

设 $\mathscr{A}$ 是由命题字符 $p_1, \cdots, p_m$ 或它们的否定 $\sim p_1, \cdots, \sim p_m$ 形成的命题公式，而且只含联结词 $\wedge$ 或 $\vee$。将 $\mathscr{A}$ 中的联结词 $\vee$ 和 $\wedge$ 互换（即 $\vee$ 换成 $\wedge$，$\wedge$ 换成 $\vee$），同时把每个命题字符与其否定互换（即 p_i 以 $\sim p_i$ 替换，$\sim p_i$ 以 p_i 代换），所得到的公式称为 $\mathscr{A}$ 的对偶式，记为 $\mathscr{A}'$。

注意：

(1) 在讨论命题公式的对偶式时，只考虑含有逻辑运算 $\sim$、$\wedge$、$\vee$ 的命题公式，但这并不影响对所有的命题公式考虑其对偶式的问题，实际上形如 $\mathscr{A} \to \mathscr{B}$ 的命题公式可以通过 $\sim\mathscr{A} \vee \mathscr{B}$ 表示。

(2) 对偶式定义中是以命题字符 $p_1, \cdots, p_m$ 或 $\sim p_1, \cdots, \sim p_m$ 作为基础给出的，一般情况下，可以一般公式为基础来构造对偶式。

(3) 联结词 $\wedge$ 和 $\vee$ 的连接强度是不同的，在构造对偶式的过程中，要求在两种运算互换后，不能改变原先的运算次序，通常的情况是将 $\wedge$ 用 $\vee$ 替换后，加上括号(和)以明确 $\vee$ 的结合对象。

例如，公式 $\sim\mathscr{A} \wedge (\sim\mathscr{B} \vee \mathscr{B})$ 的对偶式为 $\mathscr{A} \vee (\mathscr{B} \wedge \sim\mathscr{B})$，其中并没有命题符号，而是公式 $\mathscr{A}$，$\mathscr{B}$，$\sim\mathscr{A}$，$\sim\mathscr{B}$ 等。再例如，$\sim\mathscr{A} \wedge \mathscr{B} \vee (\sim\mathscr{P} \wedge \mathscr{Q})$ 的对偶式应为 $(\mathscr{A} \vee \mathscr{B}) \wedge (\mathscr{P} \vee \sim\mathscr{Q})$ 而不能写成 $\mathscr{A} \vee \mathscr{B} \wedge (\mathscr{P} \vee \sim\mathscr{Q})$。

3.4.2 对偶原则

命题 3.4.1 设 $\mathscr{A}$ 是 wff，$\mathscr{A}'$ 是 $\mathscr{A}$ 的对偶式。则有 $\vdash \sim\mathscr{A} \leftrightarrow \mathscr{A}'$，即任一公式的否定和它的对偶式是等价的。

证明：施归纳于公式 $\mathscr{A}$ 的形成过程来证明。

奠基步：公式 $\mathscr{A}$ 是命题字符 p，则 $\mathscr{A}'$ 为 $\sim p$，注意到 $\sim\mathscr{A}$ 即为 $\sim p$，于是有 $\vdash\sim p\leftrightarrow\sim p$，故命题成立。

归纳推导步：假定命题对公式 $\mathscr{A}$ 生成过程中前面的公式都成立，考虑公式 $\mathscr{A}$。

情形1 $\mathscr{A}$ 是 $\sim\mathscr{M}$，那么 $\mathscr{A}'$ 为 $\sim\mathscr{M}'$。对 M 而言，根据归纳假定，有 $\mathscr{M}'\leftrightarrow\sim M$。于是 $\sim A\leftrightarrow\sim(\sim M)\leftrightarrow\sim\mathscr{M}'\leftrightarrow\mathscr{A}'$。

情形2 $\mathscr{A}$ 是 $\mathscr{M}\wedge\mathscr{N}$，那么 $\mathscr{A}'$ 为 $\mathscr{M}'\vee\mathscr{N}'$。根据归纳假定，$\mathscr{M}'\leftrightarrow\sim M$ 和 $\mathscr{N}'\leftrightarrow\sim N$ 成立。于是有

$$\sim\mathscr{A}\leftrightarrow\sim(\mathscr{M}\wedge\mathscr{N})\leftrightarrow(\sim\mathscr{M})\vee(\sim\mathscr{N})\leftrightarrow\mathscr{M}'\vee\mathscr{N}'\leftrightarrow\mathscr{A}'$$

情形3 $\mathscr{A}$ 是 $\mathscr{M}\vee\mathscr{N}$，那么 $\mathscr{A}'$ 为 $\mathscr{M}'\wedge\mathscr{N}'$。根据归纳假定，$\mathscr{M}'\leftrightarrow\sim M$ 和 $\mathscr{N}'\leftrightarrow\sim N$ 成立。于是有

$$\sim\mathscr{A}\leftrightarrow\sim(\mathscr{M}\vee\mathscr{N})\leftrightarrow(\sim\mathscr{M})\wedge(\sim\mathscr{N})\leftrightarrow\mathscr{M}'\wedge\mathscr{N}'\leftrightarrow\mathscr{A}'$$

根据数学归纳法原理，命题得证。■

注意：证明中运用了等价运算 $\leftrightarrow$ 的传递性质，并采用了简约化的表达形式。此外，还用到了著名的迪·摩根(D. Mongen)定律，即对任意公式 $\mathscr{A}$ 和 $\mathscr{B}$ 有：

(1) $\vdash\sim(\mathscr{A}\vee\mathscr{B})\leftrightarrow(\sim\mathscr{A})\wedge(\sim\mathscr{B})$

(2) $\vdash\sim(\mathscr{A}\wedge\mathscr{B})\leftrightarrow(\sim\mathscr{A})\vee(\sim\mathscr{B})$

有兴趣的读者可自行证明一下。

由命题3.4.1知，对任意只有联结词 $\sim$、$\wedge$、$\vee$ 形成的公式 $\mathscr{A}$，等价命题公式 $\sim\mathscr{A}\leftrightarrow\mathscr{A}'$ 是 L 中的定理。

例如，考虑公式 $\sim\mathscr{A}\wedge(\sim\mathscr{B}\vee\mathscr{B})$，其对偶式为 $\mathscr{A}\vee(\mathscr{B}\wedge\sim\mathscr{B})$，则有

$$\vdash\sim(\sim\mathscr{A}\wedge(\sim\mathscr{B}\vee\mathscr{B}))\leftrightarrow(\mathscr{A}\vee(\mathscr{B}\wedge\sim\mathscr{B}))\tag{3.4.1}$$

注意：迪·摩根定律在有关对偶式的计算和证明过程中起着非常重要的作用，一般情况下可以直接用该定律来进行有关命题的证明。例如，式(3.4.1)的证明可以表示为

$$\begin{aligned}\sim(\sim\mathscr{A}\wedge(\sim\mathscr{B}\vee\mathscr{B}))&\leftrightarrow(\sim\sim\mathscr{A}\vee\sim(\sim\mathscr{B}\vee\mathscr{B}))\\&\leftrightarrow\mathscr{A}\vee(\sim\sim\mathscr{B}\wedge\sim\mathscr{B})\\&\leftrightarrow\mathscr{A}\vee(\mathscr{B}\wedge\sim\mathscr{B})\end{aligned}$$

利用命题3.4.1，即可得到下面的命题。

命题3.4.2(对偶原则) 设 $\mathscr{A}$ 和 $\mathscr{B}$ 是只含联结词 $\sim$、$\wedge$、$\vee$ 的命题公式，则 $\vdash\mathscr{A}\leftrightarrow\mathscr{B}$ 当且仅当 $\vdash\mathscr{A}'\leftrightarrow\mathscr{B}'$。

证明：由等词 $\leftrightarrow$ 的基本性质知，$\vdash\mathscr{A}\leftrightarrow\mathscr{B}$ 当且仅当 $\vdash\sim\mathscr{A}\leftrightarrow\sim\mathscr{B}$，再由命题3.4.1，即有当且仅当 $\vdash\mathscr{A}'\leftrightarrow\mathscr{B}'$。■

3.5 形式系统再认识

3.5.1 形式系统理论

通过前面的介绍可知，定义一个形式系统需要4部分：符号集、公式集、公理集和推理

规则，其中由基本符号按一定的规则产生的公式是形式系统研究的主要对象，而公理集和推理规则是产生形式系统定理的基础。

一个形式系统全部定理组成的集合称为该形式系统的理论。形式系统 L 的理论记为 $\mathrm{Th}(L)=\{\mathscr{A}|\mathscr{A}$ 是 L 的定理，即 $\vdash_L\mathscr{A}\}$。

一般情况下，不同的公理集与不同的推理规则所产生的形式系统理论是不同的。

如果两个形式系统 L 和 L' 具有相同的理论，即 $\mathrm{Th}(L)=\mathrm{Th}(L')$，则称它们是等价的，记为 $L\equiv L'$。

3.5.2 形式系统 L 的简化

1. 简化的形式系统 L'

形式系统 L 包括符号集、合适公式集、公理集和推理规则 4 部分。现重新定义一个形式系统 L' 如下。

- **L'的符号**：$\sim,\rightarrow,(,),p_1,p_2,\cdots$。
- **L'的公式**：
  (1) p_i 是 wff；
  (2) 如果 $\mathscr{A}$ 是 wff，则 $\sim\mathscr{A}$ 也是 wff；
  (3) 如果 $\mathscr{A}$、$\mathscr{B}$ 是 wffs，则 $\mathscr{A}\rightarrow\mathscr{B}$ 是 wff；
  (4) 只有经(1)、(2)和(3)产生的公式为 wffs。
- **L'的公理**：
  (L_1) $\mathscr{A}\rightarrow(\mathscr{B}\rightarrow\mathscr{A})$
  (L_2) $(\mathscr{A}\rightarrow(\mathscr{B}\rightarrow\mathscr{C}))\rightarrow((\mathscr{A}\rightarrow\mathscr{B})\rightarrow(\mathscr{A}\rightarrow\mathscr{C}))$
  (L_3) $(\sim\mathscr{A}\rightarrow\sim\mathscr{B})\rightarrow(\mathscr{B}\rightarrow\mathscr{A})$
- **L'的推理规则**：由 $\mathscr{A}$ 和 $\mathscr{A}\rightarrow\mathscr{B}$ 可得到 $\mathscr{B}$，即 MP 推理规则。

注意：和形式系统 L 相比，形式系统 L' 的符号集中少了合取 $\wedge$ 和析取 $\vee$ 两个逻辑运算符，因而，其合适公式的形成过程变得相对简单。此外，形式系统 L' 的公理集中只有 L 公理集中 7 条公理的前 3 条公理，因此，对形式系统 L' 的描述从整体上看显得较为简洁。

和形式系统 L 一样，在形式系统 L' 中同样可定义“证明”和“定理”的概念。由于 L' 的公理是 L 的公理，L' 的推理规则也是 L 的推理规则，所以形式系统 L' 的“证明”一定是 L 的“证明”，L' 的“定理”也一定是 L 的“定理”。因此可得到下面命题。

命题 3.5.1 $\mathrm{Th}(L')\subseteq\mathrm{Th}(L)$。

由于形式系统 L' 的“简洁”，容易让人产生一种“误解”，那就是 L' 的理论要比 L 的“弱”。但事实并非如此。

2. L 的公式在 L' 中的表示

在 L' 中虽然没有合取符号 $\wedge$ 和析取符号 $\vee$，但根据逻辑运算之间的关系知道，合取运算 $\wedge$ 和析取运算 $\vee$ 可以通过逻辑运算 $\sim$ 和 $\rightarrow$ 定义。就如同在 L 中引入联结词 $\leftrightarrow$ 一样，在 L' 中也可以定义新的逻辑运算。

在 L' 中引入逻辑运算符 $\wedge$ 和 $\vee$，并用 $\mathscr{A}\vee\mathscr{B}$ 表示公式 $\sim\mathscr{A}\rightarrow\mathscr{B}$ 的缩写，用 $\mathscr{A}\wedge\mathscr{B}$ 表示公式 $\sim(\mathscr{A}\rightarrow\sim\mathscr{B})$ 的缩写。

在L'中引入逻辑运算符∧和∨后，L的公式在L'中都能加以表示。因此可以认为L'和L有相同的公式集。

3. L的公理在L'中的证明

命题 3.5.2 L公理(L_4)、(L_5)、(L_6)和(L_7)是L'的定理，即：

(1) $\vdash_{L'} \mathscr{A}\to(\mathscr{B}\to\mathscr{A}\wedge\mathscr{B})$

(2) $\vdash_{L'} \mathscr{A}\wedge\mathscr{B}\to\mathscr{A}$($\vdash_{L'} \mathscr{A}\wedge\mathscr{B}\to\mathscr{B}$的证明留作练习)

(3) $\vdash_{L'} \mathscr{A}\to\mathscr{A}\vee\mathscr{B}$($\vdash_{L'} \mathscr{B}\to\mathscr{A}\vee\mathscr{B}$的证明留作练习)

(4) $\vdash_{L'} (\mathscr{A}\to\mathscr{C})\to((\mathscr{B}\to\mathscr{C})\to(\mathscr{A}\vee\mathscr{B}\to\mathscr{C}))$

首先注意到，在形式系统L中曾证明了下列命题：

(5) $\vdash_L \mathscr{A}\to\mathscr{A}$(例 3-2-2(1))

(6) $\vdash_L (\sim\mathscr{B}\to(\mathscr{B}\to\mathscr{A}))$(例 3-2-2(2))

(7) 演绎定理：若$\Gamma\cup\{\mathscr{A}\}\vdash_L\mathscr{B}$，则$\Gamma\vdash_L\mathscr{A}\to\mathscr{B}$

(8) 假言三段论 HS：$\mathscr{A}\to\mathscr{B},\mathscr{B}\to\mathscr{C}\vdash_L\mathscr{A}\to\mathscr{C}$

(9) $\sim\sim\mathscr{A}\vdash_L\mathscr{A}$，$\mathscr{A}\vdash_L\sim\sim\mathscr{A}$(命题 3.2.4)

(10) $\sim\mathscr{B}\to\sim\mathscr{A}\vdash_L\mathscr{A}\to\mathscr{B}$，$\mathscr{A}\to\mathscr{B}\vdash_L\sim\mathscr{B}\to\sim\mathscr{A}$

$\mathscr{A}\to\sim\mathscr{B}\vdash_L\mathscr{B}\to\sim\mathscr{A}$，$\mathscr{A}\to\sim\mathscr{B}\vdash_L\mathscr{B}\to\sim\mathscr{A}$(命题 3.2.5)

(11) $\vdash_L (\sim\mathscr{A}\to\mathscr{A})\to\mathscr{A}$(命题 3.2.6)

(12) $\sim\mathscr{A}\vdash_L\mathscr{A}\to\mathscr{B}$，$\mathscr{A}\vdash_L\sim\mathscr{A}\to\mathscr{B}$(命题 3.2.8)

由于这些命题的证明只用到了L的公理(L_1)、(L_2)和(L_3)，因而它们在形式系统L'中也是成立的，并在命题 3.5.2 的证明过程中可以直接应用。

证明：先证明一道辅助命题。

(13) $\mathscr{A}\vdash_{L'} (\mathscr{A}\to\sim\mathscr{B})\to\sim\mathscr{B}$

因为假设$\mathscr{A}$和$\mathscr{A}\to\sim\mathscr{B}$可推出$\sim\mathscr{B}$，所以由演绎定理即可得到(13)。

(1)的证明如下：

要证$\vdash_{L'} \mathscr{A}\to(\mathscr{B}\to\mathscr{A}\wedge\mathscr{B})$，只要证$\vdash_{L'} \mathscr{A}\to(\mathscr{B}\to\sim(\mathscr{A}\to\sim\mathscr{B}))$，根据演绎定理，只要证$\mathscr{A}$，$\mathscr{B}\vdash_{L'}\sim(\mathscr{A}\to\sim\mathscr{B})$。对此，构造证明序列如下。

① $\mathscr{A}$	//(假设)
② $\mathscr{B}$	//(假设)
③ $\mathscr{A}\to(\mathscr{A}\to\sim\mathscr{B})\to\sim\mathscr{B}$	//(13)
④ $(\mathscr{A}\to\sim\mathscr{B})\to\sim\mathscr{B}$	//①、③MP
⑤ $((\mathscr{A}\to\sim\mathscr{B})\to\sim\mathscr{B})\to(\mathscr{B}\to\sim(\mathscr{A}\to\sim\mathscr{B}))$	//(10)(反证原理)
⑥ $\mathscr{B}\to\sim(\mathscr{A}\to\sim\mathscr{B})$	//④、⑤MP
⑦ $\sim(\mathscr{A}\to\sim\mathscr{B})$	//②、⑥MP

故有$\mathscr{A},\mathscr{B}\vdash_{L'}\sim(\mathscr{A}\to\sim\mathscr{B})$，由演绎定理知$\vdash_{L'} \mathscr{A}\to(\mathscr{B}\to\sim(\mathscr{A}\to\sim\mathscr{B}))$。根据$L'$中联结词∧的定义，即有$\vdash_{L'} \mathscr{A}\to(\mathscr{B}\to\mathscr{A}\wedge\mathscr{B})$。

(2) 要证$\vdash_{L'} \mathscr{A}\wedge\mathscr{B}\to\mathscr{A}$，只要证$\vdash_{L'}\sim(\mathscr{A}\to\sim\mathscr{B})\to\mathscr{A}$。证明如下：

① $\sim\mathscr{A}\to(\mathscr{A}\to\sim\mathscr{B})$	//(6)
② $(\sim\mathscr{A}\to(\mathscr{A}\to\sim\mathscr{B}))\to(\sim(\mathscr{A}\to\sim\mathscr{B})\to\mathscr{A})$	//(10)(反证原理)
③ $\sim(\mathscr{A}\to\sim\mathscr{B})\to\mathscr{A}$	//①、②MP

(3) 要证$\vdash_{L'} \mathscr{A}\to(\mathscr{A}\vee\mathscr{B})$，只要证$\vdash_{L'} \mathscr{A}\to(\sim\mathscr{A}\to\mathscr{B})$。

由(8)知，$\mathscr{A}\vdash_{L'}\sim\mathscr{A}\to\mathscr{B}$，再由演绎定理可得$\vdash_{L'} \mathscr{A}\to(\sim\mathscr{A}\to\mathscr{B})$，即$\vdash_{L'} \mathscr{A}\to(\mathscr{A}\vee\mathscr{B})$。

(4) 要证明$\vdash_{L'}(\mathscr{A}\to\mathscr{C})\to((\mathscr{B}\to\mathscr{C})\to(\mathscr{A}\vee\mathscr{B}\to\mathscr{C}))$，只要假设 $\mathscr{A}\to\mathscr{C}$、$\mathscr{B}\to\mathscr{C}$ 和 $\mathscr{A}\vee\mathscr{B}$(即$\sim\mathscr{A}\to\mathscr{B}$)，推导出公式 $\mathscr{C}$ 即可。其证明为：

① $\mathscr{A}\to\mathscr{C}$　　//假设

② $\mathscr{B}\to\mathscr{C}$　　//假设

③ $\sim\mathscr{A}\to\mathscr{B}$　　//假设

④ $(\sim\mathscr{A}\to\mathscr{B})\to(\sim\mathscr{B}\to\mathscr{A})$　　//(6)(反证原理)

⑤ $\sim\mathscr{B}\to\mathscr{A}$　　//③、④MP

⑥ $\sim\mathscr{B}\to\mathscr{C}$　　//⑤、①HS

⑦ $(\sim\mathscr{B}\to\mathscr{C})\to(\sim\mathscr{C}\to\mathscr{B})$　　//(6)(反证原理)

⑧ $\sim\mathscr{C}\to\mathscr{B}$　　//⑥、②MP

⑨ $\sim\mathscr{C}\to\mathscr{C}$　　//⑧、②HS

⑩ $(\sim\mathscr{C}\to\mathscr{C})\to\mathscr{C}$　　//⑦

⑪ $\mathscr{C}$　　//⑨、⑩MP

即 $\mathscr{A}\to\mathscr{C}$、$\mathscr{B}\to\mathscr{C}$、$\sim\mathscr{A}\to\mathscr{B}\vdash_{L'}\mathscr{C}$。由演绎定理以及$\vee$在$L'$中的定义，即可得到$\vdash_{L'}(\mathscr{A}\to\mathscr{C})\to((\mathscr{B}\to\mathscr{C})\to(\mathscr{A}\vee\mathscr{B}\to\mathscr{C}))$。 ■

由命题 3.5.2 知，在L'中引入联结词$\wedge$和$\vee$后，所有 L 的定理在L'中也是定理，因而有 $\mathrm{Th}(L)\subseteq\mathrm{Th}(L')$。再由命题 3.5.1，即可得到如下命题。

命题 3.5.3　$\mathrm{Th}(L')=\mathrm{Th}(L)$，即形式系统 L'与 L 是等价的。

注意：由于形式系统 L'较 L 在公式形成和公理运用等方面要相对简洁，因此在以后对有关命题演算形式系统性质进行分析时，将以 L'作为分析对象，并且将 L'依旧用 L 表示。

3.6 形式系统的进一步讨论

本节讨论简化的形式系统 L，其符号集为$\sim$，$\wedge$，$\vee$，$\to$，(，)，p_1，p_2，…，合适公式为命题符号 p_i 或形如$\sim\mathscr{A}$，$\mathscr{A}\to\mathscr{B}$ 的公式，公理为(L_1)、(L_2)、(L_3)，推理规则为 MP。

3.6.1 赋值与重言式

1. 赋值的概念

形式系统 L 的赋值是一个函数 v，它的定义域是 L 的合适公式集，值域为集合{T，F}，并且对任意合适公式 $\mathscr{A}$ 和 $\mathscr{B}$ 满足：(1)$v(\mathscr{A})\neq v(\sim\mathscr{A})$并且(2)$v(\mathscr{A}\to\mathscr{B})=\mathrm{F}$ 当且仅当 $v(\mathscr{A})=\mathrm{T}$ 并且 $v(\mathscr{B})=\mathrm{F}$。

注意：

(1) 当 $\mathscr{A}$ 是 L 的合适公式时，那么 $\mathscr{A}$ 是由一些命题变元 p_1，p_2，…，p_m 经联结词$\sim$和$\to$

运算逐步形成。在不同的赋值下，每个 p_i 可以取 T 也可以取 F，得到的 $\mathscr{A}$ 的值可以为 T 也可以为 F，此时称 T 或 F 为 $\mathscr{A}$ 在相应赋值下的"真值"。

(2) 在一个给定的赋值下，每个命题变元 p_i 的真值是确定的，即要么为 T 要么为 F，那么 $\mathscr{A}$ 的真值也是确定的。

(3) 任意一个 L 的赋值，都是对 L 的所有命题变元 $p_1,p_2,\cdots,p_m,\cdots$ 的一个真值指派，使其中每个变元或取 T 或取 F，一旦确定后，所有合适公式的真值也确定了。

对公式 $\mathscr{A}$ 来说，在不同的赋值 v 下，它的真值是不同的，但不是 T 就是 F。根据赋值的定义，如果 $\mathscr{A}$ 是 T，那么 $\sim\mathscr{A}$ 就是 F；如果 $\mathscr{A}$ 是 F，那么 $\sim\mathscr{A}$ 就是 T。这一点可以通过命题公式的"真值表"来表示。表 3.1 是公式 $\sim\mathscr{A}$ 的真值表。

对 $\mathscr{A},\mathscr{B}$ 来说，在不同的赋值中，它们的取值可能不同，有 4 种可能的情况。根据赋值的定义，对应于 $\mathscr{A}$、$\mathscr{B}$ 的 4 种取值情况，公式 $\mathscr{A}\rightarrow\mathscr{B}$ 对应的真值如表 3.2 所示。

表 3.1　公式 $\sim\mathscr{A}$ 的真值表

$\mathscr{A}$	$\sim\mathscr{A}$
F	T
T	F

表 3.2　公式 $\mathscr{A}\rightarrow\mathscr{B}$ 的真值表

$\mathscr{A}$	$\mathscr{B}$	$\mathscr{A}\rightarrow\mathscr{B}$	$\mathscr{A}$	$\mathscr{B}$	$\mathscr{A}\rightarrow\mathscr{B}$
T	T	T	F	T	T
T	F	F	F	F	T

根据 $\wedge$、$\vee$ 的定义，可以很容易求得公式 $\mathscr{A}\wedge\mathscr{B}$ 和 $\mathscr{A}\vee\mathscr{B}$ 的真值表，见表 3.3 和表 3.4。

表 3.3　公式 $\mathscr{A}\wedge\mathscr{B}$ 的真值表

$\mathscr{A}$	$\mathscr{B}$	$\mathscr{A}\wedge\mathscr{B}$
T	T	T
T	F	F
F	T	F
F	F	F

表 3.4　公式 $\mathscr{A}\vee\mathscr{B}$ 的真值表

$\mathscr{A}$	$\mathscr{B}$	$\mathscr{A}\vee\mathscr{B}$
T	T	T
T	F	T
F	T	T
F	F	F

表 3.1～表 3.4 给出了基本逻辑运算 $\sim$、$\rightarrow$、$\wedge$、$\vee$ 的真值表。由于任何命题公式都是在这些基本运算的基础上形成的，因此利用表 3.1～表 3.4 就可以求得任何公式的真值表。

例 3-6-1　试求公式 $\mathscr{A}\rightarrow(\mathscr{A}\rightarrow\mathscr{B})$ 的真值表。

该公式真值表见表 3.5。

例 3-6-2　试求公理 L_1、L_2 和 L_3 的真值表。

公理 L_1、L_2 和 L_3 的真值表分别由表 3.6、表 3.7 和表 3.8 给出。

表 3.5　公式 $\mathscr{A}\rightarrow(\mathscr{A}\rightarrow\mathscr{B})$ 的真值表

$\mathscr{A}$	$\mathscr{B}$	$\mathscr{A}\rightarrow\mathscr{B}$	$\mathscr{A}\rightarrow(\mathscr{A}\rightarrow\mathscr{B})$
T	T	T	T
T	F	F	F
F	T	T	T
F	F	T	T

表 3.6　公理 L_1 $\mathscr{A}\rightarrow(\mathscr{B}\rightarrow\mathscr{A})$ 的真值表

$\mathscr{A}$	$\mathscr{B}$	$\mathscr{B}\rightarrow\mathscr{A}$	$\mathscr{A}\rightarrow(\mathscr{B}\rightarrow\mathscr{A})$
T	T	T	T
T	F	T	T
F	T	F	T
F	F	T	T

表 3.7 公理 L_2 $(\mathscr{A}\to(\mathscr{B}\to\mathscr{C}))\to((\mathscr{A}\to\mathscr{B})\to(\mathscr{A}\to\mathscr{C}))$的真值表

$\mathscr{A}$	$\mathscr{B}$	$\mathscr{C}$	$\mathscr{A}\to(\mathscr{B}\to\mathscr{C})$	$(\mathscr{A}\to\mathscr{B})\to(\mathscr{A}\to\mathscr{C})$	L_2
T	T	T	T	T	T
T	T	F	F	F	T
T	F	T	T	T	T
T	F	F	T	T	T
F	T	T	T	T	T
F	T	F	T	T	T
F	F	T	T	T	T
F	F	F	T	T	T

表 3.8 公理 L_3 $(\sim\mathscr{A}\to\sim\mathscr{B})\to(\mathscr{B}\to\mathscr{A})$的真值表

$\mathscr{A}$	$\mathscr{B}$	$(\sim\mathscr{A}\to\sim\mathscr{B})\to(\mathscr{B}\to\mathscr{A})$	$\mathscr{A}$	$\mathscr{B}$	$(\sim\mathscr{A}\to\sim\mathscr{B})\to(\mathscr{B}\to\mathscr{A})$
T	T	T	F	T	T
T	F	T	F	F	T

从公理 L_1、L_2 和 L_3 的真值表看出，不论对 L 的命题变元进行怎样的赋值，它们的真值恒为 T。如果将真值 T 理解为“真”，那么公理 L_1、L_2 和 L_3 是永“真”的。这为建立形式系统 L 的可靠性奠定了基础。

2. L 的重言式

设 $\mathscr{A}$ 是 L 的公式。如果对 L 的任意赋值 v 均有 $v(\mathscr{A})=\mathrm{T}$，那么称 $\mathscr{A}$ 是 L 的一个重言式。

3.6.2 L 的可靠性定理

命题 3.6.1(可靠性定理) 每个 L 的定理都是 L 的重言式。

证明：设 $\mathscr{A}$ 是 L 的定理，则存在 L 的证明，即公式序列 $\mathscr{A}_1,\mathscr{A}_2,\cdots,\mathscr{A}_n$ 满足每个 $\mathscr{A}_i$ 或是 L 的公理，或是由其两个前面的公式 $\mathscr{A}_j$ 和 $\mathscr{A}_k$ 经 MP 得到。

试通过归纳公式序列 $\mathscr{A}_1,\mathscr{A}_2,\cdots,\mathscr{A}_n$ 的长度 n 来证明。

奠基步：当 $n=1$ 时，公式序列中只有一个公式 $\mathscr{A}$，此时 $\mathscr{A}$ 必为 L 的公理 L_1、L_2 或 L_3，由例 3-6-2 知 $\mathscr{A}$ 一定是重言式。

归纳推导步：假设命题对小于 n 的证明序列成立，考虑公式序列 $\mathscr{A}_1,\mathscr{A}_2,\cdots,\mathscr{A}_n$，其中 $\mathscr{A}_n$ 是 $\mathscr{A}$。

情形 1 如果 $\mathscr{A}_n$ 是公理，那么由奠基步的证明即得 $\mathscr{A}$ 是重言式。

情形 2 $\mathscr{A}_n$ 是由公式 $\mathscr{A}_j,\mathscr{A}_k(j<k<n)$ 经 MP 得到。不妨设 $\mathscr{A}_k$ 为 $\mathscr{A}_j\to\mathscr{A}_n$ 的形式。由于 $\mathscr{A}_j$ 和 $\mathscr{A}_k$ 是出现在 $\mathscr{A}_n$ 之前的公式，故根据归纳假定知 $\mathscr{A}_j$ 和 $\mathscr{A}_k$ 均为重言式。设 v 是 L

的任意赋值，则有 $v(\mathscr{A}_j)=\mathrm{T}$ 和 $v(\mathscr{A}_k)=v(\mathscr{A}_j\rightarrow\mathscr{A}_n)=\mathrm{T}$。如果 $v(\mathscr{A}_n)=\mathrm{F}$，那么根据赋值的定义就有 $v(\mathscr{A}_j)=\mathrm{F}$，此和 $v(\mathscr{A}_j)=\mathrm{T}$ 矛盾。此矛盾说明 $v(\mathscr{A}_n)=\mathrm{T}$，由赋值 v 的任意性，即可得到 $\mathscr{A}_n$ 是 L 的重言式。根据归纳法原理命题得证。■

3.6.3 L 的充分性定理

前面证明了 L 的定理都是重言式，因此可以说命题形式系统 L 是可靠的。接下来将证明"L 的每个重言式都是 L 的定理"。这一命题称为 L 的充分性定理，证明过程将用到形式系统 L 的扩充概念。

1. 形式系统 L 的扩充

如果形式系统 L^* 是在 L 基础上对 L 的公理进行替换、增加而使得原先 L 中定理在 L^* 中仍然是定理，则称形式系统 L^* 是 L 的扩充。

形式系统的理论依赖于形式系统的公理，从形式系统扩充的定义可以看出，如果形式系统 L^* 是 L 的扩充，那么就有 $\mathrm{Th}(L)\subseteq\mathrm{Th}(L^*)$。可以通过添加"公理"的方法得到形式系统的扩充，也可以将原先形式系统的公理用其他的公式替换，甚至于两个形式系统 L^* 和 L 的公理可以完全不同，但只要 L 的定理也是 L^* 的定理，那么 L^* 就是 L 的扩充。

注意：要避免这样的"错误"，即 L 扩充到 L^* 后使得 L 的所有公式都成为 L^* 的定理，这样的扩充不是人们希望的。因此，在形式系统的扩充过程中要始终关注形式系统的"协调性"。

2. 形式系统 L 的协调扩充

设形式系统 L^* 是 L 的扩充。如果不存在 L 的公式 $\mathscr{A}$，使得 $\mathscr{A}$ 和 $\sim\mathscr{A}$ 同时为 L^* 的定理，则称形式系统 L^* 是协调的。

命题 3.6.2 形式系统 L 是协调的。

证明：如果 L 不是协调的，则存在 L 的公式 $\mathscr{A}$ 使得 $\vdash_L\mathscr{A}$ 并且 $\vdash_L\sim\mathscr{A}$。由可靠性定理知 $\mathscr{A}$ 和 $\sim\mathscr{A}$ 都是重言式，即对任意 L 的赋值 v、$v(\mathscr{A})$ 和 $v(\sim\mathscr{A})$ 均为 T，由此而产生矛盾。■

命题 3.6.3 L 的扩充 L^* 是协调的充要条件是存在一个合适公式不是 L^* 的定理。

证明：如果 L^* 协调，则对任意公式 $\mathscr{A}$、$\mathscr{A}$ 和 $\sim\mathscr{A}$ 不能同时为 L^* 的定理，故至少有一公式不是 L^* 的定理。

反之，假定 L^* 不协调，那么就有公式 $\mathscr{B}$，使得 $\vdash_{L^*}\mathscr{B}$ 并且 $\vdash_{L^*}\sim\mathscr{B}$。由于 L^* 是 L 的扩充，那么 L 的定理也是 L^* 的定理。由例 3-2-2(2)知，$\sim\mathscr{B}\rightarrow(\mathscr{B}\rightarrow\mathscr{A})$ 是 L 的定理，所以也是 L^* 的定理，运用推理规则 MP 就可得到 $\vdash_{L^*}\mathscr{A}$。由于 $\mathscr{A}$ 为任意公式，所以任意公式 $\mathscr{A}$ 都成了 L^* 的定理。换句话说，如果有公式不是 L^* 的定理，那么 L^* 必是协调的。■

通过在 L 的公理集添加公式得到扩充 L^*，保证 L^* 协调性非常重要。下面命题为我们提供了一种协调扩充的途径。

命题 3.6.4 设 L^* 是 L 的协调扩充，$\mathscr{A}$ 是 L 的公式，并且 $\mathscr{A}$ 不是 L^* 的定理。则将 $\sim\mathscr{A}$ 添加到 L^* 的公理集中得到 L^* 的扩充 L^{**} 是协调的。

证明：设 $\mathscr{A}$ 是 L 的公式且不是 L^* 的定理。现将 $\sim\mathscr{A}$ 添加到 L^* 的公理集中得到 L^* 的扩充 L^{**}。如果 L^{**} 不协调，则有某公式 $\mathscr{B}$ 使得 $\vdash_{L^{**}}\mathscr{B}$ 并且 $\vdash_{L^{**}}\sim\mathscr{B}$，由此可得 $\vdash_{L^{**}}\mathscr{A}$。注意到 L^{**} 与 L^* 的区别在于 L^{**} 只比 L^* 多一条公理 $\sim\mathscr{A}$，所以在 L^* 中若假设 $\sim\mathscr{A}$ 就可推出 $\mathscr{A}$，即 $\sim\mathscr{A}\vdash_{L^*}\mathscr{A}$，运用演绎定理就得到 $\vdash_{L^*}\sim\mathscr{A}\rightarrow\mathscr{A}$。由于 $(\sim\mathscr{A}\rightarrow\mathscr{A})\rightarrow\mathscr{A}$ 是 L 的定理，所以也是 L^* 的定理，于是运用 MP 可得 $\vdash_{L^*}\mathscr{A}$，这和 $\mathscr{A}$ 不是 L^* 的定理矛盾。此矛盾说明 L^{**} 一定是协调的。 ■

按照命题 3.6.4 提供的办法，就可以保证形式系统扩充的协调性。为完成充分性定理的证明，需要对 L 不断进行扩充，为此，引入完全扩充的概念。

3. L 的完全扩充

设形式系统 L^C 是 L 的扩充。如果对任意公式 $\mathscr{A}$，都有 $\mathscr{A}$ 或者 $\sim\mathscr{A}$ 为扩充 L^C 的定理，则称 L^C 是 L 完全扩充，也称形式系统 L^C 是完全的。

注意：

(1) 完全扩充通常要求是协调的，否则便无实际意义。

(2) L 本身不是完全的，因为对任意的命题变元 p_i，p_i 和 $\sim p_i$ 都不是 L 的定理。

(3) 如是 L^C 是 L 的协调完全扩充，那么对 L^C 再进一步扩充就只有两种情况：要么"原地不动"，要么"不协调"。因为对任何公式 $\mathscr{A}$ 而言，要么 $\mathscr{A}$ 是 L^C 的定理，此时将 $\mathscr{A}$ 加入 L^C 的公理集得到的扩充就是"原地不动"；若 $\mathscr{A}$ 不是 L^C 的定理，那么 $\sim\mathscr{A}$ 就是 L^C 的定理，此时将 $\mathscr{A}$ 加入 L^C 的公理集得到的扩充就是不协调的。所以，可以将协调完全扩充看成协调扩充的极限。

命题 3.6.5 设 L^* 是 L 的协调扩充，则存在 L^* 的协调完全扩充。

证明：首先注意到 L 的全部公式是可数的，因而可用某种方法将它们枚举出来。设

$$\mathscr{A}_0,\mathscr{A}_1,\cdots,\mathscr{A}_n,\cdots$$

是 L 的全部公式的一个枚举。用如下方法构造 L^* 的扩充序列 $J_0,J_1,\cdots,J_n,\cdots$。

首先令 $J_0=L^*$，构造 J_1。如果 $\vdash_{J_0}\mathscr{A}_0$，则令 $J_1=J_0$；如果没有 $\vdash_{J_0}\mathscr{A}_0$，即 $\mathscr{A}_0$ 不是 J_0 的定理，则把 $\sim\mathscr{A}_0$ 加入 J_0 的公理集得到 J_1。根据命题 3.6.4 知 J_1 是协调的。

假定已有 J_{n-1} 且 J_{n-1} 是协调的，构造 J_n。如果 $\vdash_{J_{n-1}}\mathscr{A}_{n-1}$，则令 $J_n=J_{n-1}$，如果没有 $\vdash_{J_{n-1}}\mathscr{A}_{n-1}$，则把 $\sim\mathscr{A}_{n-1}$ 加入 J_{n-1} 的公理集得到 J_n。同样 J_n 是协调的。

照此构造下去，可得到一个扩充的无穷序列 $J_0\subseteq J_1\subseteq\cdots\subseteq J_n\subseteq\cdots$（注：$J_n\subseteq J_{n+1}$ 表示 J_{n+1} 是 J_n 的扩充），其中，$J_0=L^*$，且每个 $J_n(n=0,1,\cdots)$ 都是协调的。

构造形式系统 J，它的公理集是由所有 $J_0,J_1,\cdots,J_n,\cdots$ 的公理集的并集组成。我们证明 J 是 L^* 的协调完全扩充。

首先 J 是协调的。如果 J 不协调，那么有公式 $\mathscr{A}$ 使得 $\vdash_J\mathscr{A}$ 并且 $\vdash_J\sim\mathscr{A}$，即在 J 中能证明 $\mathscr{A}$ 和 $\sim\mathscr{A}$ 都是 J 的定理。但由于证明的序列是有穷的，因而最多只用到 J 的有穷条公理，因此必有某个 J_n，J_n 的公理包含这些公理，于是在 J_n 中就可证明 $\mathscr{A}$ 和 $\sim\mathscr{A}$ 都是 J_n 的定理，这和 J_n 协调矛盾。

其次 J 是完全的。设 $\mathscr{A}$ 是任一 L 的公式，不妨设 $\mathscr{A}$ 为公式枚举中的 $\mathscr{A}_k$。如果 $\mathscr{A}_k$ 不是 J 的定理，那么 $\mathscr{A}_k$ 也不是 J_k 的定理，于是在构造 J_{k+1} 时，$\sim\mathscr{A}_k$ 将成为 J_{k+1} 的公理，当然也

就成了 J 的定理。■

命题 3.6.6　设 L^* 是 L 的协调扩充，则存在 L 的赋值使得每个 L^* 的定理均取值 T。

证明：定义 L 合适公式到{T,F}映射 v 如下：

$$v(\mathscr{A})=\begin{cases}\mathrm{T}, & \text{如果} \vdash_J \mathscr{A} \\ \mathrm{F}, & \text{如果} \vdash_J \sim \mathscr{A}\end{cases}$$

其中，J 是 L^* 的协调完备扩充。

由于 J 是协调的，不可能同时有 $\vdash_J \mathscr{A}$ 和 $\vdash_J \sim\mathscr{A}$，所以 v 的定义有意义，并且对任意的合适公式 $\mathscr{A}$，都有 $v(\mathscr{A})\neq v(\sim\mathscr{A})$。

要说明 v 是赋值，还需证明 $v(\mathscr{A}\to\mathscr{B})=\mathrm{F}$ 当且仅当 $v(\mathscr{A})=\mathrm{T}$ 且 $v(\mathscr{B})=\mathrm{F}$。

若 $v(\mathscr{A})=\mathrm{T}$ 且 $v(\mathscr{B})=\mathrm{F}$，则有 $\vdash_J \mathscr{A}$ 且 $\vdash_J \sim\mathscr{B}$，若还有 $\vdash_J(\mathscr{A}\to\mathscr{B})$，那么由 MP 就可得到 $\vdash_J \mathscr{B}$，这和 J 协调矛盾。由于 J 是完全的，所以有 $\vdash_J \sim(\mathscr{A}\to\mathscr{B})$。根据 v 的定义，便有 $v(\mathscr{A}\to\mathscr{B})=\mathrm{F}$。

反之，若 $v(\mathscr{A})=\mathrm{F}$，那么就有 $\vdash_J \sim\mathscr{A}$，再由 $\vdash_J \sim\mathscr{A}\to(\sim\mathscr{B}\to\sim\mathscr{A})$ 及 MP，可得到 $\vdash_J(\sim\mathscr{B}\to\sim\mathscr{A})$，于是有 $\vdash_J(\mathscr{A}\to\mathscr{B})$，从而有 $v(\mathscr{A}\to\mathscr{B})=\mathrm{T}$。还有一种情况是 $v(\mathscr{A})=\mathrm{T}$，$v(\mathscr{B})=\mathrm{T}$，此时有 $\vdash_J \mathscr{A}$ 且 $\vdash_J \mathscr{B}$，利用 $\vdash_J \mathscr{B}\to(\mathscr{A}\to\mathscr{B})$ 和 MP，可得 $\vdash_J \mathscr{A}\to\mathscr{B}$，即 $v(\mathscr{A}\to\mathscr{B})=\mathrm{T}$。由此证明 v 是 L 的赋值。

对任意 L^* 的定理 $\mathscr{A}$，均有 $\vdash_J \mathscr{A}$，再根据赋值 v 的定义，便有 $v(\mathscr{A})=\mathrm{T}$。■

4. L 的充分性定理

命题 3.6.7（充分性定理）　设 $\mathscr{A}$ 是 L 的公式。如果 $\mathscr{A}$ 是重言式，那么就有 $\vdash_L \mathscr{A}$。

证明：设 $\mathscr{A}$ 是重言式，如果 $\mathscr{A}$ 不是 L 的定理，那么把 $\sim\mathscr{A}$ 添加到 L 的公理集后可得到 L 的协调扩充 L^*，显然 $\sim\mathscr{A}$ 是 L^* 的定理。于是根据命题 3.6.6 知，存在 L 的赋值 v 使得 $v(\sim\mathscr{A})=\mathrm{T}$。注意到 $\mathscr{A}$ 是重言式，又必有 $v(\mathscr{A})=\mathrm{T}$，于是便有 $v(\mathscr{A})=v(\sim\mathscr{A})$，这与 v 是赋值矛盾。因此 $\mathscr{A}$ 必是 L 的定理。■

通过上面的分析和证明知道，在命题演算形式系统 L 中，"定理"和重言式是等价的。由于可以通过真值表的方法来判定一个公式是否为重言式，因此便有了如下命题。

命题 3.6.8　形式系统 L 是可判定的。即存在一个能行的方法，对任意 L 的合适公式 $\mathscr{A}$，能判定它是否为 L 的定理。

证明：运用真值表方法，对任意一个公式均可在有限步里判断出它是否为重言式。

本章习题

习题 3.1　用命题公式表示下列陈述语句。

(a) 小王工作很努力，小李也是。

(b) 要么用武力收回这些地方，要么共同开发这些地方，主权问题是不能讨价还价的。

(c) 如果路上车不多，我们就可以准时到达，可是路上车太多了，所以我们迟到了。

(d) 你之所以能够取得这样好的成果，要归功于你平时的刻苦努力。

(e) 中国只有强大了，才能维护亚太地区的和平与安宁。

(f) 不是我不把你放在眼里，而是你自己太差劲了。

(g) 我非要教训你不可，否则你太不自觉了。

(h) 如果你不贪玩，你就会抓紧时间学习；只有抓紧时间学习，才能弄懂学习的内容。

(i) 要么我到上海出差，要么我去西安出差；如果我去上海，可以安排小李去西安。

(j) 本系统有3个模块组成：输入1则执行第一模块，输入2则执行第二模块，输入3则执行第三模块，输入其他东西，系统就停止运行。

习题 3.2 设 L 是3.1.3节定义的命题演算形式系统，试完成下列各式的证明。

(1) 试证明等价命题公式的"自反性"、"对称性"和"传递性"，即：

(a) $\vdash \mathscr{A}\leftrightarrow\mathscr{A}$　(b) $\mathscr{A}\leftrightarrow\mathscr{B}\vdash\mathscr{B}\leftrightarrow\mathscr{A}$　(c) $\mathscr{A}\leftrightarrow\mathscr{B},\mathscr{B}\leftrightarrow\mathscr{C}\vdash\mathscr{A}\leftrightarrow\mathscr{C}$

(2) 试给出下列各式的证明。

(a) $\mathscr{A}\to\mathscr{B},\mathscr{B}\to\mathscr{A}\vdash\mathscr{A}\leftrightarrow\mathscr{B}$　(d) $\mathscr{A}\leftrightarrow\mathscr{B}\vdash\mathscr{B}\to\mathscr{A}$

(b) $\mathscr{A}\leftrightarrow\mathscr{B}\vdash(\mathscr{A}\to\mathscr{B})\wedge(\mathscr{B}\to\mathscr{A})$　(e) $\mathscr{A}\leftrightarrow\mathscr{B},\mathscr{A}\vdash\mathscr{B}$

(c) $\mathscr{A}\leftrightarrow\mathscr{B}\vdash\mathscr{A}\to\mathscr{B}$　(f) $\mathscr{A}\leftrightarrow\mathscr{B},\mathscr{B}\vdash\mathscr{A}$

(3) 试给出下列各式的证明。

(a) $(\mathscr{A}\leftrightarrow\mathscr{B})\vdash\sim\mathscr{A}\leftrightarrow\sim\mathscr{B}$

(b) $\mathscr{A}\leftrightarrow\mathscr{B},\mathscr{C}\leftrightarrow\mathscr{D}\vdash\mathscr{A}\wedge\mathscr{C}\leftrightarrow\mathscr{B}\wedge\mathscr{D}$

(c) $\mathscr{A}\leftrightarrow\mathscr{B},\mathscr{C}\leftrightarrow\mathscr{D}\vdash\mathscr{A}\vee\mathscr{C}\leftrightarrow\mathscr{B}\vee\mathscr{D}$

(d) $\mathscr{A}\leftrightarrow\mathscr{B},\mathscr{C}\leftrightarrow\mathscr{D}\vdash(\mathscr{A}\to\mathscr{C})\leftrightarrow(\mathscr{B}\to\mathscr{D})$

(4) 试证明逻辑演算形式系统中的D. Mongen定律。即对任意公式 $\mathscr{A}$ 和 $\mathscr{B}$ 有：

(a) $\vdash\sim(\mathscr{A}\vee\mathscr{B})\leftrightarrow(\sim\mathscr{A})\wedge(\sim\mathscr{B})$　(b) $\vdash\sim(\mathscr{A}\wedge\mathscr{B})\leftrightarrow(\sim\mathscr{A})\vee(\sim\mathscr{B})$

习题 3.3 设 L' 是只包含 L 的(L_1)、(L_2)和(L_3)作为公理的形式系统。在 L' 中如用 $\mathscr{A}\vee\mathscr{B}$ 表示公式 $\sim\mathscr{A}\to\mathscr{B}$ 的缩写，$\mathscr{A}\wedge\mathscr{B}$ 表示公式 $\sim(\mathscr{A}\to\sim\mathscr{B})$ 的缩写，试证明下列各式。

(a) $\vdash_{L'}\mathscr{A}\wedge\mathscr{B}\to\mathscr{B}$

(b) $\vdash_{L'}\mathscr{B}\to(\mathscr{A}\vee\mathscr{B})$

(c) $\vdash_{L'}(\mathscr{A}\to\mathscr{B})\to((\mathscr{A}\to(\mathscr{B}\to\mathscr{C}))\to(\mathscr{A}\to\mathscr{C}))$

(d) $\vdash_{L'}(\mathscr{A}\to\mathscr{B})\to((\mathscr{A}\to\sim\mathscr{B})\to\sim\mathscr{A})$

习题 3.4 设 L 和 L' 是两个形式系统，有相同符号集、公式集和推理规则MP，而公理集分别为：

L 的公理：

(L_1) $\mathscr{A}\to(\mathscr{B}\to\mathscr{A})$

(L_2) $(\mathscr{A}\to(\mathscr{B}\to\mathscr{C}))\to((\mathscr{A}\to\mathscr{B})\to(\mathscr{A}\to\mathscr{C}))$

(L_3) $(\sim\mathscr{A}\to\sim\mathscr{B})\to(\mathscr{B}\to\mathscr{A})$

L' 的公理：

(L_1') $\mathscr{A}\to(\mathscr{B}\to\mathscr{A})$

(L_2') $(\mathscr{A}\to(\mathscr{B}\to\mathscr{C}))\to((\mathscr{A}\to\mathscr{B})\to(\mathscr{A}\to\mathscr{C}))$

(L_3') $(\sim\mathscr{A}\to\sim\mathscr{B})\to((\sim\mathscr{A}\to\mathscr{B})\to\mathscr{A})$

试证明 L 和 L' 等价，即对任意的 wff $\mathscr{A}$，$\vdash_L \mathscr{A}$ 当且仅当 $\vdash_{L'} \mathscr{A}$。

习题 3.5　设 $\mathscr{A}$ 是 L 的公式，L^* 是把 $\mathscr{A}$ 加入 L 的公理集所得到的 L 的扩充。证明：L^* 的定理集不同于 L 的定理集的充要条件是 $\mathscr{A}$ 不是 L 的定理。

习题 3.6　设 J 是 L 的协调完全扩充，$\mathscr{A}$ 是 L 的公式。证明：把 $\mathscr{A}$ 加到 J 的公理集中所得 J 的扩充是协调的充要条件是 $\mathscr{A}$ 是 J 的定理。

习题 3.7　设 $\mathscr{A}$ 是公式，其中出现的命题字母为 $p_1, p_2, \cdots, p_n$，设 $\mathscr{A}_1, \mathscr{A}_2, \cdots, \mathscr{A}_n$ 为任意 n 个公式，把 $\mathscr{A}$ 中 p_i 的所有出现都换成 $\mathscr{A}_i(1 \leqslant i \leqslant n)$，所得的公式为 $\mathscr{B}$。证明若 $\mathscr{A}$ 是 L 的定理，那么 $\mathscr{B}$ 也是。

Chapter 4

第4章 谓词演算

谓词演算是数理逻辑的重要组成部分，也是数学家、哲学家、语言学家最常使用的一种形式化演绎方法。谓词演算也称谓词逻辑。谓词演算与命题演算不同的是：命题演算以命题，即完整的"语句"为基本对象，而谓词演算则是将"命题"中的"个体"（由"语句"中主语、宾语等指出的对象）和个体的"行为"（通过"语句"中谓语表示的个体的行为与特征）分别加以考虑，并在此基础上通过增加对命题中个体的"量化"以及个体"行为"的描述而形成的演绎系统。谓词逻辑是命题逻辑的扩展。其中的"个体"概念在整个数学基础研究中被看成是不可再分割的基本对象，针对这类个体的"量化"与"行为"描述所使用的逻辑演算系统称为"一阶谓词逻辑"或"一阶谓词演算"系统，所使用的语言称为一阶语言（First Order Language）。历史上第一个完整的一阶谓词逻辑系统是由德国数学家、逻辑学家弗雷格（Frege）在1879年建立的。由于他在《概念文字》①一书中的工作，而被誉为是数理逻辑的奠基人。

本章介绍谓词演算的基本知识，包括量词、谓词的基本概念以及谓词公式的表示方法；分析个体变元的基本性质；给出一阶语言解释的描述，并从语义角度讨论谓词公式的可满足性与逻辑普效性。通过本章学习，了解谓词演算的基本特点，理解和掌握量词与谓词的基本概念和谓词公式的表示方法，清楚约束变元与自由变元的基本性质，把握一阶语言解释的基本思想，领会谓词公式可满足性与逻辑普效的基本含义，为进一步学习谓词演算形式系统的有关内容建立基础。

4.1 谓词表达式

4.1.1 谓词与量词

命题演算的基本对象是命题，而命题是可以判定真假的陈述句，其中简单句是命题的最基本形式，也称简单命题或原子命题。在命题演算中，原子命题用命题符号或命题变元表示，它是命题逻辑中不可拆分的最小单位。然而我们知道，在一个完整的陈述语句内部，即便是简单句，也还包含着多种成分，其中"主语"、"谓语"和"宾语"（可缺省）是陈述句的基本成分。"主语"是命题陈述的主体，"宾语"是主体作用的对象，统称为"个体"，而"谓语"则用来反映"个体"的行为属性以及"个体"之间的关系等，所有这些在命题演算中是无法表示的。

---

① 又为《概念语言》，其英文书名为"Concept-Script: *A Formal Language for Pure Thought Modeled on that of Arithmetic*".

特别地，当推理过程一旦涉及"个体"的"量"以及"个体"的行为属性时，命题演算便显得无能为力了。

例如：陈述句"苏格拉底是哲学家，柏拉图也是哲学家。"在命题逻辑中是通过两个命题符号的合取 $p \wedge q$ 来表示的，其中 p 表示"苏格拉底是哲学家"，q 表示"柏拉图是哲学家。"从形式上看，p 和 q 是两个独立的命题符号，看不出它们之间的联系。然而，两个语句中"是哲学家"的共性特征却把"苏格拉底"和"柏拉图"两个"个体"紧密地联系在了一起，这一点，命题逻辑是无法表达的。

再如：有这样的推理：所有的人都有思想，苏格拉底是人，所以苏格拉底有思想。如果用命题逻辑来描述上述推理，则只能用 p、q、r 分别表示简单句"所有的人都有思想"，"苏格拉底是人"和"苏格拉底有思想"。从各语句表达的意思看，命题 r 的取值依赖于命题 p 和 q 的取值，即当 $p \wedge q$ 为"真"时，命题 r 也一定为"真"。但是推理过程的表示公式 $p \wedge q \rightarrow r$ 却不能满足我们所希望的要求，因为 $p \wedge q \rightarrow r$ 并非重言式。

由此可见，命题演算对逻辑推理过程的描述是有局限性的，而造成这种局限性的主要原因是命题演算无法对语句中"个体"的量以及"个体"的行为属性或"个体"之间的关系作进一步描述。因此，将陈述句中的"个体"和"个体"的行为属性等提取出来分别加以描述成为解决问题的关键所在。

1. 谓词

在陈述句中，谓语是对"个体"行为属性或"个体"之间关系的陈述或说明。在逻辑演算中，谓语称为"谓词"，它的表示是建立在"个体"描述的基础上的。

(1) **个体的表示**。个体有"变化个体"和"特定个体"之分。通常用 $x_1, x_2, \cdots$ 或 x, y, z 等表示在一定范围内变化个体，称为个体变元；而用 $a_1, a_2, \cdots$ 或 a, b, c 等表示特定的个体，称为个体常元。

(2) **谓词的表示**。谓词反映个体的行为属性或个体之间的关系。通常用大写英文字母 $A, B, C, \cdots$ 表示，称为谓词符号。

如果谓词 A 描述一个或一种个体的行为属性，那么 A 称为一目谓词或一元谓词。设 x 是个体变元，则一目谓词的表示形式为 $A(x)$，意为"x 具有 A 的行为特征"或"x 具有属性 A"。

例如：用 Philosopher(x)表示"x 是哲学家"，个体常元 a 代表"苏格拉底"，则 Philosopher(a)表示"苏格拉底是哲学家"。谓词 Philosopher 就是一目谓词。

如果谓词 A 描述两个或两个以上个体之间的关系，则 A 称为多目谓词。在形式上，通常可用 A^n 表示 n-目(元)谓词，表达方式为 $A^n(x_1, x_2, \cdots, x_n)$，意为"个体 $x_1, x_2, \cdots, x_n$ 具有或满足关系 A^n"。

例如："x 是 y 的兄弟"，则可以表示为 Brothers(x, y)。谓词 Brothers 反映了两个个体之间的关系，其含义为"…是…的兄弟"，因而是二目或二元谓词。

注意：在一般的形式系统分析研究过程中，我们用大写英文字母表示谓词符号。而在实际应用和分析过程中，当谓词有明确含义时，也可用英文单词或其他有明指含义的符号表示，如 Philosopher 和 Brothers 等。在具体应用系统的描述中，这种做法将更加有利于对整个系统的分析和理解，增加系统的"可读性"，为有效地解决问题提供积极帮助。

2. 量词

引入谓词后，可以对个体属性以及个体之间的关系进行描述。但是针对某个属性(或关系)A，我们还将面对这样的问题：是否有个体能够满足A？是部分个体具有属性A？还是全部个体具有属性A？等等。为能有效地阐明并回答这类问题，就必须对个体的“量”进行描述，量词的概念由此产生。

(1) **全称量词**。全称量词是对一定范围内(个体域)全部个体的描述，用符号$\forall$表示。符号$\forall$为英文单词All之意，$\forall x$可理解为“所有x…”或“任意x…”。

(2) **存在量词**。存在量词是对一定范围内(个体域)部分个体的描述，用符号$\exists$表示。符号$\exists$为英文单词Exist之意，$\exists x$可理解为“存在x…”或“有些x…”。

注意：量词符号不能单独使用，必须以$\forall x$或$\exists x$的形式出现，其中x是个体变元，称为量词$\forall$或$\exists$的作用变元。“一阶谓词逻辑”中“一阶”的含义就是指量词作用的变元是数学基础研究中不可再分割的基本对象。

4.1.2 谓词表达式与翻译

1. 谓词表达的基本形式

由谓词符号、个体变元、量词符号、逻辑运算符号按一定规则组成的式子称为谓词表达式。谓词表达式的最基本形式为$A(x)$或$A^n(x_1,\cdots,x_n)$，称为原子表达式，其中A和A^n是谓词符号，表示一个简单句中的谓语。

与命题演算一样，谓词演算使用～(否定)，∧(合取)，∨(析取)，→(条件词)作为基本逻辑运算符。从谓词表达式的基本形式出发，通过量词运用与逻辑运算就可以形成复杂的谓词表达式。通常谓词表达式有下列几种形式：

(1) 原子谓词表达式$A(x)$或$A^n(x_1,\cdots,x_n)$。$A(x)$理解为“x具有属性A”，$A^n(x_1,\cdots,x_n)$理解为“个体$x_1,\cdots,x_n$满足关系A^n”。

(2) $\sim A(x)$或$\sim A^n(x_1,\cdots,x_n)$。分别可理解为“x不具有属性A”和“个体$x_1,\cdots,x_n$不满足关系A^n”。

注意：在引进谓词符号时，不能含有否定的成分。

(3) $A(x)\wedge B(x)$或$A(x)\wedge B(y)$。前者可理解为“x具有属性A并且具有属性B”，后者可理解为“x具有属性A并且y具有属性B”。

注意：$A(x)\wedge B(x)$和$A(x)\wedge B(y)$的含义是有区别的。通常不同的个体变元表示不同个体域中的个体。如：可以用个体变元x表示“男生”中的个体，而用个体变元y表示“女生”中的个体等。

(4) $A(x)\vee B(x)$或$A(x)\vee B(y)$。前者可理解为“x具有属性A或者具有属性B”，后者可理解为“x具有属性A或者y具有属性B”。

注意：与合取运算的表达式一样，$A(x)\vee B(x)$和$A(x)\vee B(y)$的含义是有区别的。

(5) $A(x)\rightarrow B(x)$或$A(x)\rightarrow B(y)$。前者可理解为“如果x具有属性A，那么x具有属性B”，后者可理解为“如果x具有属性A，那么y具有属性B”。

注意：和前面的合取运算与析取运算同样的道理，$A(x)\rightarrow B(x)$和$A(x)\rightarrow B(y)$的含义也是有区别的。

(6) $\exists xA(x)$或$\forall xA(x)$。$\exists xA(x)$可理解为“有些(存在一些)x具有属性A”，$\forall xA(x)$可理解为“所有(任意)x具有属性A”。

2. 翻译

在实际应用中，如在系统设计与编程等过程中，经常需要将自然语言陈述的对象、对象属性以及对象之间的关系用符号化的形式表达出来，这一过程通常称为“形式化描述”。这里的“翻译”就是指将自然语言陈述的事实用谓词表达式表示的过程。

例 4-1-1 试用谓词表达式表示“苏格拉底是哲学家，柏拉图也是哲学家”。

翻译：用谓词符号P表示“是哲学家”，则$P(x)$就表示“x是哲学家”。再用个体常元a表示“苏格拉底”，b表示“柏拉图”，则“苏格拉底是哲学家，柏拉图也是哲学家。”可表示为$P(a)\wedge P(b)$。■

例 4-1-2 试翻译“所有的人都有思想，苏格拉底是人，所以苏格拉底有思想”。

翻译：用$M(x)$表示“x是人”，$S(x)$表示“x有思想”，a表示“苏格拉底”。则上面的陈述可翻译为：$\forall x(M(x)\rightarrow S(x))\wedge M(a)\rightarrow S(a)$。■

注意：

(1) 在例 4-1-2 的翻译过程中引进谓词$M(x)$是非常必要的。如果仅用$S(x)$，那么$\forall xS(x)$则表示“所有的东西都有思想”而并非单指人。谓词$M(x)$和谓词$S(x)$，即“是人”和“有思想”不是“合取”关系而是“因果关系”，如果翻译成$\forall x(M(x)\wedge S(x))$则表示“所有的东西都是人并且都有思想”，这显然是不合题意的。

(2) 例 4-1-2 的陈述是一个推理，前提是$\forall x(M(x)\rightarrow S(x))$和$M(a)$，结论是$S(a)$。该推理的合理性可分析为：因为对所有的$x$都有$M(x)\rightarrow S(x)$，那么对$a$就应该有$M(a)\rightarrow S(a)$，再由$M(a)$经过推理规则 MP 即可得到$S(a)$。

谓词翻译是一项十分重要的工作，在技术上具有一定的难度。用谓词表达式描述自然语言陈述事实的过程中，通常要考虑如下几个方面的问题。

- **主谓明确**：首先要对自然语句中的句子成分认真分析，明确句子中的“主语”和“谓语”。如果是复合语句，一定要注意不同句子中的“主语”以及“主语”的变化范围可能不同，此时需要用不同的个体变量来表示。
- **谓词引进**：针对不同的“谓语”引进不同的谓词符号。谓词符号可以用字母，也可以用能够明指含义的单词表示。谓词引进针对简单语句，需要注意的是：如果句子中的“谓语”带有“宾语”成分，那么对应的谓词一般是多目谓词。
- **量词运用**：对语句中个体的“量”(是“全部”还是“部分”)进行分析，正确使用“量词”给予表达。
- **逻辑分析**：根据句子之间的逻辑关系(非，合取，析取，蕴含等)写出谓词表达式。

例 4-1-3 否定词“～”的翻译。

(a) 一个人不学习就不能进步。

(b) 他是一个不讲道理的人。

翻译：

(a) 句中的主语是“一个人”，实际上有“任意一个人”的含义。谓语有“学习”和“进步”，可用$S(x)$表示“x学习”，$P(x)$表示“x进步”。经分析可知本句的含义是：对任何人而言，如果他不学习，那么他就不能进步。因为命题中个体的变化范围是“人”，所以还需引入谓词

$M(x)$以表示“x是人”。语句的翻译为：$\forall x(M(x)\wedge(\sim S(x))\rightarrow\sim P(x))$。

(b) 句中的主语“他”是特指个体，因此须用常元a表示。谓语为“讲道理”，可用$Q(x)$表示“x讲道理”。语句中的“不”是副词，为“否定”之意。特别要注意“他是人”，因此整个语句可翻译为：$M(a)\wedge(\sim Q(a))$，其中$M(x)$表示“x是人”。■

例 4-1-4 全称量词$\forall$的翻译。

(a) 所有的鸟都会飞。

(b) 自然数是整数。

翻译：

(a) 句可以理解为“对所有的个体x而言，如果x是鸟，那么x会飞”，因此可翻译为：$\forall x(B(x)\rightarrow F(x))$，其中谓词$B(x)$表示“$x$是鸟”，$F(x)$表示“$x$会飞”。

(b) 句中虽然没有出现“所有的”等字样，但不难看出该语句是针对所有自然数的，其含义是“对所有的个体x而言，如果x是自然数，那么x是整数”。用$N(x)$表示“x是自然数”，$I(x)$表示“x是整数”，语句可翻译为$(\forall x)(N(x)\rightarrow I(x))$。■

注意：如果语句中出现“对任意的”，“所有的”，“凡是”等字样或隐含“全部”之意，要用全称量词$\forall x$表示所有个体。谓词表达式通常有两个部分组成：前部表示客体x的范围，后部反映这一范围内全部个体具有的性质，两部分之间用蕴含词$\rightarrow$连接。

例 4-1-5 存在量词“$\exists$”的翻译。

(a) 有些人是愚蠢的。

(b) 个别同学没有做作业。

翻译：

(a) 句可以理解为“存在一些个体x，x是人，并且x是愚蠢的”，因此可翻译为：$\exists x(M(x)\wedge S(x))$，其中谓词$M(x)$表示“$x$是人”，$S(x)$表示“$x$愚蠢”。

(b) 用$C(x)$表示“x为同学”（这里“同学”是“个体”概念），$D(x)$表示“x做了作业”，则语句“个别同学没有做作业”可翻译为$\exists x(C(x)\wedge(\sim D(x)))$。■

注意：如果语句中出现“有些”，“存在”，“某个”等字样或隐含“部分”之意，要用存在量词“$\exists x$”表示部分个体。谓词表达式通常也有两个部分组成：前部表示客体x的范围，后部反映这一范围内部分个体具有的性质，两部分之间用合取词$\wedge$连接。

在自然语言中，同样一个“事实”可以用不同的方式陈述，因此在翻译的过程中也可用不同的谓词表达式表达。

例 4-1-6 同样“事实”的等价翻译。

(a) 世上所有的东西，或者是动物，或者是植物。

又为：世上所有的东西，如果不是动物，那么就是植物。

(b) 世上所有的东西都是客观的。

又为：世上不存在不是客观的东西。

(c) 所有的鸟都会飞。

又为：没有不会飞的鸟。

(d) 有些人是愚蠢的。

又为：不是所有的人都聪明（不愚蠢）。

翻译：

(a)“世上所有的东西，或者是动物，或者是植物”可翻译成$(\forall x)(A(x)\vee B(x))$；“世上所有的东西，如果不是动物，那么就是植物”可译为$(\forall x)((\sim A(x))\rightarrow B(x))$，其中$A(x)$，$B(x)$分别表示$x$是动物和植物。

(b)“世上所有的东西都是客观的”也可以理解为“世上不存在不是客观的东西”。如果用$Q(x)$表示“x是客观的”，则语句可以表达为$\forall xQ(x)$或者$\sim\exists x(\sim Q(x))$。

(c) 例4-1-4(a)的表达式$\forall x(B(x)\rightarrow F(x))$又可以表示为$\sim\exists x(B(x)\wedge(\sim F(x)))$。

(d) 例4-1-5(a)的表达式$\exists x(M(x)\wedge S(x))$又可表示为$\sim\forall x(M(x)\rightarrow(\sim S(x)))$。■

注意：例4-1-6说明，同一个“事实”可以有不同的陈述方式，因而可以有不同的谓词表达式。需要注意的是，表示同一“事实”的不同谓词表达式在逻辑上必须是等价的。另外，在命题演算中，我们曾经介绍了用$\sim$和$\rightarrow$表示$\wedge$和$\vee$的方法，这在谓词演算中也是成立的。不仅如此，例4-1-6(b)告诉我们，利用否定词$\sim$可以实现量词$\exists$和$\forall$的相互转化。

4.2 一阶语言$\mathscr{L}$

为了建立严格的谓词演算系统，首先需要有严格的形式化语言作为支持。为此，我们引入一阶语言的概念。

4.2.1 一阶语言$\mathscr{L}$与谓词公式

1. 一阶语言$\mathscr{L}$的符号集

一阶语言所使用的符号包括：

- **个体变元** $x_1,x_2,\cdots$；
- **个体常元** $a_1,a_2,\cdots$；
- **谓词字母** $A_1^1,A_2^1,\cdots,A_1^2,A_2^2,\cdots,A_1^n,A_2^n,\cdots$；
- **函数符号** $f_1^1,f_2^1,\cdots,f_1^2,f_2^2,\cdots,f_1^n,f_2^n,\cdots$；
- **技术符号** (,)；
- **联结词** $\sim,\rightarrow$；
- **量词符号** $\forall$。

注意：

(1) 个体常元是必要的，用来特指某个范围内的特殊对象。例如，x是变元，其变化范围是“人”，那么“苏格拉底”就是“人”中特殊对象。

(2) 谓词符号的一般形式为A_i^n，其中上标n表示n-目谓词，而下标i则表示第i个n-目谓词。在不会引起混淆的情况下，书写时可以省去下标和上标。有时也用大写英文字母A，B，C等表示谓词。

(3) 函数符号f_i^n表示第i个n-元函数。函数是一种特殊的关系，也可以用谓词符号表示。引入函数符号的目的在于当我们将这些形式化的东西应用于具体的数学对象分析时会变得更为直观和便利。

(4) 联结词仅用了～和→，而未列出∧和∨，同样量词也仅用了∀，而未列出∃，这主要是为了讨论问题的方便。实际上有了～、→和∀，联结词∧和∨还有量词∃都可以通过它们表示出来。

2. 一阶语言 $\mathscr{L}$ 的合适公式

1) 项的定义

(1) 变元和个体常元是项；

(2) 如果 f_i^n 是 $\mathscr{L}$ 的函数符号，$t_1,\cdots,t_n$ 是 $\mathscr{L}$ 中的项，则 $f_i^n(t_1,\cdots,t_n)$ 是 $\mathscr{L}$ 的项；

(3) 所有的项只能由本定义中的规则(1)和(2)产生。

2) 原子公式的定义

如果 A_i^k 是 $\mathscr{L}$ 的谓词符号，$t_1,\cdots,t_k$ 是 $\mathscr{L}$ 中的项，则 $A_i^k(t_1,\cdots,t_k)$ 称为 $\mathscr{L}$ 的原子公式。

3) 合式公式的定义

(1) 每个原子公式是合式公式；

(2) 如果 $\mathscr{A}$ 和 $\mathscr{B}$ 是公式，则 $(\sim\mathscr{A})$ 和 $(\mathscr{A}\to\mathscr{B})$ 以及 $(\forall x_i)\mathscr{A}$ 也是 $\mathscr{L}$ 的合式公式，其中 x_i 为任意变元；

(3) 凡是合式公式仅由本定义中的规则(1)、(2)生成。

注意：

(1) $\mathscr{L}$ 的公式描述采用的是归纳定义的方法，经过项、原子公式、公式 3 个步骤给出。特别地，如果 $\mathscr{A}$ 是公式，那么 $(\forall x_i)\mathscr{A}$ 也是公式，其中 x_i 可以是任意变元，它可以出现在公式 $\mathscr{A}$ 中，也可以不出现在 $\mathscr{A}$ 中。例如，$A_1^1(x_1)$ 是公式，那么 $(\forall x_2)A_1^1(x_1)$ 也是公式。当然也可以是 $(\forall x_1)A_1^1(x_1)$，但要注意 $(\forall x_2)A_1^1(x_1)$ 和 $(\forall x_1)A_1^1(x_1)$ 表达的含义是不同的。

(2) 花写体英文字母 $\mathscr{A}$、$\mathscr{B}$ 等并不是 $\mathscr{L}$ 的符号，它们只是被借用来表示 $\mathscr{L}$ 公式的一般形式。

(3) 合适公式生成规则中只给出了 3 种基本形式，即 $\sim\mathscr{A}$、$\mathscr{A}\to\mathscr{B}$ 和 $\forall x_i\mathscr{A}$。必要时，可以引进联结词∧、∨和量词∃，并用 $\mathscr{A}\land\mathscr{B}$、$\mathscr{A}\lor\mathscr{B}$ 和 $\exists x_i\mathscr{A}$ 分别表示公式 $\sim(\mathscr{A}\to\sim\mathscr{B})$、$\sim(\sim\mathscr{A}\to\mathscr{B})$ 和 $\sim(\forall x_i)(\sim\mathscr{A})$ 的缩写。

(4) 括号用来表示公式中逻辑运算的次序，通常规定联结词的运算次序为：～、∧、∨、→。在不至于引起错误的情况下，书写时谓词公式中一些括号可以省去。

3. 子公式的定义

设 $\mathscr{A}$,$\mathscr{B}$ 是 $\mathscr{L}$ 的公式。如果满足下列规则，则称 $\mathscr{A}$ 是 $\mathscr{B}$ 的子公式。

(1) 若 $\mathscr{B}$ 是原子公式 $A_i^k(t_1,\cdots,t_k)$，则 $\mathscr{A}$ 必定为 $A_i^k(t_1,\cdots,t_k)$；

(2) 若 $\mathscr{B}$ 是形如 $\sim\mathscr{C}$,$\mathscr{C}\to\mathscr{D}$ 或 $\forall x_i\mathscr{D}$ 的公式，则 $\mathscr{A}$ 或是 $\mathscr{C}$ 或是 $\mathscr{D}$ 的子公式；

(3) 凡子公式必须满足规则(1)和(2)。

4.2.2 自由变元与约束变元

1. 量词的辖域

设公式 $(\forall x_i)\mathscr{A}$（或 $(\exists x_i)\mathscr{A}$）是公式 $\mathscr{B}$ 的子公式，则公式 $\mathscr{A}$ 称为公式 $\mathscr{B}$ 中量词 $\forall x_i$（或 $\exists x_i$）的辖域。

例 4-2-1 试分析下列公式中量词的辖域。

(1) $(\forall x_1)A_1^1(x_2)$

(2) $(\forall x_1)(\forall x_2)A_1^2(x_1,x_2)\to A_1^1(x_2)$

(3) $(\forall x_1)(\forall x_2)(A_1^2(x_1,x_2)\to A_1^1(x_2))$

(4) $(\forall x_1)(A_1^2(x_1,x_2)\to(\forall x_2)A_1^1(x_2))$

解:

(1) $\forall x_1$ 的辖域为 $A_1^1(x_2)$。

(2) $\forall x_1$ 的辖域为 $(\forall x_2)A_1^2(x_1,x_2)$, $\forall x_2$ 的辖域为 $A_1^2(x_1,x_2)$。

(3) $\forall x_1$ 辖域为 $(\forall x_2)(A_1^2(x_1,x_2)\to A_1^1(x_2))$, $\forall x_2$ 辖域为 $A_1^2(x_1,x_2)\to A_1^1(x_2)$。

(4) $\forall x_1$ 的辖域为 $A_1^2(x_1,x_2)\to(\forall x_2)A_1^1(x_2)$, $\forall x_2$ 的辖域为 $A_1^1(x_2)$。 ■

2. 约束变元与自由变元

设 $\mathscr{A}$ 是 $\mathscr{L}$ 的公式, x_i 是变元。在 $\mathscr{A}$ 中,如果有量词 $\forall x_i(\exists x_i)$,或者 x_i 出现在量词 $\forall x_i(\exists x_i)$ 在 $\mathscr{A}$ 中的辖域中,则称 x_i 是约束变元。如果变元 x_i 不是约束变元,那么就称 x_i 为自由变元。

例 4-2-2 考察下列公式中变元的性质。

(1) $(\forall x_1)A_1^1(x_2)$

(2) $(\forall x_1)(\forall x_2)A_1^2(x_1,x_2)\to A_1^1(x_2)$

(3) $(\forall x_1)(A_1^2(x_1,x_2)\to(\forall x_2)A_1^1(x_2))$

(4) $(\forall x_1)(\forall x_2)(A_1^2(x_1,x_2)\to A_1^1(x_2))$

解:

(1) 在公式 $(\forall x_1)A_1^1(x_2)$ 中, x_1 是约束变元,因为 x_1 受到量词 $\forall x_1$ 的约束; x_2 是自由变元。

(2) 在公式 $(\forall x_1)(\forall x_2)A_1^2(x_1,x_2)\to A_1^1(x_2)$ 的前件中, x_1,x_2 都是约束变元;而后件 $A_1^1(x_2)$ 中的 x_2 是自由变元。

(3) 在 $(\forall x_1)(A_1^2(x_1,x_2)\to(\forall x_2)A_1^1(x_2))$ 中, x_1 是约束变元, $A_1^2(x_1,x_2)$ 中的 x_2 是自由变元,而 $(\forall x_2)A_1^1(x_2)$ 中的 x_2 是约束变元。

(4) 在 $(\forall x_1)(\forall x_2)(A_1^2(x_1,x_2)\to A_1^1(x_2))$ 中 x_1 和 x_2 都是约束变元。 ■

注意:

(1) 分析并弄清楚一个公式中变元的性质十分重要,尤其是在具体的数学系统中,正确分析一个公式中的自由变元和约束变元是我们从"语义"的角度正确分析和理解一个公式具体含义的关键所在。

(2) 在例 4-2-2 中,我们发现有些同名变元在公式中既是约束变元也是自由变元,如(2)和(3)中的变元 x_2。需要强调的是:虽然它们同名,但它们表达的"意思"是完全不同的。为了避免混淆,可以对约束变元进行"更名"。

(3) 对公式中自由变元的处理要非常谨慎,处理不当往往会改变公式表达的"意思",这一点将在自由变元替换的有关内容中予以说明。

3. 约束变元的更名

将公式中的约束变元用另一个个体变元替换的过程称为约束变元的更名。

例如：将公式$(\forall x_1)(\forall x_2)A_1^2(x_1,x_2)\to A_1^1(x_2)$中的约束变元 x_2 更名为 x_3，于是公式变为$(\forall x_1)(\forall x_3)A_1^2(x_1,x_3)\to A_1^1(x_2)$。如果变元 x_3 和 x_2 的变化范围一致，那么这两个公式表达的“意思”是完全相同的。

注意：在约束变元更名时要掌握两个基本原则。

(1)“不同名原则”，即用来替换的变元符号要不同于公式中其他的变元。

(2)“同时更名原则”，即要将量词作用变元与它在量词辖域中的出现一并更名。

例如：对公式 $\forall x_1 A_1^2(x_1,x_2)\to A_2^2(x_1,x_3)$中的约束变元 x_1 更名时不能用 x_2，通常也不用 x_3。用 x_2 得到公式的 $\forall x_2 A_1^2(x_2,x_2)$与原先 $\forall x_1 A_1^2(x_1,x_2)$表达的“意思”不同，用 x_3 又与后件 $A_2^2(x_1,x_3)$中变元同名，可能会产生不必要的麻烦。因此可用 x_4 对约束变元 x_1 更名。如果只对 $\forall x_1$ 中的 x_1 更名，而忽视了其辖域中的 x_1，那么公式变为 $\forall x_4 A_1^2(x_1,x_2)\to A_2^2(x_1,x_3)$，显然，它与最初公式表达的含义是不同的。

4. 自由变元的替换

为了更好地处理公式中的自由变元，我们在公式表示时，常常将公式中的自由变元明指出来。这样的表示方法称为连同自由变元的公式表示形式。

设 $\mathscr{A}$ 是公式，如果 $x_1,x_2,\cdots,x_n$ 是其中的全部自由变元，那么可以将公式 $\mathscr{A}$ 表示为 $\mathscr{A}(x_1,x_2,\cdots,x_n)$，并称之为 $\mathscr{A}$ 的自由变元明指表示公式。

例如：设公式 $\forall x_1(A_1^2(x_1,x_2)\to A_2^2(x_1,x_3))$为 $\mathscr{A}$，则它的自由变元明指表示公式为 $\mathscr{A}(x_2,x_3)$；设公式$(\forall x_1)A_1^n(x_1,x_2,\cdots,x_n)$为 $\mathscr{B}$，则它的自由变元明指公式可表示为 $\mathscr{B}(x_2,\cdots,x_n)$。

注意：在公式 $\forall x_1(A_1^2(x_1,x_2)\to A_2^2(x_1,x_3))$和$(\forall x_1)A_1^n(x_1,x_2,\cdots,x_n)$中变元 x_1 是约束变元，所以在它们的自由变元明指表示公式 $\mathscr{A}(x_2,x_3)$和 $\mathscr{B}(x_2,\cdots,x_n)$中，均没有 x_1 的出现。

如果 x_i 是公式 $\mathscr{A}(x_i)$中的自由变元，那么公式 $\mathscr{A}(x_i)$意在说明“个体 x_i 满足公式 $\mathscr{A}$ 的性质”，而由于 x_i 是自由变化的，可能的结果是“有些个体 x_i 满足 $\mathscr{A}$ 的性质，而有些个体 x_i 不满足 $\mathscr{A}$”，因此公式 $\mathscr{A}(x_i)$的真值(或真，或假)是不确定的，通常随着变元 x_i 的变化而变化。为了分析这样的变化，常常需要用其他变元，如 x_j 来替换 $\mathscr{A}(x_i)$中的自由变元 x_i，这一过程称为自由变元的替换。一般地，有如下定义：

设 $\mathscr{A}(x_i)$是公式，其中 x_i 是自由变元，t 是任意的项。用项 t 替换 $\mathscr{A}(x_i)$中所有 x_i 的出现而得到的公式记为 $\mathscr{A}(t)$。这一过程称为公式中自由变元的替换。

注意：公式中自由变元的替换并不总是可行的。例如，在公式 $\forall x_1 A(x_2)$中 x_2 是自由变元，该公式的基本含义是“对任意 x_1 表示的个体而言，x_2 表示的个体具有 A 的属性”。如果用 x_1 替换公式中的 x_2，则公式就变成 $\forall x_1 A(x_1)$，它所表达的含义是“所有个体都有 A 的属性”，明显前后的意思发生了变化。

自由变元替换可能引起变化的原因很明显，$\forall x_1 A(x_2)$中 x_2 是自由的，而用 x_1 替换公式中的 x_2 变元后，公式 $A(x_1)$中的 x_1 不再自由而成为约束变元，自然整个公式 $\forall x_1 A(x_1)$的含义也就发生了变化。一般地，如用某个项 t 来替换公式 $\forall x_1 A(x_2)$中的 x_2，那么项 t 中一定不能含有变元 x_1。由此，可以得到公式中自由变元的替换的一个基本准则：

在自由变元替换过程中，必须保持替换所用项中出现的变元在公式中的自由性质。

对此，我们给出自由变元替换过程中，所用替换项的一个基本性质描述。

设 $\mathscr{A}(x_i)$是公式，其中 x_i 是自由变元。t 是任意项，用项 t 替换公式 $\mathscr{A}(x_i)$中的 x_i 得到公式 $\mathscr{A}(t)$。如果在公式 $\mathscr{A}(t)$中，出现在 t 的任何变元都不会成为约束变元，则称项 t 对公式 $\mathscr{A}(x_i)$中的 x_i 是自由的。

注意：用 t 去替换某公式中自由变元 x_i，只有当 t 对该公式中的变元 x_i 是自由的时候才能进行。特别地，项 x_i 对任何公式中的自由变元 x_i 都是自由的。

例 4-2-3 考察项 $f_1^2(x_2,x_3)$和 $f_1^2(x_1,x_3)$对公式 $\forall x_1 A_1^1(x_2)$中自由变元的可替换性质。

考察：在公式 $\forall x_1 A_1^1(x_2)$中，x_1 是约束变元，而 x_2 是自由变元。

(1) 用项 $f_1^2(x_2,x_3)$替换公式 $\forall x_1 A_1^1(x_2)$中的自由变元 x_2 得到公式 $\forall x_1 A_1^1(f_1^2(x_2,x_3))$。由于替换后项 $f_1^2(x_2,x_3)$中的变元 x_2,x_3 依旧保持自由，所以项 $f_1^2(x_2,x_3)$对公式 $\forall x_1 A_1^1(x_2)$中的自由变元 x_2 是自由的，因此替换合法。

(2) 由于项 $f_1^2(x_1,x_3)$中有变元 x_1，用它替换公式 $\forall x_1 A_1^1(x_2)$中的 x_2 后将受到公式中量词 $\forall x_1$ 的约束，所以项 $f_1^2(x_1,x_3)$对公式 $\forall x_1 A_1^1(x_2)$中的 x_2 不是自由的，因此不能替换。 ■

例 4-2-4 设公式为$(\forall x_1)A_1^2(x_1,x_2)\to(\forall x_3)A_2^2(x_3,x_1)$。试分析项 $f_1^2(x_1,x_4)$，$f_2^2(x_2,x_3)$和 $f_3^2(x_1,x_3)$对公式中自由变元的可替换情况。

分析：在公式$(\forall x_1)A_1^2(x_1,x_2)\to(\forall x_3)A_2^2(x_3,x_1)$中，前件$(\forall x_1)A_1^2(x_1,x_2)$中的 x_1 为约束变元，而后件$(\forall x_3)A_2^2(x_3,x_1)$中的 x_1 为自由变元，公式中的 x_2 是自由变元。

(1) 在公式中，由于自由变元 x_2 出现在量词 $\forall x_1$ 的辖域中，所以只要项中出现变元 x_1 都不能用来替换变元 x_2，否则将会被约束。因此项 $f_1^2(x_1,x_4)$和项 $f_3^2(x_1,x_3)$对公式中的 x_2 均不是自由的，不能用来替换公式中的 x_2。而项 $f_2^2(x_2,x_3)$中不含变元 x_1，替换公式中的 x_2 后不会受到约束，因此它对 x_2 是自由的，可以替换。

(2) 考虑公式中的自由变元 x_1，由于自由变元 x_1 出现在 $\forall x_3$ 的辖域中，所以含有 x_3 的项对它均不是自由的，不能替换。因此有项 $f_1^2(x_1,x_4)$对$(\forall x_3)A_2^2(x_3,x_1)$中的 x_1 自由，可以用来替换之，而项 $f_2^2(x_2,x_3)$和 $f_3^2(x_1,x_3)$对$(\forall x_3)A_2^2(x_3,x_1)$中的 x_1 不是自由的，所以不能进行替换。 ■

经过上面的例子分析，不难得到如下关于自由变元可替换项一般性质的命题。

命题 4.2.1 设 $\mathscr{A}(x_i)$是公式，其中 x_i 是自由变元，t 为任意项。t 可替换公式 $\mathscr{A}(x_i)$中自由变元 x_i 的充要条件是：对 t 中的任意变元 x_j，在 $\mathscr{A}$ 中 x_i 均不出现在 $\forall x_j$ 的辖域中。

证明：对 t 中的任意变元 x_j，如果在 $\mathscr{A}$ 中 x_i 均不出现在 $\forall x_j$ 的辖域中，那么用 t 替换 $\mathscr{A}$ 中的 x_i 后，t 中的任意变元 x_j 都不会被约束，因此，t 对 $\mathscr{A}$ 中的 x_i 是自由的。 ■

4.3 解释与可满足性

4.3.1 解释

形式语言 $\mathscr{L}$ 中的公式，如 $\mathscr{A},\mathscr{B},\mathscr{C}$ 等完全是形式化的，没有明确的含义，因此也没有"对"

与“错”的概念。但在实际应用中，我们不仅要明确公式的含义，更要知道它的“对”与“错”。因此，就必须将公式中个体变元代表的对象以及变化范围、函数符号和谓词符号表达的具体含义加以说明。这一过程称为对一阶语言 $\mathscr{L}$ 的解释，具体定义如下。

一阶语言 $\mathscr{L}$ 的一个解释 I 包括以下几个部分。

- **解释域**：一个非空的集合，记为 D_I，称为 I 的解释域或定义域，表示个体变元的变化范围。
- **常元集**：一集彼此不同的元素 $\bar{a}_1,\bar{a}_2,\cdots,\bar{a}_i$，其中 $\bar{a}_i(i=1,2,\cdots)$ 是对 $\mathscr{L}$ 中的常元 a_i 的解释。
- **函数集**：一集定义在 D_I 上的函数 $\bar{f}_i^n(i>0,n>0)$，其中 $\bar{f}_i^n$ 是对函数符号 f_i^n 的解释。
- **关系集**：一集 D_I 上的关系 $\bar{A}_i^n(i>0,n>0)$，其中 $\bar{A}_i^n$ 是对谓词符号 A_i^n 的解释。

例 4-3-1 设有某形式语言，包含常元符号 a_0，函数符号 f_1^1,f_1^2,f_1^3 和谓词符号 A_1^2。试给出该形式语言的一种解释，并分析公式

$$(\forall x_1)(\forall x_2)(\exists x_3)(A_1^2(f_1^2(x_1,x_3),x_2)) \tag{4.3.1}$$

在解释中的具体含义。

解：定义该语言的解释 N（具体的解释可用具体符号表示）如下：

(1) 解释 N 的解释域为 $D_N=_{df}\{0,1,2,\cdots\}$，即自然数集。

(2) a_0 解释成自然数 0（即 $\bar{a}_0$ 为 0）。

(3) f_1^1 看成自然数集上的后继函数，即 $\bar{f}_1^1(n)=_{df}n+1$；

f_1^2 看成自然数集上的加法函数，即 $\bar{f}_1^2(n,m)=_{df}n+m$；

f_2^2 看成自然数集上的乘法函数，即 $\bar{f}_2^2(n,m)=_{df}n\times m$。

(4) A_1^2 看成自然数集上的相等关系，即 $\bar{A}_1^2(n,m)$ 表示 $n=m$。

经过解释 N，公式(4.3.1)变成$(\forall n)(\forall m)(\exists z)(n+z=m)$，它是一道关于自然数的命题：即“对任意的自然数 n 和 m，存在自然数 z 使得 $n+z=m$”。不难看出，这道命题是错的。■

注意：在例 4-3-1 解释 N 中使用的符号 $=_{df}$ 有“定义为”之意，它与一般意义的相等 $=$ 概念是有区别的。在不会引起误解的情况下，符号 $=_{df}$ 可简写成 $=$。另外，形式语言可以有不同的解释。在不同的解释下，即便是相同的公式通常也会有不同的含义。

例如：在例 4-3-1 中，如果将解释域 D_N 换成整数集，则公式(4.3.1)就变成的一道关于整数的命题，即“对任意整数 n 和 m，存整数 z 使得 $n+z=m$”。这道命题却是正确的。

再如：仍然在例 4-3-1 中，解释 N 解释域不变，即 $D_N=\{0,1,2,\cdots\}$，而是将谓词符号 A_1^2 解释为自然数集上的$\geqslant$关系，则公式(4.3.1)变成$(\forall n)(\forall m)(\exists z)(n+z\geqslant m)$，这还是一道关于自然数的命题：即“对任意的自然数 n 和 m，存在自然数 z 使得 $n+z\geqslant m$”。不难看出该命题是正确的。

4.3.2 可满足性

“可满足性”是指形式语言的公式经过解释后所表达的“事实”在解释域上是否成立的性

质。一个公式在某解释下是否具有可满足性与公式中约束变元的量化性质以及自由变元的变化密切相关。

1. 赋值的概念

设有 $\mathscr{L}$ 的公式

$$A_1^2(f_2^2(x_1,x_2),f_2^2(x_3,x_4)) \tag{4.3.2}$$

考虑例 4-3-1 中的解释 N：解释域是自然数集 $D_N=\{0,1,2,\cdots\}$，$\bar{a}_0$ 为 0，$\bar{f}_1^1(n)=n+1$，$\bar{f}_1^2(n,m)=n+m$，$\bar{f}_2^2(n,m)=n\times m$，$\bar{A}_1^2(n,m)$表示自然数上的相等关系，即 $n=m$。在此解释下，公式(4.3.2) 成为一个关于自然数运算的关系式，表示如下。

$$x_1\times x_2=x_3\times x_4 \tag{4.3.3}$$

其中，x_1，x_2，x_3 和 x_4 可以是任意自然数。由于这些变元是变化的，所以式(4.3.3)的"对"与"错"是无法直接判定的，它们与其中的变元 x_1，x_2，x_3 和 x_4 取什么样的自然数有关。**例如**：当 $x_1=3$，$x_2=6$，$x_3=2$，$x_4=9$ 时，式(4.3.3)为 $3\times6=2\times9$ 是正确的；而当 $x_1=4$，$x_2=3$，$x_3=2$，$x_4=8$ 时，式(4.3.3)为 $4\times3=2\times8$ 就是错的。

当然，x_1，x_2，x_3 和 x_4 还可以取其他值，有些使式(4.3.3)成立，有些则不能。在给定解释的情况下，可将自有变元在解释域中取值的过程用"赋值"予以描述。一般地，赋值的概念定义如下。

设 I 是 $\mathscr{L}$ 的解释，解释域为 D_I。$\mathscr{L}$ 的符号 a_i，f_i^n，A_i^n 分别被解释为 $\bar{a}_i$，$\bar{f}_i^n$，$\bar{A}_i^n$，其中 $\bar{a}_i\in D_I$，$\bar{f}_i^n:D_I^n\to D_I$ 是 D_I 上的 n-元函数，$\bar{A}_i^n$ 是 D_I 上的 n-元关系。定义 $\mathscr{L}$ 的项集到解释域上的函数 v：$\mathscr{L}$ 的项集$\to D_I$，如果 v 满足：

(1) $v(a_i)=\bar{a}_i$，其中 a_i 是 $\mathscr{L}$ 的个体常元，并且

(2) 对任意函数符号 f_i^n 和项 $t_1,t_2,\cdots,t_n$，均有 $v(f_i^n(t_1,t_2,\cdots,t_n))=\bar{f}_i^n(v(t_1),\cdots,v(t_n))$。那么就称函数 v 是解释 I 中的一个赋值。

注意：

(1) 一定是有了一阶语言的解释后，才能有解释中赋值的概念。

(2) 赋值是一种对应规则，实际上是将 $\mathscr{L}$ 中的每个项对应到 D_I 中的元素，显然，这样的对应不止一种。实际上，在一个解释中，往往有大量不同的赋值。

(3) 特别地，任意变元 x_i 都是 $\mathscr{L}$ 项。不同的赋值可以把变元 x_i 对应到 D_I 中的不同元素。如果对所有 $\mathscr{L}$ 的变元 x_i，$v(x_i)$都确定后，那么 v 也就确定了。

(4) 特别要注意，对任意的常元符号 a_i，以及任意的赋值 v，均有 $v(a_i)=\bar{a}_i$，即所有赋值关于常元符号的赋值是一致的。

例 4-3-2 设形式语言与解释如例 4-3-1 所示。试分析解释 N 中下列赋值对公式 $A_1^2(f_2^2(x_1,x_2),f_2^2(x_3,x_4))$的满足性情况。

(1) 赋值 v 定义为 $v(x_1)=2$，$v(x_2)=6$，$v(x_3)=3$，$v(x_4)=4$，$v(x_5)=23$，…

(2) 赋值 v' 定义为 $v'(x_1)=1$，$v'(x_2)=5$，$v'(x_3)=4$，$v'(x_4)=2$，$v'(x_5)=67$，…

分析：

(1) 在解释 N 中，公式 $A_1^2(f_2^2(x_1,x_2),f_2^2(x_3,x_4))$可表示为 $x_1\times x_2=x_3\times x_4$。根据赋值 v 的定义，有 $v(x_1\times x_2)=v(x_1)\times v(x_2)=2\times6=3\times4=v(x_3)\times v(x_4)=v(x_3\times x_4)$，由此得到关系式 $\bar{A}_1^2(v(f_2^2(x_1,x_2)),v(f_2^2(x_3,x_4)))$，即 $\bar{A}_1^2(\bar{f}_2^2(v(x_1),v(x_2)),\bar{f}_2^2(v(x_3),$

$v(x_4)))$在解释域 D_N 上成立。因此,可认为赋值 v 满足公式 $A_1^2(f_2^2(x_1,x_2),f_2^2(x_3,x_4))$。

(2) 不难验证,在解释 N 中的赋值 v' 下,$\overline{A}_1^2(\overline{f}_2^2(v'(x_1),v'(x_2)),\overline{f}_2^2(v'(x_3),v'(x_4)))$ 在解释域 D_N 上不成立。因此,赋值 v' 不满足公式 $A_1^2(f_2^2(x_1,x_2),f_2^2(x_3,x_4))$。 ■

注意:在例 4-3-2 中,$A_1^2(f_2^2(x_1,x_2),f_2^2(x_3,x_4))$是原子公式,其中 x_1,x_2,x_3 和 x_4 是自由变元。在解释 N 中,公式 $A_1^2(f_2^2(x_1,x_2),f_2^2(x_3,x_4))$可表示为 $\overline{A}_1^2(\overline{f}_2^2(x_1,x_2),\overline{f}_2^2(x_3,x_4))$,其中,$\overline{A}_1^2$ 是解释域 D_N 上的相等关系,而 $\overline{f}_2^2(x_1,x_2)$和 $\overline{f}_2^2(x_3,x_4)$分别是项 $f_2^2(x_1,x_2)$和 $f_2^2(x_3,x_4)$在解释 N 中的表达式。如果在解释 N 中给定赋值 v,那么赋值 v 将自由变元 x_1,x_2,x_3 和 x_4,进而将项 $f_2^2(x_1,x_2)$和 $f_2^2(x_3,x_4)$与解释域 D_N 中具体的自然数对应起来,其中项 $f_2^2(x_1,x_2)$和 $f_2^2(x_3,x_4)$在赋值 v 下的值分别为 $\overline{f}_2^2(v(x_1),v(x_2))$和 $\overline{f}_2^2(v(x_3),v(x_4))$,或为 $v(f_2^2(x_1,x_2))$和 $v(f_2^2(x_3,x_4))$。这时,如果 $v(f_2^2(x_1,x_2))$和 $v(f_2^2(x_3,x_4))$满足相等关系 $\overline{A}_1^2$,即 $v(f_2^2(x_1,x_2))=v(f_2^2(x_3,x_4))$,也即 $\overline{A}_1^2(v(f_2^2(x_1,x_2)),v(f_2^2(x_3,x_4)))$ 在 D_N 上成立,就认为在解释 N 中,赋值 v 满足公式 $A_1^2(f_2^2(x_1,x_2),f_2^2(x_3,x_4))$;否则,就认为赋值 v 不满足公式 $A_1^2(f_2^2(x_1,x_2),f_2^2(x_3,x_4))$。以原子公式的可满足性为基础,可以采用归纳的方法,给出一般公式可满足性的描述。

2. 可满足性定义

可满足性是关于 $\mathscr{L}$ 的公式的性质,它与 $\mathscr{L}$ 的解释以及解释下的赋值有关。在给出公式可满足性描述之前,需要引入两个赋值是 i-等价的概念。

设 I 是 $\mathscr{L}$ 的解释,v 和 v' 是 I 中的两个赋值,如果对任意的 $j\neq i$ 均有 $v(x_j)=v'(x_j)$,则称 v 和 v' 是 i-等价的,并表示为 $v\equiv_i v'$。

注意:

(1) 如果两个赋值 v 和 v' 是 i-等价的,那么 v 和 v' 只可能对 x_i 的赋值有所区别,而对其他变元的赋值都是相等的。特别地,赋值 v 和 v 是 i-等价的。

(2) 引进赋值之间 i-等价关系的目的是针对形如 $\forall x_i\mathscr{B}$ 公式的可满足性问题。称某个赋值 v 满足形如 $\forall x_i\mathscr{B}$ 的公式,可以直观地理解为"无论 $v(x_i)$ 取什么样的值,都有 v 满足公式 $\mathscr{B}$"。然而,对赋值 v 而言,$v(x_i)$的值是固定的。在这种情况下,考虑所有与 v 是 i-等价的赋值,也就相当于应验了"无论 $v(x_i)$ 取什么样的值"的变化过程。

设 $\mathscr{A}$ 是 $\mathscr{L}$ 的公式,I 是 $\mathscr{L}$ 的解释,v 是 I 中的赋值。赋值 v 满足 $\mathscr{A}$ 通过以下归纳方式定义。

(1) 如果 $\mathscr{A}$ 是 $\mathscr{L}$ 的原子公式 $A_j^n(t_1,t_2,\cdots,t_n)$,则当 $\overline{A}_j^n(v(t_1),\cdots,v(t_n))$ 在 D_I 中正确时,称 v 满足 $A_j^n(t_1,t_2,\cdots,t_n)$。

(2) $\mathscr{A}$ 是 $\sim\mathscr{B}$ 的情形:如果 v 不满足 $\mathscr{B}$,那么称 v 满足 $\sim\mathscr{B}$。

(3) $\mathscr{A}$ 是 $\mathscr{B}\to\mathscr{C}$ 的情形:如果 v 满足 $\sim\mathscr{B}$ 或者 v 满足 $\mathscr{C}$,则称 v 满足 $\mathscr{B}\to\mathscr{C}$。

(4) $\mathscr{A}$ 是 $\forall x_i\mathscr{B}$ 的情形:如果任意与 v i-等价的赋值 v' 都满足 $\mathscr{B}$,则称 v 满足 $\forall x_i\mathscr{B}$。

如果在解释 I 中存在赋值 v 满足公式 $\mathscr{A}$,那么就称 $\mathscr{A}$ 在 I 中是可满足的。

注意:根据赋值的定义不难看出,如果 v 是赋值,那么对任意公式 $\mathscr{A}$,或者 v 满足 $\mathscr{A}$ 或者 v 满足 $\sim\mathscr{A}$,但不会同时满足 $\mathscr{A}$ 和 $\sim\mathscr{A}$。

例 4-3-3 设 N 是例 4-3-1 中的解释。试证明 N 中的任意赋值都满足公式

$(\forall x_1)A_1^2(f_2^2(x_1,x_2),f_2^2(x_2,x_1))$。

证明：设 v 是 N 中的任意赋值。将公式 $(\forall x_1)A_1^2(f_2^2(x_1,x_2),f_2^2(x_2,x_1))$ 记为 $\forall x_1\mathscr{B}$，其中 $\mathscr{B}$ 是公式 $A_1^2(f_2^2(x_1,x_2),f_2^2(x_2,x_1))$。根据赋值满足公式的定义，要证明赋值 v 满足形如 $\forall x_1\mathscr{B}$ 的公式，就要证明任意与 v 1-等价的赋值 v' 都满足 $\mathscr{B}$。

现设 v' 是任意一个与 v 1-等价的赋值。在解释 N 中，公式 $\mathscr{B}$ 被解释为

$$x_1 \times x_2 = x_2 \times x_1 \tag{4.3.4}$$

其中，x_1 和 x_2 的变化范围是 D_N。对赋值 v' 而言，由于 $v'(x_1)$ 和 $v'(x_2)$ 都是自然数，因而有 $v'(x_1)\times v'(x_2)=v'(x_2)\times v'(x_1)$，即赋值 v' 满足公式 $\mathscr{B}$。由于 v' 是任意与 v 1-等价的赋值，所以有 v 满足公式 $\forall x_1\mathscr{B}$，即 v 满足 $(\forall x_1)A_1^2(f_2^2(x_1,x_2),f_2^2(x_2,x_1))$。■

例 4-3-4 设 N 是例 4-3-1 中的解释，分析 $(\forall x_1)A_1^2(x_1,a_0)$ 在解释 N 中的可满足情况。

分析：将公式 $(\forall x_1)A_1^2(x_1,a_0)$ 记为 $\forall x_1\mathscr{B}$，其中 $\mathscr{B}$ 是公式 $A_1^2(x_1,a_0)$，并且在解释 N 中被解释为 $x_1=0$。

设 v 是 N 中的任意赋值。定义赋值 v' 满足 $v'(x_1)=1$，且对所有的 $x_k(k\neq 1)$ 都有 $v'(x_k)=v(x_k)$，则 v' 与 v 是 1-等价。由 $v'(x_1)=1\neq 0$ 知 v' 不满足公式 $A_1^2(x_1,a_0)$，因此可得 v 不满足 $(\forall x_1)A_1^2(x_1,a_0)$。

由于 v 是任意的，故在 N 中没有赋值满足公式 $(\forall x_1)A_1^2(x_1,a_0)$。■

注意：经过上面的实例分析可以看出，在 $\mathscr{L}$ 的解释 I 中，有些公式 $\mathscr{A}$，既有满足它的赋值，又有不满足它的赋值；有些公式 $\mathscr{A}$，所有的赋值 v 都满足它；还有某些公式 $\mathscr{A}$，所有的赋值 v 都不满足它。

3. 自由变元替换公式的可满足性

在讨论自由变元的替换时我们知道，如果某个项 t 对公式 $\mathscr{A}(x_i)$ 的自由变元 x_i 是自由的，则可以进行自由变元的替换，即用项 t 替换公式 $\mathscr{A}(x_i)$ 中的自由变元 x_i，得到 $\mathscr{A}(t)$。此时，公式 $\mathscr{A}(x_i)$ 和 $\mathscr{A}(t)$ 的可满足性之间有什么样的联系呢？

命题 4.3.1 设 $\mathscr{A}(x_i)$ 是 $\mathscr{L}$ 的公式，其中 x_i 是自由变元，t 为项并且对 $\mathscr{A}(x_i)$ 中的 x_i 自由。对任意赋值 v，如果 v' 是与 v i-等价的赋值，且有 $v'(x_i)=v(t)$，则 v 满足 $\mathscr{A}(t)$ 当且仅当 v' 满足 $\mathscr{A}(x_i)$。

证明：令 v 和 v' 如命题所示且 $v'(x_i)=v(t)$。首先证明辅助命题：如果 u 是项，x_i 在 u 中出现，用 t 将 u 中的 x_i 全部替换后，所得的项为 u'，那么 $v'(u)=v(u')$。对此，施归纳于 u 的长度(即 u 中的符号个数)进行证明。

奠基步：如果 u 就是 x_i，则 u' 就是 t。根据 v' 的定义，知 $v'(x_i)=v(t)$，即 $v'(u)=v(u')$，结论成立。

归纳推导步：设 u 是 $f_i^n(u_1,\cdots,u_n)$，其中 $u_1,\cdots,u_n$ 是项，其长度均小于 u 的长度。令 $u'_1,\cdots,u'_n$ 分别是将 $u_1,\cdots,u_n$ 中的变元 x_i 用 t 替换后得到的相应项。根据归纳假定有，$v'(u_i)=v(u'_i)$，$i=1,\cdots,n$。同时不难看出 u' 即为 $f_i^n(u'_1,\cdots,u'_n)$，于是有

$$v(u') = \bar{f}_i^n(v(u'_1),\cdots,v(u_n')) = \bar{f}_i^n(v'(u_1),\cdots,v'(u_n)) = v'(u)$$

根据归纳原理，辅助命题得证。

现在施归纳于公式 $\mathscr{A}(x_i)$ 的长度来证明命题的结论。

奠基步：设 $\mathscr{A}(x_i)$ 是原子公式 $A_k^n(u_1,\cdots,u_n)$，其中 $u_1,\cdots,u_n$ 是 $\mathscr{L}$ 中的项，将其中的 x_i

用项 t 完全替换后，所得相应的项为 $u'_1,\cdots,u'_n$，于是 $\mathscr{A}(t)$ 为 $A_k^n(u'_1,\cdots,u'_n)$。根据辅助命题知，对所有的 $1\leqslant i\leqslant n$ 均有 $v'(u_i)=v(u'_i)$。由此得到解释 $\overline{A}_k^n(v'(u_1),\cdots,v'(u_n))$ 在解释域上成立的充要条件为 $\overline{A}_k^n(v(u'_1),\cdots,v(u'_n))$ 在解释域上成立，即 v' 满足 $A_k^n(u_1,\cdots,u_n)$ 的充要条件为 v 满足 $A_k^n(u'_1,\cdots,u'_n)$。

归纳推导步：假定命题对产生 $\mathscr{A}(x_i)$ 之前的公式成立。

情形 1　$\mathscr{A}(x_i)$ 是 $\sim\mathscr{B}(x_i)$ 的情形，则 $\mathscr{A}(t)$ 为 $\sim\mathscr{B}(t)$。根据归纳假定，命题对公式 $\mathscr{B}(x_i)$ 成立，即 v' 满足 $\mathscr{B}(x_i)$ 当且仅当 v 满足 $\mathscr{B}(t)$；从而 v' 不满足 $\mathscr{B}(x_i)$ 当且仅当 v 不满足 $\mathscr{B}(t)$，即 v' 满足 $\sim\mathscr{B}(x_i)(\mathscr{A}(x_i))$ 当且仅当 v 满足 $\sim\mathscr{B}(t)(\mathscr{A}(t))$。

情形 2　$\mathscr{A}(x_i)$ 是 $\mathscr{B}(x_i)\to\mathscr{C}(x_i)$ 的情形，则 $\mathscr{A}(t)$ 是 $\mathscr{B}(t)\to\mathscr{C}(t)$。根据归纳假定，命题对公式 $\mathscr{B}(x_i)$ 和 $\mathscr{C}(x_i)$ 成立，再由情形 1 的证明知命题对 $\sim\mathscr{B}(x_i)$ 也成立，于是有

v' 满足 $\mathscr{A}(x_i)$ 当且仅当 v' 满足 $\sim\mathscr{B}(x_i)$ 或 v' 满足 $\mathscr{C}(x_i)$

当且仅当 v 满足 $\sim\mathscr{B}(t)$ 或 v 满足 $\mathscr{C}(t)$

当且仅当 v 满足 $\mathscr{B}(t)\to\mathscr{C}(t)$

当且仅当 v 满足 $\mathscr{A}(t)$

情形 3　$\mathscr{A}(x_i)$ 是 $(\forall x_j)\mathscr{B}(x_i)(j\neq i)$ 的情形，则 $\mathscr{A}(t)$ 是 $(\forall x_j)\mathscr{B}(t)$。特别要指出的是，因为项 t 对 $(\forall x_j)\mathscr{B}(x_i)$ 中的变元 x_i 自由，所以变元 x_j 不会在 t 出现。下面证明 v' 满足 $\mathscr{A}(x_i)$ 当且仅当 v 满足 $\mathscr{A}(t)$。

(1) 由 v' 满足 $\mathscr{A}(x_i)$ 推证 v 满足 $\mathscr{A}(t)$，即 v 满足公式 $(\forall x_j)\mathscr{B}(t)$。

用反证法。如果 v 不满足 $\mathscr{A}(t)$，则存在一个与 v j-等价的赋值 w 不满足 $\mathscr{B}(t)$。定义赋值 w' 满足：$w'(x_i)=w(t)$，且对任意 $k\neq i$，均有 $w'(x_k)=w(x_k)$，则 w' 与 w i-等价。根据归纳假定，命题对 $\mathscr{B}(x_i)$ 成立，且由 w 不满足 $\mathscr{B}(t)$ 可得到 w' 不满足 $\mathscr{B}(x_i)$。

此时若能说明 $w'\equiv_j v'$，就能得到 v' 不满足 $\forall x_j\mathscr{B}(x_i)$，从而产生矛盾。

实际上，对任意的 x_k，如果 $k=i$，则有

$$\begin{aligned} w'(x_i) &= w(t) \quad (\text{对 } w' \text{ 的定义}) \\ &= v(t) \quad (w\equiv_j v \text{ 且 } x_j \text{ 不在 } t \text{ 出现}) \\ &= v'(x_i) \quad (v \text{ 和 } v' \text{ 的关系}) \end{aligned}$$

如果 $k\neq i(k\neq j)$，则有

$$\begin{aligned} w'(x_k) &= w(x_k) \quad (w' \text{ 和 } w \text{ 是 } i\text{-等价的}) \\ &= v(x_k) \quad (k\neq j, w \text{ 与 } v \text{ 是 } j\text{-等价的}) \\ &= v'(x_k) \quad (k\neq i, v \text{ 与 } v' \text{ 是 } i\text{-等价的}) \end{aligned}$$

由此得到 w' 与 v' 是 j-等价的。

(2) 从 v 满足 $\mathscr{A}(t)$ 推证 v' 满足 $\mathscr{A}(x_i)$，即 v' 满足公式 $\forall x_j\mathscr{B}(x_i)$。

用反证法。假定 v' 不满足 $\forall x_j\mathscr{B}(x_i)$，那么就有某个赋值 w'，$w'\equiv_j v'$ 且 w' 不满足 $\mathscr{B}(x_i)$。定义赋值 w 满足：$w(x_j)=w'(x_j)$，且对任意 $k\neq j$，有 $w(x_k)=v(x_k)$。显然 w 与 v 是 j-等价的。由于 x_j 不在项 t 中出现，所以有 $w(t)=v(t)$。注意到 $v(t)=v'(x_i)=w'(x_i)$（v 与 v' 的关系以及 w' 与 v' 是 j-等价的），因此有 $w(t)=w'(x_i)$。

此时若能说明 $w\equiv_i w'$，那么根据归纳假定，就有 w 不满足 $\mathscr{B}(t)$，进而得到 v 不满足 $\forall x_j\mathscr{B}(t)$，并由此产生矛盾。

实际上，任取 x_k，若 $k\neq i,k\neq j$，则有

$$\begin{aligned} w(x_k) &= v(x_k) \quad (w\text{的定义}) \\ &= v'(x_k) \quad (k \neq i, v \equiv_i v') \\ &= w'(x_k) \quad (k \neq j, w' \equiv_j w) \end{aligned}$$

另外，当 $k=j$ 时，又有 $w(x_j)=w'(x_j)$。故有 $w \equiv_i w'$。

至此，命题证毕。 ■

4.4 公式的真与假

4.4.1 公式真假定义

公式的"真"与"假"通常依赖于具体的解释。

设 I 是 $\mathscr{L}$ 的解释，$\mathscr{A}$ 是 $\mathscr{L}$ 的公式。如果 I 的每个赋值都满足 $\mathscr{A}$，则称公式 $\mathscr{A}$ 在解释 I 中为"真"，记为 $I \vDash \mathscr{A}$；如果 I 中没有赋值满足 $\mathscr{A}$，则称公式 $\mathscr{A}$ 在解释 I 中为"假"。

注意：可能出现这样的情况，有公式 $\mathscr{A}$，在 $\mathscr{L}$ 的解释 I 中，有些赋值满足它，而有些赋值不满足它，即公式 $\mathscr{A}$ 在 I 中既不是真的也不是假的；但不可能有这样的公式 $\mathscr{A}$，在某个给定的解释 I 中既是真的又是假的。

命题 4.4.1

(1) 在给定的解释 I 中，公式 $\mathscr{A}$ 是假的当且仅当 $\sim\mathscr{A}$ 是真的。

(2) 在给定的解释 I 中，公式 $\mathscr{A}\to\mathscr{B}$ 是假的当且仅当 $\mathscr{A}$ 是真的并且 $\mathscr{B}$ 是假的。

证明：

(1) 如果 $\mathscr{A}$ 在 I 中是假的，那么 I 的任意赋值都不满足 $\mathscr{A}$，继而有 I 的任意赋值都满足 $\sim\mathscr{A}$，故有 $I \vDash \sim\mathscr{A}$。

(2) 如果公式 $\mathscr{A}\to\mathscr{B}$ 在 I 中是假的，那么任取 I 的赋值 v，有 v 不满足 $\mathscr{A}\to\mathscr{B}$。根据公式可满足性定义知，必有 v 满足 $\mathscr{A}$。由于 v 为任意的赋值，故有 $\mathscr{A}$ 在 I 中必为真。在此情况下，如果有 I 中的赋值满足 $\mathscr{B}$，那么该赋值将满足 $\mathscr{A}\to\mathscr{B}$，这和 $\mathscr{A}\to\mathscr{B}$ 在 I 中是假的矛盾，因此必有 $\mathscr{B}$ 在 I 中为假。

反之，若在 I 中 $\mathscr{A}$ 是真的并且 $\mathscr{B}$ 是假的，那么对任意赋值 v，必有 v 满足 $\mathscr{A}$ 并且 v 不满足 $\mathscr{B}$，因而 v 不满足 $\mathscr{A}\to\mathscr{B}$，故有 $\mathscr{A}\to\mathscr{B}$ 在 I 中为假。 ■

命题 4.4.2 在给定的解释 I 中，如果公式 $\mathscr{A}$ 和 $\mathscr{A}\to\mathscr{B}$ 均为真，那么必有 $\mathscr{B}$ 为真，即由 $I \vDash \mathscr{A}$ 和 $I \vDash \mathscr{A}\to\mathscr{B}$ 可得 $I \vDash \mathscr{B}$。

证明：设 v 是解释 I 的任意赋值。由于 $\mathscr{A}$ 和 $\mathscr{A}\to\mathscr{B}$ 在 I 中均为真，所以有 v 满足 $\mathscr{A}$ 并且 v 满足 $\mathscr{A}\to\mathscr{B}$。由 v 满足 $\mathscr{A}\to\mathscr{B}$ 知，或 v 满足 $\sim\mathscr{A}$，或 v 满足 $\mathscr{B}$，但因 v 是满足 $\mathscr{A}$ 的而不可能再满足 $\sim\mathscr{A}$，故必有 v 满足 $\mathscr{B}$。由 v 的任意性可得 $\mathscr{B}$ 为真。 ■

命题 4.4.3 设 $\mathscr{A}$ 是 $\mathscr{L}$ 的公式，I 是 $\mathscr{L}$ 的解释。则 $I \vDash \mathscr{A}$ 的充要条件是 $I \vDash (\forall x_i)\mathscr{A}$，其中 x_i 为任意变元。

证明：设 $I \vDash \mathscr{A}$。任取 I 的赋值 v，由于 $I \vDash \mathscr{A}$，所以 I 中的任意赋值都满足 $\mathscr{A}$，因此可以

说 I 中任意与 v i-等价的赋值都满足 $\mathscr{A}$，故 v 满足 $(\forall x_i)\mathscr{A}$。由于 v 为任意赋值，所以有 $I\vDash(\forall x_i)\mathscr{A}$。现假定 $I\vDash(\forall x_i)\mathscr{A}$。任取 I 的赋值 v，则 v 满足 $(\forall x_i)\mathscr{A}$，于是任意与 v i-等价的赋值满足 $\mathscr{A}$，特别地，v 是与 v i-等价的赋值，故 v 也满足 $\mathscr{A}$。由 v 的任意性得到 $I\vDash\mathscr{A}$。■

推论 4.4.4 设 $x_1,\cdots,x_n$ 是 $\mathscr{L}$ 的变元，$\mathscr{A}$ 是 $\mathscr{L}$ 的公式，I 为 $\mathscr{L}$ 的解释。则 $I\vDash\mathscr{A}$ 当且仅当 $I\vDash(\forall x_1)\cdots(\forall x_n)\mathscr{A}$。

4.4.2 闭公式及其性质

在一个解释 I 中，并非所有的公式非真即假。在前面的分析中可以看出，存在这样的公式，在解释 I 中有些赋值满足它，有些赋值却不满足它。引起这一现象的原因在于公式中有自由变元的存在。如果 $\mathscr{L}$ 的公式 $\mathscr{A}$ 中没有自由变元的话，那么在任意解释中，就有要么 $\mathscr{A}$ 是真的，要么 $\mathscr{A}$ 是假的。对此，我们给出闭公式的概念。

设 $\mathscr{A}$ 是 $\mathscr{L}$ 的公式，若 $\mathscr{A}$ 中不含自由变元，则称 $\mathscr{A}$ 是 $\mathscr{L}$ 的闭公式。

在讨论闭公式的性质之前，先给出一道关于公式中自由变元赋值情况的命题。

命题 4.4.5 设 $\mathscr{A}$ 是 $\mathscr{L}$ 的公式，I 是 $\mathscr{L}$ 的解释，v 和 w 是 I 中的赋值。如果对 $\mathscr{A}$ 中的每个自由变元 x_i 均有 $v(x_i)=w(x_i)$，则 v 满足 $\mathscr{A}$ 当且仅当 w 满足 $\mathscr{A}$。

证明：施归纳于 $\mathscr{A}$ 中联结词(量词)的数目证明。

奠基步：$\mathscr{A}$ 是原子公式 $A_i^n(t_1,\cdots,t_n)$。由于赋值 v 和 w 对任意自由变元和常元的赋值相同，因此对公式中的每个项 $t_i(i=1,\cdots,n)$，均有 $v(t_i)=w(t_i)$。由此可得，$\overline{A}_i^n(v(t_1),\cdots,v(t_n))$ 在解释域上成立的充要条件是 $\overline{A}_i^n(w(t_1),\cdots,w(t_n))$ 在解释域上成立，即 v 满足 $\mathscr{A}$ 当且仅当 w 满足 $\mathscr{A}$。

归纳推导步：假定命题对联结词(量词)数目少于 $\mathscr{A}$ 的公式成立，考虑公式 $\mathscr{A}$。

情形 1 $\mathscr{A}$ 是 $\sim\mathscr{B}$ 的情形。

情形 2 $\mathscr{A}$ 是 $\mathscr{B}\to\mathscr{C}$ 的情形。

这两种情况的证明不难，留作练习。考虑下面情形。

情形 3 $\mathscr{A}$ 是 $(\forall x_i)\mathscr{B}$ 的情形。先设 v 满足 $\mathscr{A}$，推证 w 满足 $\mathscr{A}$。设 w' 是任一与 w i-等价的赋值。由于 x_i 在 $(\forall x_i)\mathscr{B}$ 中不自由出现，则对 $\mathscr{A}$ 中出现的任意自由变元 y 都有 $w'(y)=w(y)=v(y)$。定义 v' 满足：$v'(x_i)=w'(x_i)$，$v'(x_j)=v(x_j)$（当 $j\neq i$ 时），则 v' 是与 v i-等价的赋值。由 v 满足 $(\forall x_i)\mathscr{B}$ 知 v' 满足 $\mathscr{B}$。注意到对 $\mathscr{B}$ 中的任意自由变元 $y(y\neq x_i)$ 都有 $v'(y)=v(y)=w'(y)$，再加上 $v'(x_i)=w'(x_i)$，就有对 $\mathscr{B}$ 中的任意自由变元 x 均有 $v'(x)=w'(x)$。根据归纳假定知 w' 满足 $\mathscr{B}$，而 w' 是任一与 w i-等价的赋值，故有 w 满足 $(\forall x_i)\mathscr{B}$，即 w 满足公式 $\mathscr{A}$。

类似可证：若 w 满足 $(\forall x_i)\mathscr{B}$，则 v 满足 $(\forall x_i)\mathscr{B}$。根据归纳法原理命题得证。■

推论 4.4.6 如果 $\mathscr{A}$ 是 $\mathscr{L}$ 的闭公式，则对任意 $\mathscr{L}$ 的解释 I，有 $I\vDash\mathscr{A}$ 或 $I\vDash\sim\mathscr{A}$。

证明：由于 $\mathscr{A}$ 是封闭公式，故 $\mathscr{A}$ 中无自由变元。对 I 中的任意两个赋值 v 和 w，或者 v 和 w 都满足 $\mathscr{A}$，或者都不满足。因此，如果 I 中有一个赋值满足 $\mathscr{A}$，那么所有赋值均满足 $\mathscr{A}$；否则所有的赋值均不满足 $\mathscr{A}$，即均满足 $\sim\mathscr{A}$。故有 $I\vDash\mathscr{A}$ 或者 $I\vDash\sim\mathscr{A}$。■

4.4.3 逻辑普效与矛盾式

如果公式 $\mathscr{A}$ 在任意解释中均为真，则称 $\mathscr{A}$ 是逻辑普效的；如果公式 $\mathscr{A}$ 在任意解释中均为假，则称 $\mathscr{A}$ 是矛盾的。

由命题4.4.2和命题4.4.3即可得到下面两个结论。

命题 4.4.7 如果 $\mathscr{A}$ 和 $\mathscr{A}\to\mathscr{B}$ 是逻辑普效的，那么 $\mathscr{B}$ 也是逻辑普效的。

命题 4.4.8 如果 $\mathscr{A}$ 是逻辑普效的，则 $(\forall x_i)\mathscr{A}$ 也是，其中 x_i 为任意变元。

注意：逻辑普效与矛盾式是两个相互对立的概念，即如果 $\mathscr{A}$ 是逻辑普效的，那么 $\sim\mathscr{A}$ 就是矛盾式。逻辑普效性是分析和描述谓词演算形式系统可靠性与充分性的重要概念。

4.4.4 $\mathscr{L}$ 的重言式

1. 替换特例的概念

在命题演算中，L 中的公式是由一些命题符号经联结词～，→连接而形成的。由于在 $\mathscr{L}$ 中也只用这两个联结词，因此，$\mathscr{L}$ 中的谓词公式与 L 中的命题公式在形式结构上是相似的。

设 $\mathscr{A}_0$ 是 L 的命题公式，将 $\mathscr{A}_0$ 中的命题符号全部用 $\mathscr{L}$ 中的公式替换，满足相同的命题符号用相同的公式完全替换，由此得到的 $\mathscr{L}$ 的公式 $\mathscr{A}$ 称为 $\mathscr{A}_0$ 的一个替换特例。

例如：$(\sim p_1\to(p_2\to p_3))$ 是 L 的公式，用 $\mathscr{L}$ 的公式 $(\forall x_1)A_1^1(x_1)$、$(\forall x_2)A_2^2(x_1,x_2)$ 和 $(A_1^1(x_2)\to(\forall x_1)A_3^1(x_1))$ 分别替换 p_1、p_2 和 p_3，就得到命题公式 $(\sim p_1\to(p_2\to p_3))$ 在 $\mathscr{L}$ 中的一个替换特例 $(\sim(\forall x_1)A_1^1(x_1)\to((\forall x_2)A_2^2(x_1,x_2)\to(A_1^1(x_2)\to(\forall x_1)A_3^1(x_1))))$。

再如：$\mathscr{L}$ 的公式 $(\forall x_1)A_1^2(x_1,x_2)\to(\forall x_1)A_1^2(x_1,x_2)$ 和公式 $(\forall x_1)A_1^1(x_1)\to(\forall x_1)A_1^1(x_1)$ 都是命题公式 $p_1\to p_1$ 的替换特例。

2. $\mathscr{L}$ 的重言式定义

如果 $\mathscr{A}$ 是 L 的重言式 $\mathscr{A}_0$ 在 $\mathscr{L}$ 中的替换特例，那么 $\mathscr{A}$ 称为 $\mathscr{L}$ 的重言式。

命题 4.4.9 如果 $\mathscr{A}$ 是 $\mathscr{L}$ 的重言式，那么 $\mathscr{A}$ 在 $\mathscr{L}$ 的任意解释 I 中都为真。

证明：设 $\mathscr{A}$ 是 $\mathscr{L}$ 的重言式，则 $\mathscr{A}$ 是 L 的重言式 $\mathscr{A}_0$ 的替换特例。假定 $\mathscr{A}_0$ 中的命题变元(命题符号)为 $p_1,\cdots,p_k$，而 $\mathscr{A}$ 是用 $\mathscr{L}$ 的公式 $\mathscr{A}_1,\cdots,\mathscr{A}_k$ 分别替换 $\mathscr{A}_0$ 中的命题符号 $p_1,\cdots,p_k$ 得到的公式。

对任意 $\mathscr{L}$ 的解释 I 和 I 中的赋值 v，利用 v 定义 L 的赋值 v_0 如下：

$$v_0(p_i)=\begin{cases}\mathrm{T}, & \text{如果 } v \text{ 满足 } \mathscr{A}_i\\ \mathrm{F}, & \text{如果 } v \text{ 不满足 } \mathscr{A}_i\end{cases}\quad(1\leqslant i\leqslant k)$$

断言：v 满足 $\mathscr{A}$ 的充要条件为 $v_0(\mathscr{A}_0)=\mathrm{T}$。

对此施归纳于 $\mathscr{A}_0$ 中联结词的个数进行证明。

奠基步：$\mathscr{A}_0$ 是一命题符号，如 p_i，那么 $\mathscr{A}$ 即为 $\mathscr{A}_i$。根据 v_0 的定义知 $v_0(p_i)=\mathrm{T}$ 的充要

条件为 v 满足 $\mathscr{A}$。

归纳推导步：假定断言对联结词个数少于 $\mathscr{A}_0$ 联结词个数的命题公式成立。

情形 1 $\mathscr{A}_0$ 是 $\sim\mathscr{B}_0$，此时 $\mathscr{A}$ 即为 $\sim\mathscr{B}$，其中 $\mathscr{B}$ 是 $\mathscr{B}_0$ 的替换特例。根据归纳假定，有 v 满足 $\mathscr{B}$ 当且仅当 $v_0(\mathscr{B}_0)=\mathrm{T}$，进而有 v 不满足 $\mathscr{B}$ 当且仅当 $v_0(\mathscr{B}_0)=\mathrm{F}$，即 v 满足 $\mathscr{A}$ 当且仅当 $v_0(\mathscr{A}_0)=\mathrm{T}$。

情形 2 $\mathscr{A}_0$ 是 $\mathscr{B}_0\to\mathscr{C}_0$，则 $\mathscr{A}$ 即为 $\mathscr{B}\to\mathscr{C}$，其中 $\mathscr{B}$ 和 $\mathscr{C}$ 分别是 $\mathscr{B}_0$ 和 $\mathscr{C}_0$ 的替换特例。根据归纳假定知：v 满足 $\mathscr{B}$ 当且仅当 $v_0(\mathscr{B}_0)=\mathrm{T}$，$v$ 满足 $\mathscr{C}$ 当且仅当 $v_0(\mathscr{C}_0)=\mathrm{T}$。于是有 v 满足 $\mathscr{B}\to\mathscr{C}$ 当且仅当 v 满足 $\sim\mathscr{B}$ 或 v 满足 $\mathscr{C}$，当且仅当 $v_0(\sim\mathscr{B}_0)=\mathrm{T}$ 或 $v_0(\mathscr{C}_0)=\mathrm{T}$，当且仅当 $v_0(\mathscr{B}_0\to\mathscr{C}_0)=\mathrm{T}$，当且仅当 $v_0(\mathscr{A}_0)=\mathrm{T}$。

根据数学归纳法原理，断言成立。在此基础上，如果 $\mathscr{A}$ 是 $\mathscr{L}$ 的重言式，那么 $\mathscr{A}_0$ 就是 L 的重言式，因而有 $v_0(\mathscr{A}_0)=\mathrm{T}$，继而得到 v 满足 $\mathscr{A}$，故命题成立。■

推论 4.4.10 如果 $\mathscr{A}$ 是 $\mathscr{L}$ 的重言公式，那么 $\mathscr{A}$ 是逻辑普效的。

本章习题

习题 4.1 用谓词表达式表示下列陈述。

(a) 小张学习很努力，小李也是。

(b) 生物有动物和植物两种，有些生物既是动物也是植物。

(c) 世上的事物都是一分为二的，即具有好的一面，也有不好的一面。

(d) 天下乌鸦一般黑。

(e) x、y、z 都是参数，其中 x 是全局变量，而 y 和 z 是局部变量。

(f) 除了 2 以外，其他所有的素数都是奇数。

(g) 我或者去北京或者去上海，如果我去北京，那么你就去上海。

(h) 是人就有思想，你是人，你就应该有思想。

(i) 西沙群岛、南沙群岛还有钓鱼岛都是中国的领土，中国只有拥有强大的海军军事力量，才能维护这些岛屿的安全。

(j) 一切反动派都是纸老虎。

习题 4.2 设 $\mathscr{L}$ 是一阶语言，包括常元 a_0，函数符号 f_1^2 和谓词字母 A_2^2。令 $\mathscr{A}$ 表示合适公式 $(\forall x_1)(\forall x_2)(A_2^2(f_1^2(x_1,x_2),a_0)\to A_2^2(x_1,x_2))$，并定义 $\mathscr{L}$ 的解释 I 为：D_I 是 $\mathbf{Z}$（整数集），$\bar{a}_0$ 是 0，$\bar{f}_1^2(x,y)$ 是 $x-y$，$\bar{A}_2^2(x,y)$ 是 $x>y$。

(1) 试写出公式 $\mathscr{A}$ 在解释 I 中的含义并指出其是否正确。

(2) 再找一种解释，使公式 $\mathscr{A}$ 在该解释下的命题与前面解释 I 下的命题具有相反的真值(即原来的错，现在的就对；原来的对，现在的就错)。

习题 4.3 是否存在 $\mathscr{L}$ 的解释 I 使得：

(1) 公式 $(\forall x_1)(A_1^1(x_1)\to A_1^1(f_1^1(x_1)))$ 在该解释下是假的？如果有则详细写出，否则说明理由。

(2) 那么对公式 $(\forall x_1)(A_1^2(x_1,x_2)\to A_1^2(x_2,x_1))$ 又如何呢？

习题 4.4 试证明在解释 I 中，赋值 v 满足公式 $(\exists x_i)\mathscr{A}$ 的充要条件是在 I 中至少存在一个

与 v i-等价的赋值 v' 满足 $\mathscr{A}$。

习题 4.5 补充证明命题 4.4.5 中的"情形 1"和"情形 2"。

习题 4.6 试证明下列公式是逻辑普效的。

(a) $(\exists x_1)(\forall x_2)A_1^2(x_1,x_2)\to(\forall x_2)(\exists x_1)A_1^2(x_1,x_2)$

(b) $(\forall x_1)A_1^1(x_1)\to((\forall x_1)A_2^1(x_1)\to(\forall x_2)A_1^1(x_2))$

(c) $(\forall x_1)(\mathscr{A}\to\mathscr{B})\to((\forall x_1)\mathscr{A}\to(\forall x_1)\mathscr{B})$

(d) $((\forall x_1)(\forall x_2)\mathscr{A}\to(\forall x_2)(\forall x_1)\mathscr{A})$

(e) $(\forall x_1)(\forall x_2)A_1^2(x_1,x_2)\to A_1^2(x_1,x_2)$

习题 4.7 试证明如果项 t 在公式 $\mathscr{A}(x_i)$ 中对 x_i 自由，则 $(\mathscr{A}(t)\to(\exists x_1)\mathscr{A}(x_i))$ 是逻辑普效的。

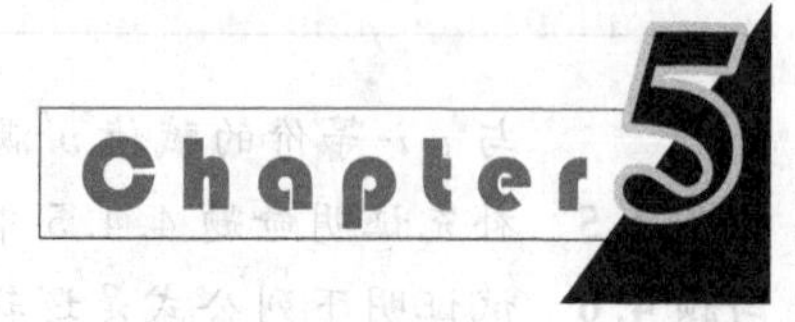

第 5 章　谓词演算形式系统

第 3 章用形式化方法建立了命题演算形式系统，给出了命题演算形式化推理机制的描述；通过赋值的定义对命题公式的"语义"进行分析，引进了重言式的概念，阐述了命题演算形式系统"定理"与重言式的关系；在此基础上对命题演算形式系统的可靠性和充分性进行了讨论，最终证明了命题演算形式系统 L 是可判定的。谓词演算可以看成是命题演算的推广，因此，命题演算研究的思想方法与技术路线可以推广运用到谓词演算的研究与分析中。

本章介绍一阶谓词演算形式系统，包括一阶谓词演算形式系统的定义、形式系统的"定理"与"证明"等相关概念、形式谓词演算的基本性质、形式系统的可靠性与充分性分析等。通过学习，进一步把握逻辑演算形式系统构造的基本思想，掌握谓词演算形式化推理的基本性质与基本方法，深入领会谓词公式逻辑普效性与形式系统可靠性含义，了解一阶语言扩充的基本方法以及形式系统充分性证明的基本思路。

5.1　形式系统 $K_{\mathscr{L}}$

第 4 章引进了一阶语言 $\mathscr{L}$，并给出了形式语言 $\mathscr{L}$ 的符号集、项集以及谓词演算合适公式的定义。从构成逻辑演算形式系统的基本要素看，建立谓词演算形式系统尚需给出公理集和推理规则的描述。

5.1.1　$K_{\mathscr{L}}$ 的定义

1. $K_{\mathscr{L}}$ 的公理与推理规则

$K_{\mathscr{L}}$ 表示谓词演算形式系统，它采用一阶语言 $\mathscr{L}$ 的符号系统，以 $\mathscr{L}$ 的合适公式为基本研究对象，包括如下的公理与推理规则。

- **$K_{\mathscr{L}}$ 的公理集**　设 $\mathscr{A},\mathscr{B},\mathscr{C}$ 是 $\mathscr{L}$ 的任意公式，$K_{\mathscr{L}}$ 的公理有：

  (K_1) $\mathscr{A}\to(\mathscr{B}\to\mathscr{A})$。

  (K_2) $(\mathscr{A}\to(\mathscr{B}\to\mathscr{C}))\to((\mathscr{A}\to\mathscr{B})\to(\mathscr{A}\to\mathscr{C}))$。

  (K_3) $(\sim\mathscr{A}\to\sim\mathscr{B})\to(\mathscr{B}\to\mathscr{A})$。

  (K_4) $(\forall x_i)\mathscr{A}\to\mathscr{A}$，如果 x_i 在 $\mathscr{A}$ 中不自由出现。

  (K_5) $(\forall x_i)\mathscr{A}(x_i)\to\mathscr{A}(t)$，如果项 t 对公式 $\mathscr{A}(x_i)$ 中的 x_i 自由。

  (K_6) $(\forall x_i)(\mathscr{A}\to\mathscr{B})\to(\mathscr{A}\to(\forall x_i)\mathscr{B})$，如果 $\mathscr{A}$ 中不含 x_i 的自由出现。

- $K_{\mathscr{L}}$ 的推理规则。

  分离规则 MP：由 $\mathscr{A}$ 和 $\mathscr{A}\rightarrow\mathscr{B}$ 可推出 $\mathscr{B}$。

  概括原理 $\forall^{+}$：由 $\mathscr{A}$ 可推出 $(\forall x_i)\mathscr{A}$，其中 x_i 是任意变元。

注意：

(1) $K_{\mathscr{L}}$ 的公理模式和推理规则包括了 L 的公理和推理规则（从某种意义上讲，$K_{\mathscr{L}}$ 可视为 L 的推广）。在 $K_{\mathscr{L}}$ 中补充的公理和规则主要针对量词性质的说明。

(2) 公理 K_5 是用最一般的形式叙述的，在应用中人们常遇的实例是 $(\forall x_i)\mathscr{A}(x_i)\rightarrow\mathscr{A}$，其中 x_i 可以是也可以不是 $\mathscr{A}$ 的自由变元。如果 x_i 是 $\mathscr{A}$ 的自由变元，则 $\mathscr{A}$ 表示为 $\mathscr{A}(x_i)$，由 K_5 可以得到 $(\forall x_i)\mathscr{A}(x_i)\rightarrow\mathscr{A}(x_i)$，因为 x_i 对 x_i 总是自由的；如果 x_i 不在 $\mathscr{A}$ 中自由出现，那么由 K_4 即有 $(\forall x_i)\mathscr{A}\rightarrow\mathscr{A}$。

(3) 注意到在 $\mathscr{L}$ 中没有用到联结词 $\wedge$、$\vee$ 及量词 $\exists x$，因而在 $K_{\mathscr{L}}$ 中没有公理和推理规则涉及这些符号。如果将 $(\exists x_i)\mathscr{A}$、$\mathscr{A}\wedge\mathscr{B}$ 和 $\mathscr{A}\vee\mathscr{B}$ 分别视为 $\sim(\forall x_i)(\sim\mathscr{A})$、$\sim(\mathscr{A}\rightarrow\sim\mathscr{B})$ 和 $\sim(\sim\mathscr{A}\rightarrow\mathscr{B})$ 的缩写，就可以增加相应的公理模式和推理规则。例如公理有：

- $\mathscr{A}\wedge\mathscr{B}\rightarrow\mathscr{A}$，$\mathscr{A}\rightarrow\mathscr{A}\vee\mathscr{B}$。
- $\mathscr{A}\rightarrow(\mathscr{B}\rightarrow\mathscr{A}\wedge\mathscr{B})$。
- $(\mathscr{A}\rightarrow\mathscr{C})\rightarrow((\mathscr{B}\rightarrow\mathscr{C})\rightarrow(\mathscr{A}\vee\mathscr{B}\rightarrow\mathscr{C}))$。
- $\mathscr{A}(t)\rightarrow\exists x\mathscr{A}(x)$。

推理规则有：

- $\exists^{+}$：由 $\mathscr{A}(x)\rightarrow\mathscr{C}$ 可推出 $(\exists x)\mathscr{A}(x)\rightarrow\mathscr{C}$ 等。

2. $K_{\mathscr{L}}$ 的证明与定理

$K_{\mathscr{L}}$ 中的证明是 $\mathscr{L}$ 的一个公式序列 $\mathscr{A}_1,\cdots,\mathscr{A}_n$，其中每个公式 $\mathscr{A}_i(1\leqslant i\leqslant n)$ 或者是 $K_{\mathscr{L}}$ 的公理，或者是由位于其前面的公式经过分离规则 MP 或概括原理 $\forall^{+}$ 而得。

在 $K_{\mathscr{L}}$ 的证明中出现的公式都称为 $K_{\mathscr{L}}$ 的定理，特别 $K_{\mathscr{L}}$ 的公理是 $K_{\mathscr{L}}$ 定理。如果 $\mathscr{A}$ 是 $K_{\mathscr{L}}$ 的定理，则记为 $\vdash_{K_{\mathscr{L}}}\mathscr{A}$（在不引起混淆的情况下，可用 $\vdash_K\mathscr{A}$，甚至 $\vdash\mathscr{A}$ 来表示 $\vdash_{K_{\mathscr{L}}}\mathscr{A}$）。

与命题演算形式系统 L 一样，要证明某公式 $\mathscr{A}$ 是 $K_{\mathscr{L}}$ 的定理，需要在 $K_{\mathscr{L}}$ 中构造出关于公式 $\mathscr{A}$ 证明的公式序列。当然也可以通过说明公式 $\mathscr{A}$ 在 $K_{\mathscr{L}}$ 中证明（公式序列）的存在性予以证明。

命题 5.1.1 如果 $\mathscr{A}$ 是 $\mathscr{L}$ 重言式，那么 $\mathscr{A}$ 是 $K_{\mathscr{L}}$ 的定理。

证明：设 $\mathscr{A}$ 是 $\mathscr{L}$ 的重言式，那么它是 L 的重言式 $\mathscr{A}_0$ 在 $\mathscr{L}$ 中的替换特例。因为 $\mathscr{A}_0$ 是 L 的定理，故在 L 中有一个关于 $\mathscr{A}_0$ 是定理的证明，该证明可以转化为一个在 $K_{\mathscr{L}}$ 中的证明，并且只用到公理 K_1、K_2 和 K_3（分别与 L 中的公理 L_1、L_2 和 L_3 相对应）和推理规则 MP，所以有 $\vdash_K\mathscr{A}$。 ■

注意：在命题 5.1.1 证明 $\mathscr{L}$ 的重言式是 $K_{\mathscr{L}}$ 定理的过程中，只用到 $K_{\mathscr{L}}$ 的公理 K_1、K_2、K_3 和推理规则 MP。因此不难断定，$K_{\mathscr{L}}$ 的定理一定不只是重言式，也就是说命题 5.1.1 的逆命题在 $K_{\mathscr{L}}$ 中不成立。形式系统 L 的定理与重言式是对等的，而 $K_{\mathscr{L}}$ 的定理则与逻辑普效性相关联。

5.1.2 $K_{\mathscr{L}}$ 的可靠性证明

$K_{\mathscr{L}}$ 的可靠性体现为它的定理都是逻辑普效的，对此先证明下列命题。

命题 5.1.2 $K_{\mathscr{L}}$ 的公理模式 K_1、K_2、K_3、K_4、K_5 和 K_6 都是逻辑普效的。

证明：首先不难看出 K_1、K_2、K_3 是逻辑普效的，因为它们都是重言式。现证明 K_4、K_5 和 K_6 是逻辑普效的。设 I 是 $\mathscr{L}$ 的任意解释，v 是 I 中任意赋值。

(1) 关于 K_4 的证明，即证明 $(\forall x_i)\mathscr{A}\to\mathscr{A}$ 是逻辑普效的。

如果 v 不满足 $(\forall x_i)\mathscr{A}$，那么 v 满足 $(\forall x_i)\mathscr{A}\to\mathscr{A}$。如果 v 满足 $(\forall x_i)\mathscr{A}$，那么所有与 v i-等价的赋值均满足 $\mathscr{A}$，特别 v 与 v i-等价，所以有 v 满足 $\mathscr{A}$，即 v 满足 $(\forall x_i)\mathscr{A}\to\mathscr{A}$。由 I 及 v 的任意性，即得 K_4 是逻辑普效的。

(2) 关于 K_5 的证明，即证明 $(\forall x_i)\mathscr{A}(x_i)\to\mathscr{A}(t)$ 是逻辑普效的，其中 t 对公式 $\mathscr{A}(x_i)$ 中的 x_i 自由。

直接假设 v 满足 $(\forall x_i)\mathscr{A}(x_i)$。那么任意与 v i-等价的赋值满足 $\mathscr{A}(x_i)$。定义赋值 v' 满足：当 $k\neq i$ 时，$v'(x_k)=v(x_k)$，而 $v'(x_i)=v(t)$，则 v' 与 v i-等价，故有 v' 满足 $\mathscr{A}(x_i)$。注意到 $v'(x_i)=v(t)$，且 t 对 $\mathscr{A}(x_i)$ 中的 x_i 自由，根据命题 4.3.1 可得 v 满足 $\mathscr{A}(t)$，从而有 v 满足 $(\forall x_i)\mathscr{A}(x_i)\to\mathscr{A}(t)$。由 I 及 v 的任意性，得到 K_5 是逻辑普效的。

(3) 关于 K_6 的证明，即证明 $(\forall x_i)(\mathscr{A}\to\mathscr{B})\to(\mathscr{A}\to(\forall x_i)\mathscr{B})$ 是逻辑普效的，其中 x_i 不在 $\mathscr{A}$ 中自由出现。

令 v 满足 $(\forall x_i)(\mathscr{A}\to\mathscr{B})$，则对任意 v'，如果 $v'\equiv_i v$ 就有 v' 满足 $\mathscr{A}\to\mathscr{B}$。

情形 1 如果有某个 v'，$v'\equiv_i v$ 并且 v' 不满足 $\mathscr{A}$，那么由于 x_i 在 $\mathscr{A}$ 中不自由出现，赋值 v 和 v' 对公式 $\mathscr{A}$ 中自由变元的赋值相同，根据命题 4.4.5，必有 v 不满足 $\mathscr{A}$，从而有 v 满足 $\mathscr{A}\to(\forall x_i)\mathscr{B}$。

情形 2 如果所有的 $v'(v'\equiv_i v)$ 都满足 $\mathscr{A}$，那么由 v' 满足 $\mathscr{A}\to\mathscr{B}$ 得到 v' 满足 $\mathscr{B}$，即所有与 v i-等价的赋值都必须满足 $\mathscr{B}$，因此有 v 满足 $(\forall x_i)\mathscr{B}$，进而得到 v 满足 $\mathscr{A}\to(\forall x_i)\mathscr{B}$。

总之，当 v 满足 $(\forall x_i)(\mathscr{A}\to\mathscr{B})$ 时，必有 v 满足 $\mathscr{A}\to(\forall x_i)\mathscr{B}$。由于 I 及 v 是任意的，所以证得 (K_6) 是逻辑普效的。 ■

命题 5.1.3($K_{\mathscr{L}}$ 的可靠性定理) 如果 $\vdash_K\mathscr{A}$，那么 $\mathscr{A}$ 是逻辑普效的。

证明：依据 $\mathscr{A}$ 在 $K_{\mathscr{L}}$ 中来证明序列 $\mathscr{A}_1,\cdots,\mathscr{A}_n$ 的长度 n。

奠基步：当 $n=1$ 时，序列中只有公式 $\mathscr{A}$，则 $\mathscr{A}$ 是 $K_{\mathscr{L}}$ 的公理。由命题 5.1.2 知 $\mathscr{A}$ 是逻辑普效的。

归纳推导步：若 $\mathscr{A}$ 是由 $\mathscr{A}_i$、$\mathscr{A}_j$ 经 MP 所得，则 $\mathscr{A}_i$、$\mathscr{A}_j$ 必为形如 $\mathscr{B}$ 和 $\mathscr{B}\to\mathscr{A}$ 的公式，根据归纳假定，$\mathscr{B}$ 和 $\mathscr{B}\to\mathscr{A}$ 都是逻辑普效的，根据命题 4.4.7 知，$\mathscr{A}$ 是逻辑普效的。

若 $\mathscr{A}$ 是由 $\mathscr{A}_j$ 经概括而得，那么 $\mathscr{A}$ 必为 $(\forall x_i)\mathscr{A}_j$ 的形式，由归纳假定知 $\mathscr{A}_j$ 是逻辑普效的，根据命题 4.4.8 知，$(\forall x_i)\mathscr{A}_j$ (即 $\mathscr{A}$) 也是逻辑普效的。 ■

推论 5.1.4 $K_{\mathscr{L}}$ 是协调的，即没有 $\mathscr{L}$ 的公式 $\mathscr{A}$ 使得 $\mathscr{A}$ 和 $\sim\mathscr{A}$ 都是 $K_{\mathscr{L}}$ 的定理。

证明：若同时有 $\vdash_K\mathscr{A}$ 和 $\vdash_K\sim\mathscr{A}$，则由命题 5.1.3 知 $\mathscr{A}$ 和 $\sim\mathscr{A}$ 都是逻辑普效的。因而对任意解释及解释中的赋值，$\mathscr{A}$ 和 $\sim\mathscr{A}$ 都是"真"，这是不可能的。 ■

5.1.3 $K_{\mathscr{L}}$ 的演绎定理

1. $K_{\mathscr{L}}$ 中的相对证明

与命题演算形式系统 L 一样，在形式系统 $K_{\mathscr{L}}$ 中也有相对证明的概念。

如果Γ是$\mathscr{L}$的一组公式集合，$K_{\mathscr{L}}$中基于Γ的证明是$\mathscr{L}$的一个公式序列$\mathscr{A}_1,\cdots,\mathscr{A}_n$，其中每个公式$\mathscr{A}_i(1\leqslant i\leqslant n)$或者是$K_{\mathscr{L}}$的公理，或者是$\Gamma$中的公式，或者是由位于其前面的公式经过分离规则(MP)或概括原理($\forall^+$)而得。

注意：$K_{\mathscr{L}}$中基于公式集Γ的证明和$K_{\mathscr{L}}$证明的不同之处仅在于基于Γ证明的公式序列中可以使用Γ的公式。

如果存在基于Γ的证明(公式序列)，其最后一个公式$\mathscr{A}$称为$K_{\mathscr{L}}$中可由Γ推出的结论，用$\Gamma\vdash_K\mathscr{A}$表示。根据定义不难看出，对于一个基于$\Gamma$的证明中出现的任意公式$\mathscr{B}$，均有$\Gamma\vdash_K\mathscr{B}$。

例 5-1-1 令$\Gamma=\{A_1^2(x_1,a_0)\}$，则公式序列：

(1) $A_1^2(x_1,a_0)$ //假设

(2) $(\forall x_1)A_1^2(x_1,a_0)$ //(1) $\forall^+$

是一个基于Γ的证明，其中$A_1^2(x_1,a_0)$是Γ的成员，而$(\forall x_1)A_1^2(x_1,a_0)$是$A_1^2(x_1,a_0)$经过概括原理得到的结论。该演绎过程可表示为$\{A_1^2(x_1,a_0)\}\vdash_K(\forall x_1)A_1^2(x_1,a_0)$。

2. $K_{\mathscr{L}}$的演绎定理

在L中有演绎定理，即$\Gamma\cup\{\mathscr{A}\}\vdash_L\mathscr{B}$当且仅当$\Gamma\vdash_L\mathscr{A}\to\mathscr{B}$。这一命题在$K_{\mathscr{L}}$中是否也成立呢？结论是：一般情况下$L$中的演绎定理在$K_{\mathscr{L}}$中不成立。

例如，在例5-1-1中，有$\{A_1^2(x_1,a_0)\}\vdash_K(\forall x_1)A_1^2(x_1,a_0)$，但却不能得到$\vdash_K A_1^2(x_1,a_0)\to(\forall x_1)A_1^2(x_1,a_0)$。

事实上，$K_{\mathscr{L}}$的公式$A_1^2(x_1,a_0)\to(\forall x_1)A_1^2(x_1,a_0)$不是逻辑普效的。为此，可考虑$\mathscr{L}$的解释$I$：解释域为整数集$\mathbf{Z}$，谓词$A_1^2(x_1,a_0)$的解释$\overline{A}_1^2(x_1,\bar{a}_0)$为$x_1=0$，其中个体常元$a_0$的解释$\bar{a}_0$是0。定义$I$中的赋值$v$满足$v(x_1)=0$，则$v$满足$A_1^2(x_1,a_0)$。任取一个与$v$ 1-等价的赋值v'，只要$v'(x_1)\neq0$就有v'不满足$A_1^2(x_1,a_0)$，因此v不满足$(\forall x_1)A_1^2(x_1,a_0)$。由此得到$v$不满足$A_1^2(x_1,a_0)\to(\forall x_1)A_1^2(x_1,a_0)$，即$A_1^2(x_1,a_0)\to(\forall x_1)A_1^2(x_1,a_0)$不是逻辑普效的，因而在$K_{\mathscr{L}}$中没有$\vdash_K A_1^2(x_1,a_0)\to(\forall x_1)A_1^2(x_1,a_0)$。

问题究竟出在哪里？比较分析命题演算形式系统L的“证明”与谓词演算形式系统$K_{\mathscr{L}}$的“证明”可以发现，尽管两种“证明”在形式上完全一样，即都是合式公式序列，但在具体实施过程中是有差别的。$K_{\mathscr{L}}$的“证明”涉及个体变元而且比L的“证明”多了概括原理($\forall^+$)的使用。由于“自由变元”是变化的，所以“对公式中的自由变元使用概括原理”应该是问题的关键所在。

命题 5.1.5($K_{\mathscr{L}}$的演绎定理) 令Γ是$\mathscr{L}$的公式集(可能是空集)，$\mathscr{A}$、$\mathscr{B}$是$\mathscr{L}$的任意公式。如果$\Gamma\cup\{\mathscr{A}\}\vdash_K\mathscr{B}$，并且推导过程没有对$\mathscr{A}$中的自由变元使用过概括规则，那么就有$\Gamma\vdash_K\mathscr{A}\to\mathscr{B}$。

证明：设$\Gamma\cup\{\mathscr{A}\}\vdash_K\mathscr{B}$，则有基于$\Gamma$的证明$\mathscr{A}_1,\cdots,\mathscr{A}_n$，其中$\mathscr{A}_n$是$\mathscr{B}$。施归纳于公式序列$\mathscr{A}_1,\cdots,\mathscr{A}_n$的长度$n$证明。

奠基步：如果$n=1$，则上述序列中只有$\mathscr{B}$。此时，$\mathscr{B}$或是公理或是公式$\mathscr{A}$或是Γ的成员，类似于L演绎定理证明，均可得到$\Gamma\vdash_K\mathscr{A}\to\mathscr{B}$。

归纳推导步：假定命题对长度小于n证明序列均成立，考虑$\mathscr{A}_1,\cdots,\mathscr{A}_n$，且$\mathscr{A}_n$为$\mathscr{B}$。

对于$\mathscr{B}$是公理或是$\mathscr{A}$或是Γ的成员或是演绎过程中经分离规则MP而得到的情形，可用L演绎定理证明中采用的方法予以证明。在此，只考虑$\mathscr{B}$是由演绎过程中某个前面公式

$\mathscr{A}_j$ 经概括($\forall^+$)而得,即 $\mathscr{B}$ 是$(\forall x_i)\mathscr{A}_j$。

由于 $\mathscr{A}_j$ 在 $\mathscr{B}$ 的前面,根据归纳假定就有 $\Gamma \vdash_K \mathscr{A} \to \mathscr{A}_j$。不仅如此,我们还知道,因为从 $\mathscr{A}_j$ 到 $\mathscr{B}$,即$(\forall x_i)\mathscr{A}_j$ 的演绎过程中对变元 x_i 使用了概括,而题设在推理过程中没有对 $\mathscr{A}$ 中的自由变元使用过概括,所以 x_i 不在 $\mathscr{A}$ 中自由出现。

构造一由 Γ 推到出 $\mathscr{A} \to \mathscr{B}$ 的公式序列如下:

(1)
⋮ 　由 Γ 推出 $\mathscr{A} \to \mathscr{A}_j$ 的证明。
(k) $\mathscr{A} \to \mathscr{A}_j$

接着构造公式序列:

(k+1)　$(\forall x_i)(\mathscr{A} \to \mathscr{A}_j) \to (\mathscr{A} \to (\forall x_i)\mathscr{A}_j)$　//K_6,x_i 不在 $\mathscr{A}$ 中自由出现
(k+2)　$(\forall x_i)(\mathscr{A} \to \mathscr{A}_j)$　//(k) $\forall^+$
(k+3)　$\mathscr{A} \to (\forall x_i)\mathscr{A}_j$　//(k+2)、(k+1)MP

故有 $\Gamma \vdash_K \mathscr{A} \to (\forall x_i)\mathscr{A}_j$,即 $\Gamma \vdash_K \mathscr{A} \to \mathscr{B}$。 ■

与 L 的演绎定理类似,还有如下结论。

命题 5.1.6　如果 $\Gamma \vdash_K \mathscr{A} \to \mathscr{B}$,则 $\Gamma \cup \{\mathscr{A}\} \vdash_K \mathscr{B}$。

由 $K_{\mathscr{L}}$ 的演绎定理即可得到下列推论。

推论 5.1.7　如果 $\Gamma \cup \{\mathscr{A}\} \vdash_K \mathscr{B}$ 并且 $\mathscr{A}$ 是闭公式,那么 $\Gamma \vdash_K \mathscr{A} \to \mathscr{B}$。

推论 5.1.8　$\{(\mathscr{A} \to \mathscr{B}),(\mathscr{A} \to \mathscr{C})\} \vdash_K \mathscr{A} \to \mathscr{C}$。

注意:推论 5.1.8 的结论又称 HS 推理规则,在 $K_{\mathscr{L}}$ 的证明中可以直接运用。

例 5-1-2　如果 x_i 不在 $\mathscr{A}$ 中出现,那么$\vdash_K (\mathscr{A} \to (\forall x_i)\mathscr{B}) \to (\forall x_i)(\mathscr{A} \to \mathscr{B})$。

证明:

(1) $\mathscr{A} \to (\forall x_i)\mathscr{B}$　//假设
(2) $(\forall x_i)\mathscr{B} \to \mathscr{B}$　//K_4 或 K_5
(3) $\mathscr{A} \to \mathscr{B}$　//(1)、(2)HS
(4) $(\forall x_i)(\mathscr{A} \to \mathscr{B})$　//(3) $\forall^+$

故有 $\mathscr{A} \to (\forall x_i)\mathscr{B} \vdash_K (\forall x_i)(\mathscr{A} \to \mathscr{B})$。注意到在演绎中仅对 x_i 使用过概括,由题设知 x_i 不在 $\mathscr{A}$ 中出现,而 x_i 在$(\forall x_i)\mathscr{B}$ 中也不可能自由出现,故 x_i 在 $\mathscr{A} \to (\forall x_i)\mathscr{B}$ 中不自由出现。根据演绎定理就有$\vdash_K (\mathscr{A} \to (\forall x_i)\mathscr{B}) \to (\forall x_i)(\mathscr{A} \to \mathscr{B})$。 ■

如果将$(\exists x_i)\mathscr{A}$ 看成是公式$\sim(\forall x_i)(\sim\mathscr{A})$的缩写形式,那么可以证明如下结论。

例 5-1-3　试证明$\vdash_K (\forall x_i)(\mathscr{A} \to \mathscr{B}) \to ((\exists x_i)\mathscr{A} \to (\exists x_i)\mathscr{B})$。

证明:

(1) $(\forall x_i)(\mathscr{A} \to \mathscr{B})$　//假设
(2) $(\forall x_i)(\mathscr{A} \to \mathscr{B}) \to (\mathscr{A} \to \mathscr{B})$　//K_4 或 K_5
(3) $\mathscr{A} \to \mathscr{B}$　//(1)、(2)MP
(4) $\sim\mathscr{B} \to \sim\mathscr{A}$　//(3)与反证原理
(5) $(\forall x_i)\sim\mathscr{B} \to \sim\mathscr{B}$　//K_4 或 K_5
(6) $(\forall x_i)(\sim\mathscr{B}) \to \sim\mathscr{A}$　//(5)、(4)HS
(7) $(\forall x_i)((\forall x_i)(\sim\mathscr{B}) \to \sim\mathscr{A})$　//(6) $\forall^+$
(8) $(\forall x_i)((\forall x_i)(\sim\mathscr{B}) \to \sim\mathscr{A}) \to ((\forall x_i)(\sim\mathscr{B}) \to (\forall x_i)(\sim\mathscr{A}))$
　　//K_6,x_i 不在$(\forall x_i)(\sim\mathscr{B})$中自由出现

(9) $(\forall x_i)(\sim\mathscr{B})\to(\forall x_i)(\sim\mathscr{A})$ //(7)、(8)MP

(10) $\sim(\forall x_i)(\sim\mathscr{A})\to\sim(\forall x_i)(\sim\mathscr{B})$ //(9)与反证原理

公式(10)即$(\exists x_i)\mathscr{A}\to(\exists x_i)\mathscr{B}$，故有$(\forall x_i)(\mathscr{A}\to\mathscr{B})\vdash_K(\exists x_i)\mathscr{A}\to(\exists x_i)\mathscr{B}$。在推理过程中只对$x_i$应用过概括，而$x_i$不是公式$(\forall x_i)(\mathscr{A}\to\mathscr{B})$中的自由变元，因此根据演绎定理有$\vdash_K(\forall x_i)(\mathscr{A}\to\mathscr{B})\to((\exists x_i)\mathscr{A}\to(\exists x_i)\mathscr{B})$。 ■

5.2 等值与代入

5.2.1 等值词的定义

在介绍谓词表达式翻译时我们发现，同样的"事实"是可以用不同的谓词公式来表达。例如"不是所有的鸟都会飞"可以表示为$\sim(\forall x(B(x)\to F(x)))$，其中$B(x)$表示"个体$x$是鸟"，$F(x)$表示"个体$x$会飞"。而与之等价的陈述"有些鸟不会飞"则可表示为$\exists x(B(x)\wedge\sim F(x))$。这说明公式$\sim(\forall x(B(x)\to F(x)))$与公式$\exists x(B(x)\wedge\sim F(x))$具有某种内在的联系。为了反映这种关系，特引进等值词以及等价公式的概念。

设$\mathscr{A}$与$\mathscr{B}$是形式系统$K_{\mathscr{L}}$的公式，引入等值词"$\leftrightarrow$"，并用$\mathscr{A}\leftrightarrow\mathscr{B}$表示$\sim((\mathscr{A}\to\mathscr{B})\to\sim(\mathscr{B}\to\mathscr{A}))$的缩写。

注意：在命题演算形式系统L中，也定义了等值词$\leftrightarrow$，并用$\mathscr{A}\leftrightarrow\mathscr{B}$表示公式$(\mathscr{A}\to\mathscr{B})\wedge(\mathscr{B}\to\mathscr{A})$的缩写，如果将其中的联结词$\wedge$用$\sim$和$\to$表示，就得到了$\sim((\mathscr{A}\to\mathscr{B})\to\sim(\mathscr{B}\to\mathscr{A}))$。

命题 5.2.1 对任意$\mathscr{L}$的公式$\mathscr{A}$和$\mathscr{B}$，$\vdash_K\mathscr{A}\leftrightarrow\mathscr{B}$当且仅当$\vdash_K\mathscr{A}\to\mathscr{B}$并且$\vdash_K\mathscr{B}\to\mathscr{A}$。

证明：假定有$\vdash_K\mathscr{A}\leftrightarrow\mathscr{B}$，即$\vdash_K\sim((\mathscr{A}\to\mathscr{B})\to\sim(\mathscr{B}\to\mathscr{A}))$。不难验证公式下面两个公式

(1) $(\sim((\mathscr{A}\to\mathscr{B})\to\sim(\mathscr{B}\to\mathscr{A})))\to(\mathscr{A}\to\mathscr{B})$

(2) $(\sim((\mathscr{A}\to\mathscr{B})\to\sim(\mathscr{B}\to\mathscr{A})))\to(\mathscr{B}\to\mathscr{A})$

都是$K_{\mathscr{L}}$的重言式，因而是$K_{\mathscr{L}}$的定理。利用$\vdash_K\mathscr{A}\leftrightarrow\mathscr{B}$分别与(1)和(2)经分离规则推导，即可得到$\vdash_K\mathscr{A}\to\mathscr{B}$和$\vdash_K\mathscr{B}\to\mathscr{A}$。

反之，如果有$\vdash_K\mathscr{A}\to\mathscr{B}$和$\vdash_K\mathscr{B}\to\mathscr{A}$。则利用$K_{\mathscr{L}}$的重言式

$$(\mathscr{A}\to\mathscr{B})\to((\mathscr{B}\to\mathscr{A})\to\sim((\mathscr{A}\to\mathscr{B})\to\sim(\mathscr{B}\to\mathscr{A})))$$

经分离规则，即可得$\vdash_K\sim((\mathscr{A}\to\mathscr{B})\to\sim(\mathscr{B}\to\mathscr{A}))$，即$\vdash_K\mathscr{A}\leftrightarrow\mathscr{B}$。 ■

在形式系统$K_{\mathscr{L}}$中，如果有$\vdash_K\mathscr{A}\leftrightarrow\mathscr{B}$，则称$\mathscr{A}$和$\mathscr{B}$在证明上是等价的(简称$\mathscr{A}$和$\mathscr{B}$等价)。

命题 5.2.2 对$\mathscr{L}$的任意公式$\mathscr{A},\mathscr{B},\mathscr{C}$有：

(1) $\vdash_K\mathscr{A}\leftrightarrow\mathscr{A}$；

(2) 若$\vdash_K\mathscr{A}\leftrightarrow\mathscr{B}$，则$\vdash_K\mathscr{B}\leftrightarrow\mathscr{A}$；

(3) 如果有$\vdash_K\mathscr{A}\leftrightarrow\mathscr{B}$和$\vdash_K\mathscr{B}\leftrightarrow\mathscr{C}$，那么就有$\vdash_K\mathscr{A}\leftrightarrow\mathscr{C}$。

证明：根据等词的定义、命题 5.2.1 和推理规则 HS 即可证明。

注意：命题 5.2.2 中的(1)，(2)和(3)分别反映了等值词↔所具有的"自反"，"对称"和"传递"的性质。

命题 5.2.3 如果 x_i 在 $\mathscr{A}(x_i)$ 中自由且 x_j 不在 $\mathscr{A}(x_i)$ 中出现，那么就有 $\vdash_K(\forall x_i)\mathscr{A}(x_i)\leftrightarrow(\forall x_j)\mathscr{A}(x_j)$。

证明：

(1) $(\forall x_i)\mathscr{A}(x_i)$ //假设

(2) $(\forall x_i)\mathscr{A}(x_i)\to\mathscr{A}(x_j)$ //K_5 及 x_j 对 x_i 自由

(3) $\mathscr{A}(x_j)$ //(1)、(2)MP

(4) $(\forall x_j)\mathscr{A}(x_j)$ //(3) $\forall^+$

故 $(\forall x_i)\mathscr{A}(x_i)\vdash_K(\forall x_j)\mathscr{A}(x_j)$。注意到在推理过程中，没有对公式 $(\forall x_i)\mathscr{A}(x_i)$ 中的自由变元使用过概括，根据演绎定理有 $\vdash_K(\forall x_i)\mathscr{A}(x_i)\to(\forall x_j)\mathscr{A}(x_j)$。用同样的方法可证 $\vdash_K(\forall x_j)\mathscr{A}(x_j)\to(\forall x_i)\mathscr{A}(x_i)$。 ■

5.2.2 替换定理

首先给出公式的全称封闭的概念。

设 $\mathscr{A}$ 是 $\mathscr{L}$ 的公式，$x_1,\cdots,x_n$ 为 $\mathscr{A}$ 中全部自由变元。则公式 $(\forall x_1)\cdots(\forall x_n)\mathscr{A}$ 称为 $\mathscr{A}$ 的全称封闭，记为 $\mathscr{A}'$。

命题 5.2.4 设 $\mathscr{A}$ 是 $\mathscr{L}$ 的公式，$x_1,\cdots,x_n$ 为其全部自由变元，则 $\vdash_K\mathscr{A}$ 当且仅当 $\vdash_K\mathscr{A}'$。

证明："⇒"反复用概括 $\forall^+$；"⇐"反复用 K_5。 ■

注意：一般情况下，$\mathscr{A}$ 和 $\mathscr{A}'$ 并非证明上的等价。不难看出 $\vdash_K\mathscr{A}'\to\mathscr{A}$，但 $\mathscr{A}\to\mathscr{A}'$ 却未必是 $K_{\mathscr{L}}$ 的定理，这在证明 $K_{\mathscr{L}}$ 的演绎定理时曾有过说明(见例 5-1-1)。

命题 5.2.5 设 $\mathscr{A}_0$ 是 $\mathscr{L}$ 的公式，$\mathscr{A}$ 是 $\mathscr{A}_0$ 的子公式。用公式 $\mathscr{B}$ 对 $\mathscr{A}_0$ 中 $\mathscr{A}$ 的一处或多处出现进行替换(即将 $\mathscr{A}$ 的部分换成 $\mathscr{B}$)，替换后所得到的公式记为 $\mathscr{B}_0$，则在 $K_{\mathscr{L}}$ 中有 $\vdash_K(\mathscr{A}\leftrightarrow\mathscr{B})'\to\mathscr{A}_0\leftrightarrow\mathscr{B}_0$。

证明：施归纳于公式 $\mathscr{A}_0$ 的长度($\mathscr{A}_0$ 中联结词和量词的数目)来证明。

奠基步：由于 $\mathscr{A}_0$ 有子公式 $\mathscr{A}$，那么可设 $\mathscr{A}_0$ 为 $\mathscr{A}$，于是 $\mathscr{B}_0$ 即为 $\mathscr{B}$。此时显然有 $\vdash_K(\mathscr{A}\leftrightarrow\mathscr{B})'\to\mathscr{A}_0\leftrightarrow\mathscr{B}_0$(注：$\vdash_K\mathscr{A}'\to\mathscr{A}$ 总是成立的)。

归纳推导步：设命题对长度小于 $\mathscr{A}_0$ 的公式成立，考虑公式 $\mathscr{A}_0$。

情形 1 $\mathscr{A}_0$ 是 $\sim\mathscr{C}_0$，则 $\mathscr{B}_0$ 可表示为 $\sim\mathscr{D}_0$，其中 $\mathscr{D}_0$ 是用 $\mathscr{B}$ 替换 $\mathscr{C}_0$ 中的 $\mathscr{A}$ 而得的公式。根据归纳假定有 $\vdash_K(\mathscr{A}\leftrightarrow\mathscr{B})'\to(\mathscr{C}_0\leftrightarrow\mathscr{D}_0)$。

注意到 $(\mathscr{C}_0\leftrightarrow\mathscr{D}_0)\to(\sim\mathscr{C}_0\leftrightarrow\sim\mathscr{D}_0)$ 是重言式，因而是 $K_{\mathscr{L}}$ 的定理，应用 HS 就有 $\vdash_K(\mathscr{A}\leftrightarrow\mathscr{B})'\to(\sim\mathscr{C}_0\leftrightarrow\sim\mathscr{D}_0)$，即 $\vdash_K(\mathscr{A}\leftrightarrow\mathscr{B})'\to\mathscr{A}_0\leftrightarrow\mathscr{B}_0$。

情形 2 $\mathscr{A}_0$ 是 $\mathscr{C}_0\to\mathscr{D}_0$，那么 $\mathscr{B}_0$ 可写成 $\mathscr{E}_0\to\mathscr{F}_0$，其中 $\mathscr{E}_0$ 是用 $\mathscr{B}$ 替换 $\mathscr{C}_0$ 中的 $\mathscr{A}$ 所得，$\mathscr{F}_0$ 是 $\mathscr{B}$ 替换 $\mathscr{D}_0$ 中的 $\mathscr{A}$ 所得，根据归纳假定有下列式子成立。

$$\vdash_K(\mathscr{A}\leftrightarrow\mathscr{B})'\to(\mathscr{C}_0\leftrightarrow\mathscr{E}_0) \qquad (5.2.1)$$

$$\vdash_K(\mathscr{A}\leftrightarrow\mathscr{B})'\to(\mathscr{D}_0\leftrightarrow\mathscr{F}_0) \qquad (5.2.2)$$

现假设$(\mathscr{A}\leftrightarrow\mathscr{B})'$，由式(5.2.1)和式(5.2.2)可得$\mathscr{C}_0\leftrightarrow\mathscr{E}_0$和$\mathscr{D}_0\leftrightarrow\mathscr{F}_0$。用$\leftrightarrow$的传递性及HS不难得到，若有$\mathscr{C}_0\to\mathscr{D}_0$，那么就有$\mathscr{E}_0\to\mathscr{F}_0$；若有$\mathscr{E}_0\to\mathscr{F}_0$，那么就有$\mathscr{C}_0\to\mathscr{D}_0$。于是$\mathscr{C}_0\to\mathscr{D}_0$和$\mathscr{E}_0\to\mathscr{F}_0$是等价的，所以有$(\mathscr{A}\leftrightarrow\mathscr{B})'\vdash_K((\mathscr{C}_0\to\mathscr{D}_0)\leftrightarrow(\mathscr{E}_0\to\mathscr{F}_0))$。根据演绎定理即得$\vdash_K(\mathscr{A}\leftrightarrow\mathscr{B})'\to((\mathscr{C}_0\to\mathscr{D}_0)\leftrightarrow(\mathscr{E}_0\to\mathscr{F}_0))$。

情形3　$\mathscr{A}_0$是$(\forall x_i)\mathscr{C}_0$，那么$\mathscr{B}_0$可设为$(\forall x_i)\mathscr{D}_0$，其中$\mathscr{D}_0$是用$\mathscr{B}$替换$\mathscr{C}_0$中的$\mathscr{A}$所得。根据归纳假设有$\vdash_K(\mathscr{A}\leftrightarrow\mathscr{B})'\to(\mathscr{C}_0\leftrightarrow\mathscr{D}_0)$，再用概括可得

$$\vdash_K(\forall x_i)((\mathscr{A}\leftrightarrow\mathscr{B})'\to(\mathscr{C}_0\leftrightarrow\mathscr{D}_0)) \tag{5.2.3}$$

由于x_i不在$(\mathscr{A}\leftrightarrow\mathscr{B})'$中自由出现，由式(5.2.3)和$K_6$经MP可得

$$\vdash_K(\mathscr{A}\leftrightarrow\mathscr{B})'\to(\forall x_i)(\mathscr{C}_0\leftrightarrow\mathscr{D}_0) \tag{5.2.4}$$

注意到在$K_{\mathscr{L}}$中有$\vdash_K(\forall x_i)(\mathscr{C}_0\leftrightarrow\mathscr{D}_0)\to((\forall x_i)\mathscr{C}_0\leftrightarrow(\forall x_i)\mathscr{D}_0)$（留作练习），由此与式(5.2.4)经过HS得$\vdash_K(\mathscr{A}\leftrightarrow\mathscr{B})'\to((\forall x_i)\mathscr{C}_0\leftrightarrow(\forall x_i)\mathscr{B}_0)$，即$\vdash_K(\mathscr{A}\leftrightarrow\mathscr{B})'\to(\mathscr{A}_0\leftrightarrow\mathscr{B}_0)$。

根据归纳原理，命题得证。■

推论5.2.6（替换定理）　$\mathscr{A}$，$\mathscr{B}$和$\mathscr{A}_0$，$\mathscr{B}_0$如命题5.2.5所设。如果$\vdash_K(\mathscr{A}\leftrightarrow\mathscr{B})$，那么$\vdash_K(\mathscr{A}_0\leftrightarrow\mathscr{B}_0)$。

证明：设$\vdash_K(\mathscr{A}\leftrightarrow\mathscr{B})$，根据命题5.2.4有$\vdash_K(\mathscr{A}\leftrightarrow\mathscr{B})'$，再由命题5.2.5及MP即可得$\vdash_K(\mathscr{A}_0\leftrightarrow\mathscr{B}_0)$。■

推论5.2.7（约束变元更名定理）　如果x_j在$\mathscr{A}(x_i)$中不出现，并且$(\forall x_i)\mathscr{A}(x_i)$是公式$\mathscr{A}_0$的子公式，用$(\forall x_j)\mathscr{A}(x_j)$替换$(\forall x_i)\mathscr{A}(x_i)$在$\mathscr{A}_0$中的一处或多处出现后所得公式为$\mathscr{B}_0$，那么$\vdash_K(\mathscr{A}_0\leftrightarrow\mathscr{B}_0)$。

证明：由命题5.2.3知$\vdash_K(\forall x_j)\mathscr{A}(x_j)\leftrightarrow(\forall x_i)\mathscr{A}(x_i)$，再根据推论5.2.6即得。■

注意：推论5.2.7说明可以对公式中的约束变元进行变元替换，得到一个与原公式等价的公式，这一过程称为约束变元的更名。要注意的是，在对某公式中约束变元更名时，要对其辖域中的同名变元一起更名。另外，在约束变元更名时，通常要选用不在原公式中出现的变元来进行。

例如：在公式$(\forall x_1)(A_1^2(x_1,x_2)\to A_2^2(x_1,x_3))\to A_1^1(x_1)$中，子公式$A_1^1(x_1)$中的$x_1$是自由变元，而$\forall x_1$的辖域为$(A_1^2(x_1,x_2)\to A_2^2(x_1,x_3))$。选用$x_4$对$(\forall x_1)$及其辖域中的$x_1$更名得到公式$(\forall x_4)(A_1^2(x_4,x_2)\to A_2^2(x_4,x_3))\to A_1^1(x_1)$，其中$A_1^1(x_1)$中的$x_1$不能换。

5.3　前束范式

5.3.1　前束范式的概念

$\mathscr{L}$中形如$(\theta_1 x_{i1})(\theta_2 x_{i2})\cdots(\theta_k x_{ik})\mathscr{D}$的公式，其中$\theta_j$或是$\forall$或是$\exists$，$\mathscr{D}$是它们的辖域且不含量词，称为$\mathscr{L}$的前束范式。

注意：任一不带量词的公式都是前束范式的平凡情况。

可以证明$\mathscr{L}$中的任何公式都与某个前束范式等价，对此，先证明如下命题。

命题5.3.1　设$\mathscr{A}$、$\mathscr{B}$是$\mathscr{L}$的公式，则有下列式子成立。

求证一：如果x_i不在$\mathscr{A}$中自由出现，那么

(a) $\vdash(\forall x_i)(\mathscr{A}\to\mathscr{B})\leftrightarrow(\mathscr{A}\to(\forall x_i)\mathscr{B})$

(b) $\vdash(\exists x_i)(\mathscr{A}\to\mathscr{B})\leftrightarrow(\mathscr{A}\to(\exists x_i)\mathscr{B})$

求证二：如果 x_i 不在 $\mathscr{B}$ 中自由出现，那么

(a) $\vdash(\forall x_i)(\mathscr{A}\to\mathscr{B})\leftrightarrow((\exists x_i)\mathscr{A}\to\mathscr{B})$

(b) $\vdash(\exists x_i)(\mathscr{A}\to\mathscr{B})\leftrightarrow((\forall x_i)\mathscr{A}\to\mathscr{B})$

证明：求证一的证明。

(a) 由(K_6)可得$\vdash(\forall x_i)(\mathscr{A}\to\mathscr{B})\to(\mathscr{A}\to(\forall x_i)\mathscr{B})$，再利用例 5-1-2 的结论和等词的定义，即可得到$\vdash(\forall x_i)(\mathscr{A}\to\mathscr{B})\leftrightarrow(\mathscr{A}\to(\forall x_i)\mathscr{B})$。

(b) 分别证明下面两个式子。

$$\vdash(\exists x_i)(\mathscr{A}\to\mathscr{B})\to(\mathscr{A}\to(\exists x_i)\mathscr{B}) \tag{5.3.1}$$

$$\vdash(\mathscr{A}\to(\exists x_i)\mathscr{B})\to(\exists x_i)(\mathscr{A}\to\mathscr{B}) \tag{5.3.2}$$

式(5.3.1)的证明序列如下。

(1) $\sim(\exists x_i)\mathscr{B}$(即$(\forall x_i)\sim\mathscr{B}$)　　//假设

(2) $\mathscr{A}$　　//假设

(3) $(\forall x_i)(\sim\mathscr{B})\to\sim\mathscr{B}$　　//K_4 或 K_5

(4) $\sim\mathscr{B}$　　//(1)、(3)MP

(5) $\mathscr{A}\to(\sim\mathscr{B}\to\sim(\mathscr{A}\to\mathscr{B}))$　　//重言式

(6) $\sim(\mathscr{A}\to\mathscr{B})$　　//(2)、(5)MP、(4)MP

(7) $(\forall x_i)\sim(\mathscr{A}\to\mathscr{B})$　　//(6)概括$\forall^+$

由此得到$\{\sim(\exists x_i)\mathscr{B},\mathscr{A}\}\vdash(\forall x_i)\sim(\mathscr{A}\to\mathscr{B})$。在此基础上依次可得

(8) $\sim(\exists x_i)\mathscr{B}\vdash\mathscr{A}\to(\forall x_i)\sim(\mathscr{A}\to\mathscr{B})$　　//演绎定理

(9) $\sim(\exists x_i)\mathscr{B}\vdash\sim((\forall x_i)\sim(\mathscr{A}\to\mathscr{B}))\to\sim\mathscr{A}$　　//(8)反证原理

(10) $\{\sim(\exists x_i)\mathscr{B},\sim((\forall x_i)\sim(\mathscr{A}\to\mathscr{B}))\}\vdash\sim\mathscr{A}$　　//(9)演绎定理

(11) $(\exists x_i)(\mathscr{A}\to\mathscr{B})\vdash\sim(\exists x_i)\mathscr{B}\to\sim\mathscr{A}$　　//(10)演绎定理

(12) $(\exists x_i)(\mathscr{A}\to\mathscr{B})\vdash\mathscr{A}\to(\exists x_i)\mathscr{B}$　　//(11)反证原理

再根据演绎定理，最终得到$\vdash(\exists x_i)(\mathscr{A}\to\mathscr{B})\to(\mathscr{A}\to(\exists x_i)\mathscr{B})$。

式(5.3.2)的证明。只要证明$\vdash\sim(\exists x_i)(\mathscr{A}\to\mathscr{B})\to\sim(\mathscr{A}\to(\exists x_i)\mathscr{B})$。

(1) $\sim(\exists x_i)(\mathscr{A}\to\mathscr{B})$(即$(\forall x_i)\sim(\mathscr{A}\to\mathscr{B})$)　　//假设

(2) $\sim(\mathscr{A}\to\mathscr{B})$　　//(1)(K_4)或者(K_5)，MP

(3) $\sim(\mathscr{A}\to\mathscr{B})\to\mathscr{A},\sim(\mathscr{A}\to\mathscr{B})\to\sim\mathscr{B}$　　//重言式

(4) $\mathscr{A},\sim\mathscr{B}$　　//(2)、(3)MP

(5) $(\forall x_i)(\sim\mathscr{B})$(即$\sim(\exists x_i)\mathscr{B}$)　　//(4)概括

(6) $\mathscr{A}\to(\sim(\exists x_i)\mathscr{B}\to\sim(\mathscr{A}\to(\exists x_i)\mathscr{B}))$　　//$P_1\to(\sim P_2\to\sim(P_1\to P_2))$是重言式

(7) $\sim(\mathscr{A}\to(\exists x_i)\mathscr{B})$　　//(4)、(6)MP、(5)MP

求证二的证法类似(留作练习)。 ■

5.3.2 前束范式定理

命题 5.3.2 $\mathscr{L}$的任意公式 $\mathscr{A}$ 都与一个 $\mathscr{L}$ 的前束范式 $\mathscr{B}$ 等价。

该命题可施归纳于 $\mathscr{A}$ 的长度进行证明，证明的思路可归结为求某公式前束范式的一般方法。

步骤1 对给定的公式$\mathscr{A}$,改变$\mathscr{A}$中的约束变元,使它们都不同于$\mathscr{A}$中的自由变元,而且不同的约束变元取不同的名,这样得到$\mathscr{A}_1$。根据变元约束更名定理知$\vdash \mathscr{A}_1 \leftrightarrow \mathscr{A}$。

步骤2 如果$\mathscr{A}_1$是原子公式,那么它已是前束范式。

步骤3

(1) 如果$\mathscr{A}_1$是$\sim\mathscr{C}$的情形,设$\mathscr{C}$的前束范式为$\theta_1 x_{i1}\theta_2 x_{i2}\cdots\theta_k x_{ik}\mathscr{D}$,那么$\mathscr{A}_1$的前束范式为$\widetilde{\theta}_1 x_{i1}\widetilde{\theta}_2 x_{i2}\cdots\widetilde{\theta}_k x_{ik}(\sim\mathscr{D})$,其中

$$\widetilde{\theta}_j=\begin{cases}\exists, & \text{如果 } \theta_j \text{ 是 } \forall\\ \forall, & \text{如果 } \theta_j \text{ 是 } \exists\end{cases}$$

(2) 如果$\mathscr{A}_1$是$\mathscr{C}\to\mathscr{B}$的形式,设$\mathscr{C}$的前束范式为$\theta_{c1}x_{i1}\theta_{c2}x_{i2}\cdots\theta_{ck}x_{ik}\mathscr{C}^*$,$\mathscr{B}$的前束范式为$\theta_{b1}x_{i1}\theta_{b2}x_{i2}\cdots\theta_{bl}x_{il}\mathscr{B}^*$,则$\mathscr{A}_1$的前束范式为

$$(\widetilde{\theta}_{c1}x_{i1})\cdots(\widetilde{\theta}_{ck}x_{ik})(\theta_{b1}x_{j2})\cdots(\theta_{bl}x_{jl})(\mathscr{C}^*\to\mathscr{B}^*)$$

(3) 如果$\mathscr{A}_1$是$\mathscr{C}\to(\mathscr{B}\to\mathscr{D})$,则先求$\mathscr{B}\to\mathscr{D}$的前束范式$\mathscr{F}$,再求$\mathscr{C}\to\mathscr{F}$的前束范式。

(4) 如果$\mathscr{A}$是$(\mathscr{C}\to\mathscr{B})\to\mathscr{D}$,则先求$\mathscr{C}\to\mathscr{B}$的前束范式$\mathscr{F}$,再求$\mathscr{F}\to\mathscr{D}$的前束范式。 ■

例5-3-1 证明公式$(\forall x_1)A_1^1(x_1)\to(\forall x_2)(\exists x_3)A_1^2(x_2,x_3)$等价于公式

$$(\exists x_1)(\forall x_2)(\exists x_3)(A_1^1(x_1)\to A_1^2(x_2,x_3))$$

证明:根据命题5.3.1中的各等价式,利用公式等价的传递性可得

$$\begin{aligned}(\forall x_1)A_1^1(x_1)\to(\forall x_2)(\exists x_3)A_1^2(x_2,x_3) &\leftrightarrow(\exists x_1)(A_1^1(x_1)\to(\forall x_2)(\exists x_3)A_1^2(x_2,x_3))\\ &\leftrightarrow(\exists x_1)(\forall x_2)(A_1^1(x_1)\to(\exists x_3)A_1^2(x_2,x_3))\\ &\leftrightarrow(\exists x_1)(\forall x_2)(\exists x_3)(A_1^1(x_1)\to A_1^2(x_2,x_3))\end{aligned}$$

最终的公式$(\exists x_1)(\forall x_2)(\exists x_3)(A_1^1(x_1)\to A_1^2(x_2,x_3))$是$\mathscr{L}$的前束范式。 ■

例5-3-2 求下列各式的前束范式。

(1) $A_1^1(x_1)\to(\forall x_2)A_1^2(x_1,x_2)$

(2) $((\forall x_1)A_1^2(x_1,x_2)\to\sim(\exists x_2)A_1^1(x_2))\to(\forall x_1)(\forall x_2)A_2^2(x_1,x_2)$

求解:

(1) $A_1^1(x_1)\to(\forall x_2)A_1^2(x_1,x_2)\leftrightarrow(\forall x_2)(A_1^1(x_1)\to A_1^2(x_1,x_2))$,即(1)式的前束范式为$(\forall x_2)(A_1^1(x_1)\to A_1^2(x_1,x_2))$。

(2)
$$\begin{aligned}&((\forall x_1)A_1^2(x_1,x_2)\to\sim(\exists x_2)A_1^1(x_2))\to(\forall x_1)(\forall x_2)A_2^2(x_1,x_2)\\ \leftrightarrow&((\exists x_1)(A_1^2(x_1,x_2)\to\sim(\exists x_3)A_1^1(x_3))\to(\forall x_4)(\forall x_5)A_2^2(x_4,x_5)\\ \leftrightarrow&(\exists x_1)(\forall x_3)(A_1^2(x_1,x_2)\to\sim A_1^1(x_3))\to(\forall x_4)(\forall x_5)A_2^2(x_4,x_5)\\ \leftrightarrow&(\forall x_1)(\exists x_3)(\forall x_4)(\forall x_5)((A_1^2(x_1,x_2)\to\sim A_1^1(x_3))\to A_2^2(x_4,x_5))\end{aligned}$$

其结果为$(\forall x_1)(\exists x_3)(\forall x_4)(\forall x_5)((A_1^2(x_1,x_2)\to\sim A_1^1(x_3))\to A_2^2(x_4,x_5))$。 ■

5.3.3 公式分层

通过前面的分析知道,每一个$\mathscr{L}$的公式都可以表示为前束范式的形式。谓词公式通常是“问题”的形式化表达。“问题”有简单和复杂之分,“问题”越复杂,它的谓词表达公式也就越“复杂”。依据“问题”复杂度的不同,就有了“公式分层”的概念。

公式分层的定义:

(1) 设 $n>0$,一个前束范式称为 $\prod_n$ 的,如果它以 $\forall$量词开头并且有 $n-1$ 次$\forall$量词和$\exists$量词的交叉;

(2) 设 $n>0$,一个前束范式称为 $\sum_n$ 的,如果它以$\exists$量词开头并且有 $n-1$ 次$\exists$量词和$\forall$量词的交叉。

例如:考虑下列公式所在的层。

(1) $(\forall x_1)(\forall x_2)(\forall x_3)A_1^3(x_1,x_2,x_3)$ 是 $\prod_1$ 的;

(2) $(\forall x_1)(\forall x_2)(\exists x_3)A_1^3(x_1,x_2,x_3)$ 是 $\prod_2$ 的;

(3) $(\forall x_1)(\exists x_2)(\forall x_3)A_1^3(x_1,x_2,x_3)$ 是 $\prod_3$ 的;

(4) $(\exists x_1)(\forall x_2)(\forall x_3)A_1^3(x_1,x_2,x_3)$ 是 $\sum_2$ 的;

(5) $(\exists x_1)(\exists x_2)(\forall x_3)A_1^3(x_1,x_2,x_3)$ 是 $\sum_2$ 的;

(6) $(\exists x_1)(\forall x_2)(\exists x_3)A_1^3(x_1,x_2,x_3)$ 是 $\sum_3$ 的;

(7) $(\forall x_1)(A_1^1(x_1)\rightarrow A_2^1(x_2))$ 是 $\prod_1$ 的;

(8) $(\forall x_1)A_1^1(x_1)\rightarrow A_2^1(x_2)$ 是 $\sum_1$ 的(为什么);

(9) 前束范式 $(\exists x_1)(\forall x_2)(\exists x_3)(\exists x_4)\mathscr{D}$ 是 $\sum_3$ 的。

命题 5.3.3 如果 $\mathscr{A}$ 的前束范式是 $\prod_n(\sum_n)$ 的,那么 $\sim\mathscr{A}$ 的前束范式为 $\sum_n(\prod_n)$ 的。

本命题证明不难,留作练习。

5.4 $K_{\mathscr{L}}$ 的充分性定理

在第 3 章我们研究了命题演算形式系统 L 的性质,并证明了 L 的可靠性定理和充分性定理,即 L 的定理与 L 的重言式是等价的。由于 L 的重言式可以采用真值表的方法验证,因而命题演算形式系统 L 是可判定的,即存在算法(真值表方法),对任意 L 的合适公式 $\mathscr{A}$(输入),该算法在有穷步里给出"$\mathscr{A}$ 是否为 L 的定理"的回答(输出)。那么谓词演算形式系统 $K_{\mathscr{L}}$ 的情形又将如何呢?

在 5.1 节中,我们证明了 $K_{\mathscr{L}}$ 的可靠性定理,即 $K_{\mathscr{L}}$ 的定理是逻辑普效的。本节将证明 $K_{\mathscr{L}}$ 的充分性定理(The Adequacy Theorem for $K_{\mathscr{L}}$),即每个逻辑普效的合适公式都是 $K_{\mathscr{L}}$ 的定理。对此,需要引进一阶系统的协调与完全扩充的概念。

5.4.1 一阶系统的协调完全扩充

基于一阶语言的谓词演算形式系统都称一阶系统。

1. 一阶系统 S 的扩充

设 S 是一阶系统,S' 是通过替换 S 的公理或添加新的公理而产生的一阶系统。如果有 S 的定理都是 S' 的定理,就称一阶系统 S' 是 S 的扩充,记为 $S\subseteq S'$。

注意：形式系统 $K_{\mathscr{L}}$ 是基于一阶语言 $\mathscr{L}$ 的一阶系统。我们约定：凡基于语言 $\mathscr{L}$ 的一阶系统都视为 $K_{\mathscr{L}}$ 的扩充，特别地，$K_{\mathscr{L}}$ 是 $K_{\mathscr{L}}$ 的扩充。

2. 形式系统的协调性

一阶系统 S 称为是协调的，如果不存在公式 $\mathscr{A}$ 使得 $\mathscr{A}$ 和 $\sim\mathscr{A}$ 都是 S 的定理。

注意：根据协调性定义，如果一阶系统 S 不协调，那么就有公式 $\mathscr{A}$ 使得 $\mathscr{A}$ 和 $\sim\mathscr{A}$ 都是 S 的定理。由于 $\sim\mathscr{A}\to(\mathscr{A}\to\mathscr{B})$ 是重言式，因此有 $\vdash_S\sim\mathscr{A}\to(\mathscr{A}\to\mathscr{B})$，于是所有 $\mathscr{L}$ 的公式都将成为 S 的定理。推论 5.1.4 证明了形式系统 $K_{\mathscr{L}}$ 是协调的，对一般的一阶系统 S 的而言，我们有如下命题。

命题 5.4.1 一阶系统 S 协调的充要条件是存在一个公式 $\mathscr{A}$ 不是 S 的定理。

在形式系统的扩充过程中，保持协调性非常重要。下面命题给出了在形式系统扩充过程中保持协调性的一种基本方法。

命题 5.4.2 设 S 是一阶系统，$\mathscr{A}$ 是 $\mathscr{L}$ 的闭公式（不含自由变元）。如果 $\mathscr{A}$ 不是 S 的定理，那么将 $\sim\mathscr{A}$ 加到 S 的公理集中得到的 S 的扩充 S' 也是协调的。

注意：命题 5.4.2 的证明方法与命题 3.6.4 的证明类似，该命题中条件"$\mathscr{A}$ 是 $\mathscr{L}$ 的闭公式"保证我们可以顺利的运用 $\mathscr{L}$ 的演绎定理。

3. 完全形式系统

一阶系统 S 称为是完全的(complete)，如果对任意的闭公式 $\mathscr{A}$，或者 $\mathscr{A}$ 或者 $\sim\mathscr{A}$ 是 S 的定理。

注意：

(1) 形式系统 $K_{\mathscr{L}}$ 不是完全的，例如闭公式 $\forall x_1 A_1^1(x_1)$ 和它的否定 $\sim\forall x_1 A_1^1(x_1)$ 就都不是 $K_{\mathscr{L}}$ 的定理。

(2) 一个完全的形式系统未必是协调的。从定义看，一个不协调的形式系统显然是完全的，但这样的系统是没有价值的。

命题 5.4.3 设 S 为任意一阶系统，如果 S 协调，那么就存在 S 的协调完全扩充。

注意：命题 5.4.3 的证明方法与命题 3.6.5 的证明方法几乎一样，只是将其中的命题公式的枚举 $\mathscr{A}_0,\cdots,\mathscr{A}_n,\cdots$ 改为闭公式的枚举即可。

5.4.2 一阶语言 $\mathscr{L}$ 的扩展

在第 3 章中，命题 3.6.6 是证明命题演算形式系统 L 的充分性定理的关键所在。在分析谓词演算形式系统的充分性时，我们需要考虑类似的问题，即"对一个协调的一阶系统 S 而言，是否存在 $\mathscr{L}$ 的解释 I 使得 S 的定理在解释 I 中均为真"？答案是肯定的，但命题的证明却要复杂些。在此过程中，不仅要考虑一阶系统的扩充，而且还需在一阶系统协调与完全扩充的基础上考虑含有自由变元公式的可满足性问题。因此，需要对一阶语言 $\mathscr{L}$ 进行扩展。

在一阶语言 $\mathscr{L}$ 的符号集中添加无穷多个新的个体常元符号 $b_0,b_1,\cdots$ 而形成的一阶语言称为 $\mathscr{L}$ 的扩展语言，记为 $\mathscr{L}^+$。

注意：一阶语言 $\mathscr{L}$ 经扩展后，其项集、公式集会发生变化，形式系统 $K_{\mathscr{L}}$ 的公理集和定理也会发生相应的变化。在 $\mathscr{L}^+$ 中，项集将包括个体常元 $b_0, b_1, \cdots$，以及通过函数符号作用而不断产生的新的项，公式集会因为新常元符号的引入而增加许多新的公式；在形式系统 $K_{\mathscr{L}}^+$（以下简记为 K^+）中，公理集也会因新常元符号的引入而产生新的公理，如 $\forall x_1 A_1^1(x_1) \to A_1^1(b_1)$ 等，自然也会有许多新的定理。由于 $K_{\mathscr{L}}$ 的公理在 K^+ 中依旧是公理，因此当一阶语言 $\mathscr{L}$ 扩展至 $\mathscr{L}^+$ 后，基于语言 $\mathscr{L}^+$ 的形式系统 K^+ 可视为基于语言 $\mathscr{L}$ 的形式系统 $K_{\mathscr{L}}$ 的扩充。

命题 5.4.4 设一阶系统 S 是形式系统 $K_{\mathscr{L}}$ 的协调扩充，则 S 基于一阶语言 $\mathscr{L}^+$ 的扩充 S^+ 也是协调的。

证明：如果 S^+ 不协调，则有 $\mathscr{L}^+$ 的公式 $\mathscr{A}$ 使得 $\mathscr{A}$ 和 $\sim\mathscr{A}$ 都是 S^+ 的定理。注意到在 S^+ 中关于 $\mathscr{A}$ 和 $\sim\mathscr{A}$ 的证明均为 $\mathscr{L}^+$ 公式的有穷序列，因此涉及的常元符号 $b_0, b_1, \cdots$ 是有限的。于是可以在语言 $\mathscr{L}$ 的符号集中选择一些不在上述证明中出现的变元，来分别替换证明中出现的新常元符号，由此便可得到一个 $\mathscr{L}$ 的公式 $\mathscr{A}'$（由 $\mathscr{A}$ 得到），以及 S 中两个相应的证明，使得 $\mathscr{A}'$ 和 $\sim\mathscr{A}'$ 都是 S 的定理，从而与 S 的协调性产生矛盾。 ■

5.4.3 $K_{\mathscr{L}}$ 的充分性定理证明

命题 5.4.5 设一阶系统 S 是形式系统 $K_{\mathscr{L}}$ 的协调扩充，则存在 $\mathscr{L}$ 的解释 I 使得 S 的任何定理 $\mathscr{A}$ 均有 $I \vDash \mathscr{A}$，即 S 的任何定理在该解释下均为真。

证明：在语言 $\mathscr{L}$ 的符号集中引入新常元符号 $b_0, b_1, \cdots$ 得到扩展语言 $\mathscr{L}^+$，并令 S^+ 和 K^+ 分别是一阶系统 S 和 $K_{\mathscr{L}}$ 基于扩展语言 $\mathscr{L}^+$ 的扩充。根据命题 5.4.4 知，一阶系统 S^+ 是协调的，以下分步骤完成整个证明过程。

步骤 1 对一阶系统 S^+ 进行协调完全扩充。

扩充过程从 $S_0(=S^+)$ 开始，依次定义扩充 $S_1, S_2, \cdots$，具体地，首先将 $\mathscr{L}^+$ 中所有含 1 个自由变元的公式枚举如下：

$$\mathscr{F}_0(x_{i0}), \mathscr{F}_1(x_{i1}), \cdots, \mathscr{F}_n(x_{in}), \cdots \tag{5.4.1}$$

其中同名自由变元可以重复出现，依次从常元符号 $b_0, b_1, \cdots$ 中选取常元 $c_0, c_1, \cdots$ 满足：

(1) c_0 不在公式 $\mathscr{F}_0(x_{i0})$ 中出现；

(2) 对任意 $n \geqslant 1$，$c_n \notin \{c_0, \cdots, c_{n-1}\}$，且 c_n 不在所有公式 $\mathscr{F}_0(x_{i0}), \cdots, \mathscr{F}_n(x_{in})$ 中出现。

对任意 k，用 $\mathscr{G}_k$ 表示公式 $\sim(\forall x_{ik})\mathscr{F}_k(x_{ik}) \to \sim\mathscr{F}_k(c_k)$ $(k=0,1,\cdots)$。

令 S_0 为 S^+，S_1 是将公式 $\mathscr{G}_0$ 添加到 S_0 的公理集中所得到的扩充。一般地，S_n 是将公式 $\mathscr{G}_{n-1}$ 添加到 S_{n-1} 的公理集中所得到的扩充，由此得到一个一阶系统的扩充序列：

$$S_0 \subseteq S_1 \subseteq \cdots \subseteq S_n \subseteq \cdots$$

令 $S_\infty = \bigcup_{k=0}^{\infty} S_k$，即 S_∞ 是以所有 $S_k(k=0,1,\cdots)$ 的公理集的并集为公理集的一阶系统，则有如下断言。

断言 1 一阶系统 S_∞ 是协调的（留作练习）。

根据命题 5.4.3 知，存在一阶系统 S_∞ 的协调完全扩充，记为 T。

步骤 2 定义一阶语言 $\mathscr{L}^+$ 的解释 I。

语言 $\mathscr{L}^+$ 的解释 I 按照如下要求定义。

- 解释域 D_I 是所有 $\mathscr{L}^+$ 的闭项组成的集合，所谓 $\mathscr{L}^+$ 的闭项是指不含任何变元的项，可以通过归纳的方式定义出来(留作练习)。

- 每个个体常元的解释就是它自己,即对任意个体常元 a,它在 I 中的解释 $\bar{a}$ 是 a。
- 对任意 $\mathscr{L}^+$ 的函数符号 f_k^n,它在 I 中的解释 $\bar{f}_k^n$ 是一个解释域 D_I 上的函数,满足对任意的 $d_1,\cdots,d_n\in D_I$,$\bar{f}_k^n(d_1,\cdots,d_n)=f_k^n(d_1,\cdots,d_n)$。注意到解释域 D_I 是所有 $\mathscr{L}^+$ 的闭项组成的集合,如果 $d_1,\cdots,d_n\in D_I$ 是闭项,那么 $f_k^n(d_1,\cdots,d_n)\in D_I$ 也是闭项。
- 对任意 $\mathscr{L}^+$ 的谓词符号 A_k^n,它在 I 中的解释 $\bar{A}_k^n$ 是一个解释域 D_I 上的 n 元关系,满足:对任意 $d_1,\cdots,d_n\in D_I$,如果 $\vdash_T A_k^n(d_1,\cdots,d_n)$,则 $\bar{A}_k^n(d_1,\cdots,d_n)$ 成立;如果 $\vdash_T\sim A_k^n(d_1,\cdots,d_n)$,则 $\bar{A}_k^n(d_1,\cdots,d_n)$ 不成立。

注意:T 是协调完全的一阶系统,$A_k^n(d_1,\cdots,d_n)$ 是 $\mathscr{L}^+$ 的闭公式。由 T 的完全与协调性知 $\vdash_T A_k^n(d_1,\cdots,d_n)$ 和 $\vdash_T\sim A_k^n(d_1,\cdots,d_n)$ 必有一个且仅有一个成立,因此,I 关于 A_k^n 的解释是合理的。

步骤 3　证明对任意 $\mathscr{L}^+$ 的闭公式 $\mathscr{A}$,$\vdash_T\mathscr{A}$ 当且仅当 $I\vDash\mathscr{A}$。

施归纳于闭公式 $\mathscr{A}$ 中联结词的数目。

奠基步:设 $\mathscr{A}$ 是原子公式 $A_k^n(d_1,\cdots,d_n)$。因为 $\mathscr{A}$ 是闭公式,所以 $d_1,\cdots,d_n\in D_I$ 均为闭项。根据解释 I 的定义,即有 $\vdash_T A_k^n(d_1,\cdots,d_n)$ 当且仅当 $I\vDash A_k^n(d_1,\cdots,d_n)$。

归纳推导步:假设欲证结论对联结词数目少于 $\mathscr{A}$ 的联结词数目的公式成立,分情形考虑公式 $\mathscr{A}$。

情形 1　$\mathscr{A}$ 是 $\sim\mathscr{B}$ 的情形。

情形 2　$\mathscr{A}$ 是 $\mathscr{B}\to\mathscr{C}$ 的情形。

这两种情形的证明不难,留作练习。

情形 3　$\mathscr{A}$ 是 $\forall x_i\mathscr{B}(x_i)$ 的情形,由于 $\mathscr{A}$ 是闭公式,所以公式 $\mathscr{B}(x_i)$ 中只可能有 x_i 是自由变元。

如果 x_i 不在 $\mathscr{B}(x_i)$ 中出现,那么公式 $\mathscr{B}(x_i)$ 就是一个闭公式。此时,根据归纳假定就有 $\vdash_T\mathscr{B}$ 当且仅当 $I\vDash\mathscr{B}$。注意到 $\vdash_T\mathscr{B}$ 当且仅当 $\vdash_T\forall x_i\mathscr{B}$,以及 $I\vDash\mathscr{B}$ 当且仅当 $I\vDash\forall x_i\mathscr{B}$,因此得到 $\vdash_T\forall x_i\mathscr{B}$ 当且仅当 $I\vDash\forall x_i\mathscr{B}$,即 $\vdash_T\mathscr{A}$ 当且仅当 $I\vDash\mathscr{A}$。

如果 x_i 在 $\mathscr{B}(x_i)$ 中出现,那么 $\mathscr{B}(x_i)$ 中仅有 x_i 是自由变元,因此它必为枚举式(5.4.1)中的某个公式,不妨设为 $\mathscr{F}_m(x_{im})$,于是就有 $\mathscr{A}$ 为 $\forall x_{im}\mathscr{F}_m(x_{im})$。

(1) 设有 $I\vDash\mathscr{A}$,证明 $\vdash_T\mathscr{A}$。

$I\vDash\mathscr{A}$ 即为 $I\vDash\forall x_{im}\mathscr{F}_m(x_{im})$。根据命题 5.1.2,公式 $\forall x_{im}\mathscr{F}_m(x_{im})\to\mathscr{F}_m(c_m)$ 为公理模式 (K_5) 因而是逻辑普效的,即有 $I\vDash\forall x_{im}\mathscr{F}_m(x_{im})\to\mathscr{F}_m(c_m)$。再依据命题 4.4.2,可得 $I\vDash\mathscr{F}_m(c_m)$。注意到公式 $\mathscr{F}_m(c_m)$ 是闭公式且较 $\forall x_{im}\mathscr{F}_m(x_{im})$ 而言少量词 $\forall x_{im}$,因此根据归纳假定,应有 $\vdash_T\mathscr{F}_m(c_m)$。

如果 $\vdash_T\mathscr{A}$ 不成立,因为 T 是完全的,那么就有 $\vdash_T\sim\mathscr{A}$,即 $\vdash_T\sim\forall x_{im}\mathscr{F}_m(x_{im})$。注意到 T 是 S_∞ 的扩充,而 $\mathscr{G}_m$ 是 S_∞ 的定理,因此有 $\vdash_T\sim\forall x_{im}\mathscr{F}_m(x_{im})\to\sim\mathscr{F}_m(c_m)$。利用推理规则 MP 即可得到 $\vdash_T\sim\mathscr{F}_m(c_m)$,这与 $\vdash_T\mathscr{F}_m(c_m)$ 矛盾。所以当有 $I\vDash\mathscr{A}$ 时,必有 $\vdash_T\mathscr{A}$。

(2) 设有 $\vdash_T\mathscr{A}$,证明 $I\vDash\mathscr{A}$。

用反证法。如果 $\mathscr{A}$ 在解释 I 中不真,即 $I\vDash\forall x_{im}\mathscr{F}_m(x_{im})$ 不成立,那么就有 I 的某个赋值 v_0,v_0 不满足 $\mathscr{F}_m(x_{im})$,即 $\mathscr{F}_m(v_0(x_{im}))$ 不成立。令 $v_0(x_{im})=d$,其中 $d\in D_I$ 是 $\mathscr{L}^+$ 的闭项,于是有 $\mathscr{F}_m(d)$ 不成立。注意到 $v_0(d)=d$,因而有 $\mathscr{F}_m(v_0(d))$ 不成立,即 v_0 不满足

$\mathscr{F}_m(d)$，进而得到 v_0 满足 $\sim\mathscr{F}_m(d)$。由于 $\sim\mathscr{F}_m(d)$ 是闭公式，所以有 $I\vDash\sim\mathscr{F}_m(d)$。运用归纳假定以及本命题情形 1，即可得到 $\vdash_T\sim\mathscr{F}_m(d)$，这与前提 $\vdash_T\forall x_{im}\mathscr{F}_m(x_{im})$ 发生矛盾。所以当有 $\vdash_T\mathscr{A}$ 时，必有 $I\vDash\mathscr{A}$。

根据数学归纳法原理，命题得证。■

利用命题 5.4.5 即可得到 $K_{\mathscr{L}}$ 的充分性定理。

命题 5.4.6（$K_{\mathscr{L}}$ 的充分性定理） 如果 $\mathscr{L}$ 的公式 $\mathscr{A}$ 是逻辑普效的，那么 $\mathscr{A}$ 是 $K_{\mathscr{L}}$ 的定理。

证明：设 $\mathscr{A}$ 是逻辑普效的，考虑 $\mathscr{A}$ 的全称封闭 $\mathscr{A}'$，则 $\mathscr{A}'$ 也是逻辑普效的。如果 $\mathscr{A}$ 不是 $K_{\mathscr{L}}$ 的定理，那么 $\mathscr{A}'$ 也不是 $K_{\mathscr{L}}$ 的定理。于是将 $\sim\mathscr{A}'$ 加到 $K_{\mathscr{L}}$ 的公理集中得到 $K_{\mathscr{L}}$ 的一阶扩充 S 是协调的，而且显然有 $\vdash_S\sim\mathscr{A}'$。根据命题 5.4.5，存在 $\mathscr{L}$ 的解释 I，使得 S 的任何定理在 I 中均为真，特别地，有 $I\vDash\sim\mathscr{A}'$，这与 $\mathscr{A}'$ 逻辑普效矛盾。■

注意：尽管一阶逻辑形式系统 $K_{\mathscr{L}}$ 与命题演算形式系统都具有可靠性与充分性，但不同的是：一般情况下①一阶逻辑是不可判定的，即不存在能行的判定过程可用来判定任意的谓词公式是否是逻辑普效的。这一结果的证明是由邱奇和图灵分别在 1936 年和 1937 年独立给出的。他们的证明揭示了一阶逻辑判定问题的不可解性与停机问题不可解性之间的联系②。

本章习题

习题 5.1 试证明 $\vdash_K(\forall x_i)(\mathscr{A}\leftrightarrow\mathscr{B})\rightarrow((\forall x_i)\mathscr{A}\leftrightarrow(\forall x_i)\mathscr{B})$。

习题 5.2 试证明：如果 x_i 不在 $\mathscr{B}$ 中自由出现，那么有

(a) $\vdash(\forall x_i)(\mathscr{A}\leftrightarrow\mathscr{B})\leftrightarrow((\exists x_i)\mathscr{A}\leftrightarrow\mathscr{B})$

(b) $\vdash(\exists x_i)(\mathscr{A}\leftrightarrow\mathscr{B})\leftrightarrow((\forall x_i)\mathscr{A}\leftrightarrow\mathscr{B})$

习题 5.3 证明如果 $\mathscr{A}$ 的前束范式是 $\prod_n(\sum_n)$ 的，那么 $\sim\mathscr{A}$ 的前束范式为 $\sum_n(\prod_n)$ 的。

习题 5.4 给出命题 5.4.5 中断言 1 的证明，即证明 S_∞ 是协调的。

习题 5.5 一阶语言中的“闭项”是指不含任何变元的项，试用归纳的方式给出语言 $\mathscr{L}^+$ 中闭项的定义。

习题 5.6 补充命题 5.4.5 证明步骤 3 中“$\mathscr{A}$ 是 $\sim\mathscr{B}$”和“$\mathscr{A}$ 是 $\mathscr{B}\rightarrow\mathscr{C}$”情形的证明。

习题 5.7 试证明 $K_{\mathscr{L}}$ 的一阶扩充 S 不是协调的当且仅当所有 $\mathscr{L}$ 的公式都是 S 的定理。

习题 5.8 设一阶系统 S 是协调的，如果对任意 $\mathscr{L}$ 的闭公式 $\mathscr{A}$，将 $\mathscr{A}$ 加入 S 的公理集得到的扩充系统协调就能推出 $\mathscr{A}$ 是 S 的定理，那么 S 一定是完全的。

习题 5.9 设 $\mathscr{A}$ 和 $\mathscr{B}$ 是 $\mathscr{L}$ 的公式，如果公式 $\mathscr{A}\vee\mathscr{B}$ 是 $K_{\mathscr{L}}$ 的定理，试问是否一定有 $\mathscr{A}$ 是 $K_{\mathscr{L}}$ 的定理或者 $\mathscr{B}$ 是 $K_{\mathscr{L}}$ 的定理。如果“是”，请给出证明；如果“否”则给出反例。

---

① 所谓一般情况下是指当一阶逻辑形式系统中至少有一个异于等词的二目以上的谓词。

② http://en.wikipedia.org/wiki/First-order_logic#Metalogical_properties.

Chapter 6

第6章　一阶算术形式系统与哥德尔不完备性定理

前面分别介绍了命题演算形式系统 L 和谓词演算形式系统 $K_{\mathscr{L}}$，并证明了它们的可靠性和充分性定理。从系统的组成看，命题演算形式系统和谓词演算形式系统都包含4个主要成分：一集符号，用来构造形式系统的基本对象，即公式；一组语法，用来明确合式公式的形成规则；一集公理或公理模式，用来奠定形式系统的理论基础；一集推理规则，用来产生形式系统的理论体系。谓词演算形式系统将“命题”分解成“个体”和“谓词”分别加以考虑，因而在各个组成部分中比命题演算形式系统增添了更多的内容。例如，谓词演算公理集中除了包含命题演算形式系统的全部公理模式外，还增加了关于“量词”的公理模式，而且推理规则中也增加了相应的推理规则。尽管如此，两者在理论基础和理论体系方面却有一个共同点，即从公理模式到演绎出的定理都是逻辑普效的（命题公理和定理是重言式），因此它们又称为**逻辑系统**。正是由于逻辑系统具有逻辑普效的特点，因而其演绎与推理的机制成为用形式化方法建立起来的数学乃至计算机科学领域等诸多应用系统的推理基础。需要指出的是，尽管在逻辑系统的分析与研究中运用了数学化的方法，但逻辑系统并非数学系统。不同的数学系统有不同的性质，因而在“功能”上是有差别的。而逻辑系统的逻辑普效性恰恰说明了这样的系统是不具备任何“特殊功能”的。

本章将以一阶算术形式系统为例，分析逻辑系统和一般数学系统的差别，并在此基础上介绍哥德尔不完备性定理。

6.1　一阶算术形式系统

逻辑系统 $K_{\mathscr{L}}$ 是基于一阶语言 $\mathscr{L}$ 形成的。由于语言 $\mathscr{L}$ 采用的符号（个体变元符号、常元符号、函数符号、谓词符号）都是抽象符号，因而没有什么具体含义。一旦用“解释”的手段赋予这些符号具体的含义，就会形成具体化的形式系统。在数学科学领域，用形式化的方法定义的数学系统通常都是用这样的方式形成的。无论是逻辑系统还是在此基础上形成的数学系统都有一个共同点，那就是系统的理论体系都是建立在它们的公理基础之上的。因此要弄清楚逻辑系统与一般数学系统的区别，首先必须弄清楚它们的公理之间的区别。

6.1.1　逻辑公理与系统公理

在形式系统中，公理是用合适公式表示的。逻辑系统的公理是逻辑普效的，通常人们将逻辑普效的公理称为**逻辑公理**。在逻辑系统的基础上，可以繁衍出各式各样的形式系统，每个形式系统都有它自身的性质而有别于其他的系统，形式系统的这种“个性”往往是由形式系统公理间的差异而形成的。不同的形式系统除了包含逻辑公理为基础外，通常还包含能够体现“自身特点”的公理。为有别于逻辑公理，人们将反映形式系统自身特点的公理称为**系统公理**。下面通过具体的例子，分析并说明系统公理和逻辑公理的区别。

在例 4-3-1 中，对 $\mathscr{L}$ 的符号给出如下解释 N：

- 解释 N 的解释域为 $D_N =_{df} \{0,1,2,\cdots\}$，即自然数集。
- a_0 解释成自然数 0(即 $\bar{a}_0$ 为 0)。
- f_1^1 看成自然数集上的后继函数(即 $\bar{f}_1^1(n) =_{df} n+1$)；

  f_1^2 看成自然数集上的加法函数(即 $\bar{f}_1^2(n,m) =_{df} n+m$)；

  f_2^2 看成自然数集上的乘法函数(即 $\bar{f}_2^2(n,m) =_{df} n\times m$)。
- A_1^2 看成自然数集上的相等关系(即 $\bar{A}_1^2(n,m)$ 表示 $n=m$)。

在解释 N 下，$\mathscr{L}$ 中只涉及变元符号，常元符号 a_0，函数符号 f_1^1、f_1^2、f_2^2 和谓词符号 A_1^2 的公式就变成了自然数集上的关系表达式。特别地，如果是闭公式就变成了关于自然数的命题。考察下列公式

$$(\forall x_1)(\forall x_2)(A_1^2(x_1,x_2) \to A_1^2(x_1,x_2)) \tag{6.1.1}$$

和

$$(\forall x_1)(\forall x_2)(A_1^2(x_1,x_2) \to A_1^2(x_2,x_1)) \tag{6.1.2}$$

经过解释，它们都成为关于自然数的命题。公式(6.1.1)表示的命题为：

对任意的自然数 x 和 y， 如果 $x=y$， 那么就有 $x=y$

而公式(6.1.2)所表示的命题则为：

对任意的自然数 x 和 y， 如果 $x=y$， 那么就有 $y=x$

依据经验，这两道关于自然数的命题都是“正确”的，然而当深究其正确性的“依据”时，就会遇到问题。对公式(6.1.1)而言，它所表示命题的正确性可以通过以下方式陈述：

因为公式 $A_1^2(x_1,x_2)\to A_1^2(x_1,x_2)$ 是重言式，所以是逻辑普效的，进而得到它的全称封闭，即公式(6.1.1)也是逻辑普效的。所以公式(6.1.1)在任何解释中均为真。特别地，在 N 中也为真，即命题“对任意的自然数 x 和 y，如果 $x=y$，那么就有 $x=y$”是正确的。

对式(6.1.1)的陈述无疑是正确的，是一个完整的逻辑推理。但此推理过程与把 A_1^2 说成是＝号、个体对象是“自然数”没有任何关系，它所依据的是逻辑公理的逻辑普效性。

对公式(6.1.2)表示的命题，也许可以这样说：对任意的自然数 x 和 y，如果 $x=y$，那么根据＝号的性质，就有 $y=x$。这里所依据的是相等关系＝的性质，似乎也“不错”，但是，这里的关系符号＝是由谓词符号 A_1^2 解释而来的，它的性质应当与 A_1^2 的“性质”相关联。然而在形式系统中却没有任何关于 A_1^2 特殊性质的描述，于是，我们便面临一个问题：所谓＝关系性质的“依据”是什么？

解决上述“问题”，可以通过“约定”的办法对谓词符号 A_1^2 的“特殊性质”予以描述，即在逻辑系统 $K_{\mathscr{L}}$ 中增加关于谓词符号 A_1^2 的公理。如果希望将 A_1^2 解释成一般意义上的相等＝关系，那么就需要在形式系统的公理集中，充分针对相等关系＝的性质，增加有关 A_1^2“性质”描述的公理。对此，这里介绍“带等词的一阶系统”概念。

6.1.2 带等词的一阶系统

"相等关系"在数学领域是一个极为重要的关系，通常用符号＝表示。尽管在一阶形式语言 $\mathscr{L}$ 中并没有＝号，但可以将 $\mathscr{L}$ 的某个二元谓词符号，例如谓词符号 A_1^2，当作等号来解释。为了使符号 A_1^2 具有相等关系的性质，就需要在 $K_{\mathscr{L}}$ 公理集中增加相关的"约定"（即公理）。关于相等关系的具体公理模式如下：

$(E_7)\quad A_1^2(x_1,x_1)$

$(E_8)\quad A_1^2(t_k,u)\to A_1^2(f_i^n(t_1,\cdots,t_k,\cdots,t_n),f_i^n(t_1,\cdots,u,\cdots,t_n))$

$(E_9)\quad A_1^2(t_k,u)\to (A_i^n(t_1,\cdots,t_k,\cdots,t_n)\to A_i^n(t_1,\cdots,u,\cdots,t_n))$

其中，$t_1,\cdots,t_n,u$ 是任意的项，A_i^n 为 $\mathscr{L}$ 的任意谓词符号，f_i^n 为 $\mathscr{L}$ 的任意函数符号。

公理 E_7、E_8 和 E_9 称为等词公理。任何一阶系统 S，若 S 是 $K_{\mathscr{L}}$ 的扩展且公理集中包含公理 E_7、E_8 和 E_9，则称 S 为带等词的一阶系统。

注意：

(1) 等词公理 E_7、E_8 和 E_9 不是逻辑普效的，只有在将谓词符号 A_1^2 解释为通常意义下的"相等"关系时，它们所表示的解释域上的关系表达式或关系推理式才为真。因此，它们是系统公理而非逻辑公理。

(2) 公理 E_7、E_8 和 E_9 中的谓词符号 A_1^2 可以是任何其他的二元谓词符号，一经"约定"，这个谓词符号便有了特殊的含义，通常称为"等词"。

命题 6.1.1　设 S 是带等词的一阶系统，则下面公式是 S 的定理。

(1) $(\forall x_i)A_1^2(x_i,x_i)$，其中 x_i 为任意变元。

(2) $(\forall x_1)(\forall x_2)(A_1^2(x_1,x_2)\to A_1^2(x_2,x_1))$。

(3) $(\forall x_1)(\forall x_2)(\forall x_3)(A_1^2(x_1,x_2)\to (A_1^2(x_2,x_3)\to A_1^2(x_1,x_3)))$。

证明：

(1) 的证明。由公理(E_7)使用推理规则 $\forall^+$ 即可得到$(\forall x_1)A_1^2(x_1,x_1)$，再用"约束变元更名"定理便得到$(\forall x_i)A_1^2(x_i,x_i)$。

(2) 的证明。

① $A_1^2(x_1,x_2)\to(A_1^2(x_1,x_1)\to A_1^2(x_2,x_1))$　　//E_9

② $(A_1^2(x_1,x_2)\to(A_1^2(x_1,x_1)\to A_1^2(x_2,x_1)))\to$
$((A_1^2(x_1,x_2)\to A_1^2(x_1,x_1))\to(A_1^2(x_1,x_2)\to A_1^2(x_2,x_1)))$　　//K_2

③ $(A_1^2(x_1,x_2)\to A_1^2(x_1,x_1))\to(A_1^2(x_1,x_2)\to A_1^2(x_2,x_1))$　　//①、②MP

④ $A_1^2(x_1,x_1)\to(A_1^2(x_1,x_2)\to A_1^2(x_1,x_1))$　　//K_1

⑤ $A_1^2(x_1,x_1)$　　//E_7

⑥ $A_1^2(x_1,x_2)\to A_1^2(x_1,x_1)$　　//⑤、④MP

⑦ $A_1^2(x_1,x_2)\to A_1^2(x_2,x_1)$　　//⑥、③MP

⑧ $(\forall x_1)(\forall x_2)(A_1^2(x_1,x_2)\to A_1^2(x_2,x_1))$　　//(7) $\forall^+$

(3) 的证明。

① $A_1^2(x_2,x_1)\to(A_1^2(x_2,x_3)\to A_1^2(x_1,x_3))$ //E_9

② $A_1^2(x_1,x_2)\to A_1^2(x_2,x_1)$ //本命题(2)

③ $A_1^2(x_1,x_2)\to(A_1^2(x_2,x_3)\to A_1^2(x_1,x_3))$ //①、②HS

④ $(\forall x_1)(\forall x_2)(\forall x_3)(A_1^2(x_1,x_2)\to(A_1^2(x_2,x_3)\to A_1^2(x_1,x_3)))$ //③ $\forall^+$

命题证毕。 ■

注意：

(1) 命题 6.1.1 反映了等词的基本性质：

① 表明等词具有“自反性”；

② 表明等词具有“对称性”；

③ 表明等词具有“传递性”。

(2) 命题 6.1.1(2)表明，在带等词的一阶系统 S 中，公式(6.1.2)是定理。于是在一阶语言 $\mathscr{L}$ 的解释 N 下，将谓词符号 A_1^2 视为自然数集上的＝关系，自然也就保证了命题“对任意的自然数 x 和 y，如果 $x=y$，那么就有 $y=x$”的正确性。

6.1.3 一阶算术系统$\mathcal{N}$

采用对逻辑系统 $K_{\mathscr{L}}$“解释”的手段为我们提供了形式化定义数学系统的“灵感”。通过对 $K_{\mathscr{L}}$ 的扩展就可以得到各种各样的数学形式系统。在扩展过程中，不仅可以通过添加公理来“约定”某些谓词符号的性质，而且也可以通过添加公理来“约定”某些函数符号的性质。例如，可以将 $\mathscr{L}$ 的函数符号 f_1^1、f_1^2 和 f_2^2 分别解释为自然数集上的“后继”、“加法”和“乘法”运算，并用公理对它们的特性进行“约定”，这样也可以得到形式系统 $K_{\mathscr{L}}$ 的扩展。

本节将给出一阶算术系统 $\mathcal{N}$ 的形式化描述，从中学习和认识算术系统的形式化定义方法。一阶算术系统 $\mathcal{N}$ 是一个带等词的数学系统，直接用符号＝表示等词。至于那些含有“特殊性质”的函数符号，如“后继”、“加法”和“乘法”，将分别用′、＋和·来表示。

1. 一阶算术系统 $\mathcal{N}$ 的定义

一阶算术系统又称形式数论系统，其符号集、项与公式集、公理集和推理规则描述如下：

1) 符号集

(1) 逻辑符号：→、∧、∨、¬、∀、∃。

(2) 谓词符号：＝(等于，又称等词)。

(3) 函数符号：′(后继)、＋(加法)、·(乘法)。

(4) 个体常量：0。

(5) 个体变元：a、b、c、d……或 x_1、x_2、……。

(6) 技术符号：(,)。

2) 项与公式集

(1) 项。

① 0 是项；

② 变元是项；

③ 如果 s 与 t 是项，则 $s+t$，$s\cdot t$，s' 也是项；

④ 凡是项仅由规则①～④给出。

(2) 公式

① 如果 s 与 t 是项，则 $s=t$ 是公式(原子公式)；

② 如果$\mathcal{A}$,$\mathcal{B}$为公式，则$\mathcal{A}\to\mathcal{B}$、$\mathcal{A}\wedge\mathcal{B}$、$\mathcal{A}\vee\mathcal{B}$与$\neg\mathcal{A}$为公式；

③ 如果$\mathcal{A}$是公式，x 是变元，则 $\forall x\ \mathcal{A}$与 $\exists x\ \mathcal{A}$为公式；

④ 只有规则①～④给出的才是公式。

3) 公理集

(N_1) $\mathcal{A}\to(\mathcal{B}\to\mathcal{A})$

(N_2) $(\mathcal{A}\to(\mathcal{B}\to\mathcal{C}))\to(\mathcal{A}\to\mathcal{B})\to(\mathcal{A}\to\mathcal{C})$

(N_3) $(\neg\mathcal{A}\to\neg\mathcal{B})\to(\mathcal{B}\to\mathcal{A})$

(N_4) $\mathcal{A}\to(\mathcal{B}\to\mathcal{A}\wedge\mathcal{B})$

(N_5) $\mathcal{A}\wedge\mathcal{B}\to\mathcal{A}$，$\mathcal{A}\wedge\mathcal{B}\to\mathcal{B}$

(N_6) $\mathcal{A}\to\mathcal{A}\vee\mathcal{B}$，$\mathcal{B}\to\mathcal{A}\vee\mathcal{B}$

(N_7) $(\mathcal{A}\to\mathcal{C})\to((\mathcal{B}\to\mathcal{C})\to(\mathcal{A}\vee\mathcal{B}\to\mathcal{C}))$

(N_8) $(\forall x)\mathcal{A}(x)\to\mathcal{A}(t)$

(N_9) $\mathcal{A}(t)\to(\exists x)\mathcal{A}(x)$

(N_{10}) $a'=b'\to a=b$

(N_{11}) $\neg(a'=0)$

(N_{12}) $a=b\to(a=c\to b=c)$

(N_{13}) $a=b\to a'=b'$

(N_{14}) $a+0=a$

(N_{15}) $a+b'=(a+b)'$

(N_{16}) $a\cdot 0=0$

(N_{17}) $a\cdot b'=a\cdot b+a$

(N_{18}) $(\mathcal{A}(0)\wedge(\forall x)(\mathcal{A}(x)\to\mathcal{A}(x')))\to\mathcal{A}(x)$ (数学归纳法)

4) 推理规则

(1) MP：$\mathcal{A}$,$\mathcal{A}\to\mathcal{B}$可演绎出$\mathcal{B}$。

(2) $\forall^+$：$\mathcal{C}\to\mathcal{A}(x)$可演绎出$\mathcal{C}\to(\forall x)\mathcal{A}(x)$。

(3) $\exists^+$：$\mathcal{A}(x)\to\mathcal{C}$可演绎出$(\exists x)\mathcal{A}(x)\to\mathcal{C}$。

(4) HS：$\mathcal{A}\to\mathcal{B}$,$\mathcal{B}\to\mathcal{C}$可演绎出$\mathcal{A}\to\mathcal{C}$。

注意：

(1) 一阶算术系统$\mathcal{N}$的描述方法与逻辑系统 $K_{\mathscr{L}}$ 的描述方法类似，都是由符号集、项与公式集、公理集和推理规则组成。

(2) 尽管逻辑运算合取∧、析取∨，还有量词∃，可以通过¬、蕴涵词→以及全称量词∀来定义，有关合取∧、析取∨还有量词∃的公理模式可以用其他的公理模式推出，但在一个具体的算术系统描述中通常都会将它们列出，这样做的主要目的是为算术系统的研究与应用提供更多便利。

(3) 一阶算术系统$\mathcal{N}$的公理集中既包含了逻辑公理(N_1)～(N_9)，又有反映自身性质特征的系统公理(N_{10})～(N_{18})，其中(N_{10})～(N_{13})给出了等词＝和后继函数$'$的性质描述，(N_{14})～(N_{15})给出了加法运算＋的性质描述，(N_{16})～(N_{17})给出了乘法运算·的性质描述，公理模式 N_{18} 则是人们熟悉的“数学归纳原理”。

2. 一阶算术系统$\mathcal{N}$的基本性质

一阶算术系统$\mathcal{N}$的描述是形式化的，它的描述语言，不妨用$\mathscr{L}_{\mathcal{N}}$表示，所采用的符号就是$\mathcal{N}$的符号集所使用的符号。与一阶系统$K_{\mathscr{L}}$一样，可以给出形式系统$\mathcal{N}$的“证明”和“定理”的定义。我们用$\vdash_{\mathcal{N}}\mathcal{A}$表示$\mathscr{L}_{\mathcal{N}}$的公式$\mathcal{A}$是$\mathcal{N}$的定理，在不至于产生混淆的情况下，$\vdash_{\mathcal{N}}\mathcal{A}$可简单地记为$\vdash\mathcal{A}$。

虽然使用了一些大家熟悉的符号，如等词符号=、函数符号+和·等，并且在公理集中增加了有关这些符号的公理模式，但这些都是从“语法”的角度来“约定”的。因此，不能与平常在数的相等(=)、数的加法(+)、数的乘法(·)的表示和运算中所使用的有关符号相提并论，这是因为平时使用的这些符号是有“语义”的。在一阶算术系统$\mathcal{N}$当中，等词符号=、函数符号+和·等相关性质，只能通过$\mathcal{N}$的“定理”反映出来，并且需要有严格的“证明”。

注意：在$\mathcal{N}$的推理证明过程中，类似于一阶系统$K_{\mathscr{L}}$，可以使用演绎定理。如果将公理(N_{18})同演绎定理结合起来，就形成了所谓算术系统$\mathcal{N}$的形式归纳规则。

形式归纳规则：设x是一变元，$\mathcal{A}(x)$是一公式，Γ是一集不含自由变元x的公式。如果有$\Gamma\vdash\mathcal{A}(0)$且又有$\Gamma\cup\{\mathcal{A}(x)\}\vdash\mathcal{A}(x')$，其中$x'$表示$x$的后继，且自由变元相对$\mathcal{A}(x)$保持固定，那么就有$\Gamma\vdash\mathcal{A}(x)$。

注意：在形式数论系统有关命题的证明过程中，经常用到形式归纳规则。运用的方法通常是归纳出公式中的某个个体变元。例如，可以用归纳于公式$\mathcal{A}(a)$中的个体变元a来证明$\Gamma\vdash\mathcal{A}(a)$，奠基步证明$\Gamma\vdash\mathcal{A}(0)$，归纳推导步则可以假定$\Gamma\vdash\mathcal{A}(a)$，并在此基础上通过证明$\Gamma\cup\{\mathcal{A}(a)\}\vdash\mathcal{A}(a')$来完成，其中$a'$是$a$的后继。

命题 6.1.2 下列各式是$\mathcal{N}$的定理，它们反映了等词=的基本性质。

(1) $\vdash a=a$(自反性)

(2) $\vdash a=b\to b=a$(对称性)

(3) $\vdash a=b\wedge b=c\to a=c$(传递性)

证明：

(1) 的证明。

① $a=b\to(a=c\to b=c)$　　//N_{12}

② $(0=0)\to((0=0)\to(0=0))$　　//N_1 此公式记为$\mathcal{A}(0)$

③ $(a=b\to(a=c\to b=c))\to(\mathcal{A}(0)\to(a=b\to(a=c\to b=c)))$　　//N_1

④ $\mathcal{A}(0)\to(a=b\to(a=c\to b=c))$　　//①、③MP

⑤ $\mathcal{A}(0)\to(\forall a)(\forall b)(\forall c)(a=b\to(a=c\to b=c))$　　//由④反复运用推理规则$\forall^+$

⑥ $(\forall a)(\forall b)(\forall c)(a=b\to(a=c\to b=c))$　　//②、⑤MP

⑦ $(a+0=a\to(a+0=a\to a=a))$　　//在(6)中，运用N_8，$\forall xA(x)\to A(t)$，以$a+0$为项替换a，a替换b和c即可

⑧ $a+0=a$　　//N_4

⑨ $a=a$　　//⑦和⑧MP、HS

(2) 的证明。

① $a=b\to(a=a\to b=a)$　　//N_{12}

② $a=b$ //假设(在 $\mathcal{N}$ 中演绎定理的运用)

③ $a=a\to b=c$ //①、②MP

④ $a=a$ //本命题(1)

⑤ $b=a$ //③、④MP

故证得 $a=b\vdash b=c$,根据演绎定理知 $\vdash a=b\to b=a$。

(3) 的证明。

① $a=b\wedge b=c$ //假设

② $a=b,b=c$ //① N_5,再用 MP

③ $b=a,b=c$ //②和等词对称性

④ $(b=a)\to(b=c\to a=c)$ //N_{12}

⑤ $a=c$ //③、④MP、HS

故 $a=b\wedge b=c\vdash a=c$,由演绎定理得 $\vdash a=b\wedge b=c\to a=c$。 ■

注意:命题 6.1.2 中证明的(1) $\vdash a=a$ 实际上是等词公理 E_7,即 $A_1^2(x_1,x_1)$ 在一阶算术系统 $\mathcal{N}$ 中的表示形式,不过是将谓词符号 A_1^2 用=表示、变元符号 x_1 用 a 表示而已。因此,关于等词的公理 E_7 也可作为 $\mathcal{N}$ 的公理来运用。

命题 6.1.3 下列各式是 $\mathcal{N}$ 的定理,即

(1) $\vdash a=b\to a+c=b+c$　　(2) $\vdash a=b\to c+a=c+b$

(3) $\vdash a=b\to a\cdot c=b\cdot c$　　(4) $\vdash a=b\to c\cdot a=c\cdot b$

证明:

(1) 用形式归纳规则证明。

① $a=b$ //假设(相当于 $\Gamma=\{a=b\}$)

② $a+0=a,b+0=b$ //公理

③ $a+0=b+0$ //①、②及等词的传递性

④ $a+c=b+c$ //归纳假设

⑤ $(a+c)'=(b+c)'$ //④ N_{13} MP

⑥ $a+c'=(a+c)',b+c'=(b+c)'$ //N_{15}

⑦ $a+c'=b+c'$ //⑤、⑥及等词的传递性

⑧ $a+c=b+c\to a+c'=b+c'$ //④~⑦演绎定理

⑨ $a+c=b+c$ //③、⑧形式归纳规则

由此证明了 $a=b\vdash a+c=b+c$,再由演绎定理即得 $\vdash a=b\to a+c=b+c$。

(2) 的证明。假设 $a=b$,施归纳于 a 证明 $c+a=c+b$。

奠基步:当 a 为 0 时,则由假定和等词的传递性知 $b=0$,再由(N_{14})即得

$$c+a=c+0=c=c+0=c+b$$

归纳推导步:假定有

$$a=b\to c+a=c+b \tag{6.1.3}$$

欲完成归纳推导,只要证明

$$a'=b\to c+a'=c+b \tag{6.1.4}$$

对式(6.1.4),施归纳于 b 证明。

奠基步:如果 $b=0$,则有 $a'=0$。注意到 $\neg(a'=0)$(N_{11}),利用 $\vdash\mathcal{A}\to(\neg\mathcal{A}\to\mathcal{B})$ 并视公式

$\mathcal{B}$为 $c+a'=c+0$,则有 $a'=0\to c+a'=c+0$。

归纳推导步：假设 $a'=b\to c+a'=c+b$，欲证

$$a' = b' \to c + a' = c + b' \tag{6.1.5}$$

为此，假设 $a'=b'$，则由公理(N_{10})得 $a=b$，再由式(6.1.3)得 $c+a=c+b$，进而由公理(N_{13})即可得到 $(c+a)'=(c+b)'$，即 $c+a'=c+b'$，故式(6.1.5)成立。由此证得，对任意 b，均有式(6.1.4)成立。从而命题(2)得证。

类似可以证明(3)和(4)，留作练习。■

注意：等词公理 E_8 为 $A_1^2(t_k,u)\to A_1^2(f_i^n(t_1,\cdots,t_k,\cdots,t_n),f_i^n(t_1,\cdots,u,\cdots,t_n))$，如果将谓词符号 A_1^2 换成符号=，则可表示为 $t_k=u\to f_i^n(t_1,\cdots,t_k,\cdots,t_n)=f_i^n(t_1,\cdots,u,\cdots,t_n)$。显然，这一公理模式是针对函数符号的。在形式系统 $\mathcal{N}$ 中，所使用的函数符号有3个，即后继′、加法+和乘法·，由 $\mathcal{N}$ 的公理 N_{13}，即 $a=b\to a'=b'$ 保证了等词公理模式 E_8 对后继函数′是成立的，而命题6.1.3(1)与(2)以及(3)与(4)则分别说明了等词公理模式 E_8 对加法+和乘法·也是成立的。

命题6.1.4 下列各式是 $\mathcal{N}$ 的定理。

(1) $\vdash a=b\to(a=c\to b=c)$　　(2) $\vdash a=b\to(c=a\to c=b)$

注意：

(1) 命题6.1.4(1)是公理 N_{12}，命题6.1.4(2)则可直接运用等词的对称性证明。

(2) 等词的公理模式 E_9 为 $A_1^2(t_k,u)\to(A_i^n(t_1,\cdots,t_k,\cdots,t_n)\to A_i^n(t_1,\cdots,u,\cdots,t_n))$，它是关于谓词符号的，将其中的 A_1^2 换成符号=，则可表示为

$$t_k = u \to (A_i^n(t_1,\cdots,t_k,\cdots,t_n) \to A_i^n(t_1,\cdots,u,\cdots,t_n))$$

注意到一阶算术系统只有一个谓词符号=，所以命题6.1.4保证了公理模式 E_{12} 是 $\mathcal{N}$ 的定理，自然也可视为 $\mathcal{N}$ 的公理。

命题6.1.3和命题6.1.4反映了算术系统 $\mathcal{N}$ 中等词的重要性质。有关等词性质的更一般性描述可以通过下面的替换定理揭示出来。

命题6.1.5(替换定理)

(1) 设 u_r 是项，含有项 r 的明指出现，将 r 换成项 s 后所得的项为 u_s，则 $r=s\vdash u_r=u_s$。

(2) 更一般地，设$\mathcal{C}_r$为一公式，项 r 在$\mathcal{C}_r$中明指出现，且不含任何$\mathcal{C}_r$中的量词作用变元，将$\mathcal{C}_r$中的项 r 换为项 s 后得到$\mathcal{C}_s$，则 $r=s\vdash\mathcal{C}_r\leftrightarrow\mathcal{C}_s$。

证明：

(1) 用归纳法，施归纳于 u_r 的深度。

奠基步：u_r 是 r，则 u_s 为 s，显然 $r=s\vdash r=s$。

归纳推导步：

情形1 设 u_r 为 v_r+t_r，则 $u_s=v_s+t_s$。如果有 $r=s$，那么根据归纳假定应有 $v_r=v_s$ 和 $t_r=t_s$。利用等词的性质即可得到 $u_r=v_r+t_r=v_s+t_r=v_s+t_s=u_s$。

情形2 设 u_r 为 $v_r\cdot t_r$，则 $u_s=v_s\cdot t_s$。若 $r=s$，根据归纳假定应有 $v_r=v_s$ 和 $t_r=t_s$。利用等词的性质即可得到 $u_r=v_r\cdot t_r=v_s\cdot t_r=v_s\cdot t_s=u_s$。

情形3 设 $u_r=(t_r)'$，则 $u_s=(t_s)'$。利用公理(N_{16})，当 $t_r=t_s$ 时，就有 $(t_r)'=(t_s)'$。根据归纳原理得到(1)成立。

(2) 施归纳于公式$\mathcal{C}_r$的深度。

奠基步：设$\mathcal{C}_r$为 $u_r=v_r$，则$\mathcal{C}_s$为 $u_s=v_s$。

由(1)知，当 $r=s$ 时，有 $u_r=u_s$ 和 $v_r=v_s$。设 $u_r=v_r$，那么由 $v_r=v_s$ 可得 $u_r=v_s$，又由 $u_r=u_s$ 即可得到 $u_s=v_s$，也就是 $u_r=v_r\to u_s=v_s$。

同理可证 $u_s=v_s\to u_r=v_r$，即 $\mathcal{C}_r\leftrightarrow\mathcal{C}_s$。

归纳推导步：仅对公式 $\mathcal{C}_r$ 为 $\mathcal{A}_r\to\mathcal{B}_r$，$\neg\mathcal{A}_r$ 和 $(\forall x)\mathcal{A}_r$ 的情形加以证明。

情形 1　$\mathcal{C}_r$ 为 $\mathcal{A}_r\to\mathcal{B}_r$，根据归纳，假定有 $\mathcal{A}_r\leftrightarrow\mathcal{A}_s$ 和 $\mathcal{B}_r\leftrightarrow\mathcal{B}_s$，由此便可得到 $(\mathcal{A}_r\to\mathcal{B}_r)\leftrightarrow(\mathcal{A}_s\to\mathcal{B}_s)$。

情形 2　$\mathcal{C}_r$ 为 $\neg\mathcal{A}_r$，则由 $\mathcal{A}_r\to\mathcal{A}_s$，即可到得 $\neg\mathcal{A}_r\leftrightarrow\neg\mathcal{A}_s$。

情形 3　$\mathcal{C}_r$ 为 $(\forall x)\mathcal{A}_r$，由 $\mathcal{A}_r\to\mathcal{A}_s$ 证 $(\forall x)\mathcal{A}_r\leftrightarrow(\forall x)\mathcal{A}_s$。设 $\mathcal{A}_r$ 为 $\mathcal{A}(x,r)$，若有 $(\forall x)\mathcal{A}(x,r)$，那么根据公理 (N_8) 有 $\mathcal{A}(y,r)$，由此根据归纳假定 $\mathcal{A}(y,r)\leftrightarrow\mathcal{A}(y,s)$ 即可得到 $\mathcal{A}(y,s)$，利用概括推理 $\forall^+$ 可得 $\forall y\ \mathcal{A}(y,s)$，再对约束变元更名得 $\forall x\ \mathcal{A}(x,s)$，从而 $\forall x\ \mathcal{A}_r\to\forall x\ \mathcal{A}_s$。

同理可证明 $\forall x\ \mathcal{A}_s\to\forall x\ \mathcal{A}_r$，故有 $\mathcal{C}_r\to\mathcal{C}_s$。 ■

在一阶算术系统 $\mathcal{N}$ 中，除了谓词＝具有等词的特性外，函数符号＋和 · 也都有它们各自特殊的性质，这些性质可以通过下面的算术定律表示出来。

命题 6.1.6(算术定律)　下列各式是 $\mathcal{N}$ 的定理。

(1) $\vdash(a+b)+c=a+(b+c)$，即“加法运算”满足结合律；

(2) $\vdash a+b=b+a$，即“加法运算”满足交换律；

(3) $\vdash a\cdot(b+c)=(a\cdot b)+(a\cdot c)$，即“乘法”关于“加法”满足左分配律；

(4) $\vdash(a\cdot b)\cdot c=a\cdot(b\cdot c)$，即“乘法运算”满足结合律；

(5) $\vdash a\cdot b=b\cdot a$，即“乘法运算”满足交换律；

(6) $\vdash(b+c)\cdot a=(b\cdot a)+(c\cdot a)$，即“乘法”关于“加法”满足右分配律；

(7) $\vdash a+b=c+b\to a=c$，即“加法”运算满足消去律；

(8) $\vdash c\neq0\to(a\cdot c=b\cdot c\to a=b)$，即“乘法”运算满足消去律。

命题 6.1.6 的证明主要采用归纳法，将之留作练习。还有其他关于算术系统 $\mathcal{N}$ 的运算定律，此处不再赘述，有兴趣者可以参阅 Kleene(美)的《元数学导论》[①]。

3. 一阶算术系统 $\mathcal{N}$ 中的次序

在算术系统 $\mathcal{N}$ 的定义中，只给出了唯一的谓词符号＝。从相关的公理以及推出的有关“定理”可以看出，谓词符号＝所具有的性质与通常意义下数的“相等关系”是一致的。在算术系统 $\mathcal{N}$ 中还可以定义其他的“关系谓词”，其中“次序关系”便是一种十分重要的关系。

次序的定义：在形式语言 $\mathcal{L}_\mathcal{N}$ 中引进谓词符号 $<$(或 $>$)，对任意的变元 a、b，用 $a<b$(或 $b>a$)表示公式 $\exists c(c'+a=b)$。进一步，$a\leqslant b$(或 $b\geqslant a$)表示公式 $a<b\vee a=b$，$a<b<c$ 表示公式 $(a<b)\wedge(b<c)$。

命题 6.1.7(次序的基本性质)　下列各式表明次序的传递性质。

(1) $\vdash a<b<c\to a<c$　　(2) $\vdash a\leqslant b<c\to a<c$

(3) $\vdash a<b\leqslant c\to a<c$　　(4) $\vdash a\leqslant b\leqslant c\to a\leqslant c$

① S. C. Kleene(美)著，莫绍揆译。元数学导论。北京：科学出版社，1985：195-204.

证明：

(1) 的证明。假设 $a<b<c$，即 $a<b\wedge b<c$。根据次序的定义知，存在 d 和 e 使得 $d'+a=b$ 和 $e'+b=c$。将 $d'+a=b$ 带入 $e'+b=c$，得 $e'+(d'+a)=c$。利用加法的结合律得 $(e'+d')+a=c$，即 $(e'+d)'+a=c$，因而有 $\exists b(b'+a=c)$，即 $a<c$。

(2) 的证明。设 $a\leqslant b<c$，即 $a\leqslant b\wedge b<c$，于是有 $a\leqslant b$ 和 $b<c$。若 $a<b$，那么由(1)即得 $a<c$；若 $a=b$，则由 $\exists e(e'+b=c)$ 可得 $\exists e(e'+a=c)$，因此有 $a<c$。

类似可证(3)和(4)，有兴趣者可自行练习。■

命题 6.1.8 个体常元 0 和后继函数′具有下列的次序性质。

(1) $\vdash a<a'$　(2) $\vdash 0<a'$　(3) $\vdash 0\leqslant a$　(4) $\vdash(a\leqslant b)\leftrightarrow(a<b')$

(5) $\vdash(a>b)\leftrightarrow(a\geqslant b')$。

证明：

(1) 因为有 0 使得 $0'+a=a'$，即$(\exists b)(b'+a)=a'$，故 $a<a'$。

(2) 因为 $a'+0=a'$，故有$(\exists b)(b'+0=a')$，所以 $0<a'$。

(3) 因为 $0\leqslant 0$，由(2)又有 $0<a'$，故有 $0\leqslant a$。

(4) 根据定义$(a\leqslant b)\leftrightarrow(a=b)\vee(a<b)$。若 $a=b$，而 $b'=b+0'$，于是有 $a+0'=b'$，即 $a<b'$；若 $a<b$，由(1)的 $b<b'$，即得 $a<b'$。反之证明 $a<b'\rightarrow a\leqslant b$。若 $a<b'$，则有 c 使得 $a+c'=b'$，若 $c=0$，则 $a+0'=b'$，即 $a'=b'$，从而有 $a=b$；若 $c\neq 0$，那么由(3)知 $c>0$，即有 d 使得 $c=d'+0=d'$，于是 $a+d'=a+c=b$，故有 $a<b$。

(5) 设 $a>b$，则有 d 使得 $a=b+d'$。若 $d=0$，那么有 $a=b+0'=b'$；若 $d\neq 0$，则有 c 使得 $d=c'$，于是 $a=b+d'=b+(c')'=(b+c')'=b'+c'$，得 $a>b'$。反之，设 $a\geqslant b'$，则有 $(a=b')\vee(a>b')$，由(1)即得 $a>b$。■

命题 6.1.9 次序满足连通性、反自反性和反对称性，即

(1) $\vdash(a<b)\vee(a=b)\vee(a>b)$　(2) $\vdash\neg(a<a)$　(3) $\vdash(a<b)\rightarrow\neg(a>b)$

证明：

(1) 当 $b=0$ 时，则对任意 a，或 $a=0$ 或 $a>0$；假定有$(a<b)\vee(a=b)\vee(a>b)$，证明有 $(a<b')\vee(a=b')\vee(a>b')$。使用归纳法：$a$。当 $a=0$ 时，有 $0<b'$；设 a 满足$(a<b')\vee(a=b')\vee(a>b')$，分情形：若 $a<b'$，由命题 6.1.8(4)知 $a\leqslant b$，即 $a<b$ 或 $a=b$。此时，由 $a<b$ 可得 $a'<b'$，由 $a=b$ 可得 $a'=b'$；若 $a=b'$，则 $a'>b'$；若 $a>b'$，更有 $a'>b'$。总之，对 a' 而言总有$(a'<b')\vee(a'=b')\vee(a'>b')$。

(2) 若有 $a<a$，则有 b 使得 $a+b'=a$，于是有 $b'=0$，这与公理$\neg(b'=0)$矛盾，此矛盾说明必有$\neg(a<a)$。

(3) 设 $a<b$，则有 c 使得 $a+c'=b$。若还有 $a>b$，那么又有 d 使得 $b+d'=a$。于是得到$(b+d')+c'=b$，即 $b+(d'+c)'=b$，从而有 $b>b$，这和(2)矛盾，此矛盾说明如果有 $a<b$，则必有$\neg(a>b)$。■

在算术系统 $\mathcal{N}$ 中有一个非常特殊的个体常元 0，如果将后继函数′反复作用在 0 上便可得到一个项的序列：

$$0,0',0'',\cdots,0^{(n)},\cdots \tag{6.1.6}$$

其中 n 是自然数，$0^{(n)}$ 表示用后继函数′对个体常元 0 作用 n 次得到的项。如果将个体常元 0 与自然数 0 对应，$0'$ 与自然数 1 对应……$0^{(n)}$ 与自然数 n 对应……则序列式(6.1.6)中的各

项便和自然数有了1-1对应的关系。下面的命题说明，序列式(6.1.6)不仅能与自然数1-1对应，而且还保持了和自然数一致的序关系。由命题6.1.8(1)即可得到

$$0 < 0' < 0'' < \cdots < 0^{(n)} < \cdots \tag{6.1.7}$$

命题 6.1.10 (1) $\vdash a=0 \lor \exists b(a=b')$ (2) $\vdash (a=0)\lor(a=0')\lor(\exists b)(a=b'')$

证明：

(1) 若 $a=0$，则命题显然成立；当 $a\neq 0$ 时，利用 $a'=a'$ 即有 $(\exists b)(a'=b')$，命题也成立。

(2) 设 $A(a)$ 表示公式 $(a=0)\lor(a=0')\lor(\exists b)(a=b'')$，则 $A(0)$，$A(0')$ 显然成立；当 $a\neq 0, a\neq 0'$ 时，若有 b 使得 $a=b''$，则有 $a'=b'''=(b')''$。■

注意：命题6.1.10有更加一般的形式，即对任意自然数 n 有

$$\vdash (a=0)\lor(a=0')\lor\cdots\lor(a=0^{(n)})\lor(\exists b)(a=b^{(n+1)}) \tag{6.1.8}$$

其中，$b^{(n+1)}$ 表示用后继函数对 b 作用 $n+1$ 次的结果。结论式(6.1.8)告诉我们，在算术系统 $\mathcal{N}$ 中，对任意个体变元 a，如果 a 一旦取定，那么 a 一定是某个形如 $0^{(n)}$ 的项。

通过上面的分析，我们已经初步认识了算术系统 $\mathcal{N}$ 的基本性质。从感觉上讲，形式系统 $\mathcal{N}$ 所表现出的特性与人们所熟知的自然数系统的特性非常“吻合”。自然数系统是数学领域最基本的算术系统之一，而 $\mathcal{N}$ 则可视为其形式化表示。这里介绍的一阶算术系统 $\mathcal{N}$，与哥德尔不完备性定理有着密切的联系。

6.2 哥德尔不完备性定理

一阶算术系统 $\mathcal{N}$ 可视为一阶逻辑系统 $K_{\mathcal{L}}$ 的扩展，它的公理集中增添了许多具有“$\mathcal{N}$ 特色”的公理。在数学领域，人们在进一步抽象的基础上描绘的各种形式系统，往往是为数学不同分支的理论“量身定做”的。例如，一阶算术形式系统 $\mathcal{N}$ 就是为自然数理论“量身定做”的。除此之外，还有集合论公理体系、欧几里得几何公理体系以及其他代数系统的形式化描述等。形式化方法的根本目的在于建立古典数学的可靠性。数学大师希尔伯特认为，“每一门数学都可以看成基于它的公理的一个演绎系统，它们是根本不会产生逻辑矛盾的。数学的可靠性就在于它的协调性。”为了呈现这一事实，首先需要将要讨论的古典数学理论（如算术理论）公理化，使得古典数学理论能够表示成一些形式符号和符号公式组成的系统（如一阶算术系统）；其次是构建用于研究和讨论形式系统的理论，即元数学理论，并用元数学理论对形式系统的协调性进行研究；最终用元数学方法证明在形式系统理论中不会有某个论断 $\mathscr{A}$，使得 $\mathscr{A}$ 与 $\sim\mathscr{A}$ 同时可以推出，也即形式系统理论是协调的，并以此保证所讨论的数学理论不会产生矛盾。这便是所谓“希尔伯特计划”。[①]

形式系统 $\mathcal{N}$ 是自然数理论的形式化表示。尽管在 $\mathcal{N}$ 的定义时采用了大家所熟悉的＝、＋、· 等符号，但这些符号并无任何实际含义，它们的“特性”是以公理的形式给出的。而且我们还知道，形式系统 $\mathcal{N}$ 当中关于谓词符号＝和函数符号＋与 · 的公理不是逻辑普效的。因此，关于自然数理论可靠性的说明也就转化成了关于形式系统 $\mathcal{N}$ 协调性的讨论。于是将面对这样的问题：对一个 $\mathcal{N}$ 的合式公式 $\mathcal{A}$（尤其是闭公式），$\mathcal{A}$ 是否为 $\mathcal{N}$ 的定理？或者我们

① 中国大百科全书(数学)。北京·上海：中国大百科全书出版社，1988.11：745.

希望有：如果$\mathcal{A}$是关于$\mathcal{N}$的命题，那么$\mathcal{A}$和$\neg\mathcal{A}$之一是$\mathcal{N}$的定理。若能如此，$\mathcal{N}$便堪称"完美"了，这种"完美"称为$\mathcal{N}$的完备性，它是数学家们所希望的。然而这样的希望随着哥德尔的工作而破灭。哥德尔在企图实现这一"完美"过程中却得到了相反的结果：任一包含一阶算术的形式系统都是不完备的，即总有那么一个公式$\mathcal{U}$，$\mathcal{U}$和$\neg\mathcal{U}$都不是它的定理。这一著名的论断被称为哥德尔第一不完备性定理。[①] 本节将以简洁的方式介绍哥德尔不完备性定理所涉及的思想方法与技术，并给出不完备性定理的概要证明。

6.2.1 $\mathcal{N}$的模型与可表示性定理

一阶算术系统$\mathcal{N}$是建立在某个一阶语言$\mathscr{L}_{\mathcal{N}}$之上的。定义$\mathscr{L}_{\mathcal{N}}$的解释$N$如下：

- N的解释域为$D_N=\{0,1,2,\cdots\}$，即自然数集。
- 常元符号0看成自然数0。
- 函数符号$'$看成自然数集上的后继函数，即n'为$n+1$；
  函数符号$+$看成自然数集上的"加法"；
  函数符号$\cdot$看成自然数集上的"乘法"。
- 谓词符号$=$看成自然数集上的"相等关系"。

经过解释N得到的数学系统$\langle D_N:0,',+,\cdot\rangle$称为$\mathcal{N}$的模型。

不难看出，数学系统$\langle D_N:0,',+,\cdot\rangle$实际上就是自然数系统。在形式系统$\mathcal{N}$中用函数符号$'$反复作用于常元符号0便可得到一个项的序列$0,0',0'',\cdots,0^{(n)},\cdots$，在解释$N$中这些项分别与自然数$0,1,2,\cdots,n,\cdots$对应起来，它们之间最基本的关系可以通过下列命题反映出来。

命题 6.2.1 对任意$m,n\in D_N$，下列结论成立。

(1) 如果$m\neq n$，那么$\vdash_{\mathcal{N}}\neg(0^{(m)}=0^{(n)})$。

(2) 如果$m=n$，那么$\vdash_{\mathcal{N}}(0^{(m)}=0^{(n)})$。

证明：

(1) 的证明：如果$m=0$，那么$n>0$，根据公理(N_{11})就有$\vdash_{\mathcal{N}}\neg(0^{(0)}=0^{(n)})$，其中项$0^{(0)}$表示常元0。以下在$m>0$的情况下分析。不失一般性可假定$m<n$，则存在$k>0$使得$n=m+k$。则由公理($N_{10}$)知，$\vdash_{\mathcal{N}}(0^{(m)}=0^{(m+k)}\rightarrow 0^{(m-1)}=0^{(m+k-1)})$。反复运用推理规则HS即可得到$\vdash_{\mathcal{N}}(0^{(m)}=0^{(m+k)}\rightarrow 0^{(0)}=0^{(k)})$。注意到$0^{(k)}=(0^{(k-1)})'$，根据公理($N_{11}$)就应当有$\vdash_{\mathcal{N}}\neg(0^{(0)}=0^{(k)})$。因此，在$\vdash_{\mathcal{N}}(0^{(m)}=0^{(m+k)}\rightarrow 0^{(0)}=0^{(k)})$的基础上运用反证原理即可得到$\vdash_{\mathcal{N}}\neg(0^{(m)}=0^{(m+k)})$，即$\vdash_{\mathcal{N}}\neg(0^{(m)}=0^{(n)})$。

(2) 的证明：如果$m=n$，那么$0^{(m)}$和$0^{(n)}$是$\mathcal{N}$相同的项，根据(1)即有$\vdash_{\mathcal{N}}(0^{(m)}=0^{(n)})$。■

注意：命题6.2.1(1)和(2)中的假设部分说的是自然数集D_N上的"相等"关系，而在其结论部分则是在$\mathcal{N}$中对自然数集上"相等"关系的公式表示。如果将$\mathcal{N}$的公式$x_1=x_2$记为$\mathcal{A}(x_1,x_2)$，则命题6.2.1的(1)和(2)可分别表示为：如果$m\neq n$，那么$\vdash_{\mathcal{N}}\neg\mathcal{A}(0^{(m)},0^{(n)})$；如果$m=n$，那么$\vdash_{\mathcal{N}}\mathcal{A}(0^{(m)},0^{(n)})$。因此可以说：自然数集$D_N$上的"相等"关系通过公式$\mathcal{A}(x_1,x_2)$在$\mathcal{N}$中得到了充分的表示。

---

① http://en.wikipedia.org/wiki/Godel%27s_Incompleteness_Theorem#First_incompleteness_theorem.

命题 6.2.2 对任意 $m,n\in D_N$，下列结论成立。

(1) 如果 $m\leqslant n$，那么$\vdash_{\mathcal{N}}(\exists x)(0^{(m)}+x=0^{(n)})$。

(2) 如果 $m\nleqslant n$，那么$\vdash_{\mathcal{N}}\neg(\exists x)(0^{(m)}+x=0^{(n)})$。

证明：首先证明(1)，设 $m\leqslant n$，则有 $k\geqslant 0$ 使得 $m+k=n$，于是在 $\mathcal{N}$ 中有 $0^{(m+k)}=0^{(n)}$。注意到 $0^{(m+k)}=0^{(m)}+0^{(k)}$，利用等词的传递性就有 $0^{(m)}+0^{(k)}=0^{(n)}$，再利用推理规则 $\exists^{+}$ 及分离规则 MP，即可得到$\vdash_{\mathcal{N}}(\exists x)(0^{(m)}+x=0^{(n)})$。

对于(2)，可设 $n<m$，于是有 $k>0$，使得 $n+k=m$。在 $\mathcal{N}$ 中首先有$\neg(0^{(k)}\leqslant 0)$，即$\neg(\exists x)(0^{(k)}+x=0)$。用公理($N_{10}$)和($N_{13}$)可证得$(0^{(k)}+x=0)\leftrightarrow(0^{(k+n)}+x=0^{(n)})$，所以在 $\mathcal{N}$ 中有$\neg(\exists x)(0^{(m)}+x=0^{(n)})$。 ■

注意：命题 6.2.2 和命题 6.2.1 类似，(1)和(2)中的假设部分说的是自然数集 D_N 上的"小于等于"关系，而在其结论部分则是在 $\mathcal{N}$ 中对自然数集上"小于等于"关系的公式表示。将公式$(\exists x)(x_1+x=x_2)$记为 $\mathcal{A}(x_1,x_2)$，则命题 6.2.2 的(1)和(2)可分别表示为：如果 $m\leqslant n$，那么$\vdash_{\mathcal{N}}\mathcal{A}(0^{(m)},0^{(n)})$；如果 $m\nleqslant n$，那么$\vdash_{\mathcal{N}}\neg\mathcal{A}(0^{(m)},0^{(n)})$。因此可以说：自然数集 D_N 上的"小于等于"关系在 $\mathcal{N}$ 中是可表示的。

将有关具体数学系统的命题，如论域上的"关系"和"函数"等，在其公理化的形式系统中加以表示是人们分析和研究数学系统有关性质的重要手段，它把有关数学系统命题的证明同基于公理的形式化推理有效地结合起来。

设 R 是自然数集 D_N 上的 k 元关系。如果有含 k 个自由变元的公式 $\mathcal{A}(x_1,\cdots,x_k)$，使得对任意 $n_1,\cdots,n_k\in D_N$，满足

(1) $R(n_1,\cdots,n_k)$在 D_N 中成立，则$\vdash_{\mathcal{N}}\mathcal{A}(0^{(n_1)},\cdots,0^{(n_k)})$；

(2) $R(n_1,\cdots,n_k)$在 D_N 中不成立，则$\vdash_{\mathcal{N}}\neg\mathcal{A}(0^{(n_1)},\cdots,0^{(n_k)})$。

那么 R 就称为在 $\mathcal{N}$ 中是可表示的。$\mathcal{A}(x_1,\cdots,x_k)$称为 R 的表示公式。

自然数集 D_N 上的函数可视为 D_N 上的关系，因此有

定义在自然数集上的 k 元函数 $f: D_N^k\rightarrow D_N$ 称为在 $\mathcal{N}$ 中是可表示的，如果它作为 D_N 上的一个 $k+1$ 元关系在 $\mathcal{N}$ 中可表示。

例如：自然数集上加法函数 $f(m,n)=m+n$ 在 $\mathcal{N}$ 中是可表示的。只要取 $\mathcal{N}$ 的合式公式 $\mathcal{A}(x_1,x_2,x_3)$为 $x_3=x_1+x_2$，则不难看出，对任意的 $m,n,p\in D_N$，有

(1) 如果 $p=m+n$，那么$\vdash_{\mathcal{N}}0^{(p)}=0^{(m)}+0^{(n)}$，即$\vdash_{\mathcal{N}}\mathcal{A}(0^{(p)},0^{(m)},0^{(n)})$；

(2) 如果 $p\neq m+n$，那么$\vdash_{\mathcal{N}}\neg(0^{(p)}=0^{(m)}+0^{(n)})$，即$\vdash_{\mathcal{N}}\neg\mathcal{A}(0^{(p)},0^{(m)},0^{(n)})$。

值得注意的是，并非自然数集上所有的关系或函数都可以在 $\mathcal{N}$ 中表示。那么究竟哪些关系或函数在 $\mathcal{N}$ 中可表示呢？下面的命题给出了自然数集上的关系(函数)在 $\mathcal{N}$ 中可表示的充要条件，即所谓可表示性定理。

命题 6.2.3 D_N 上的函数(关系)在 $\mathcal{N}$ 中可表示当且仅当它是递归函数(递归关系)。

注意：命题 6.2.3 的证明涉及更广的知识范围，因此略去。在第 2 章中，我们曾经给出自然数集上递归函数与递归关系的定义，并对相关性质进行了分析研究。命题 6.2.3 则对递归函数和递归关系的又一重要特性进行了阐述，这一结论对最终完成哥德尔不完备性定

理的证明起到了至关重要的作用。

6.2.2 哥德尔编码与哥德尔数

递归函数与递归关系是哥德尔在证明其不完备性定理中引入的。在哥德尔不完备性定理证明过程中，还有一项关键的技术就是对形式系统的对象和论断进行编码，即著名的哥德尔编码。

一般情况下，设$\mathscr{L}$是某一阶语言，哥德尔编码就对$\mathscr{L}$的元素进行编码，这可以通过定义$\mathscr{L}$的元素到自然数集上的函数 g 完成。

1. 对$\mathscr{L}$的符号进行编码

$$g(()=3, g())=5, g(,)=7, g(\rightarrow)=9, g(\sim)=11, g(\forall)=13$$

$$g(x_k)=7+8k(k=1,2,\cdots), g(a_k)=9+8k(k=1,2,\cdots)$$

$$g(f_k^n)=11\times 8\times 2^n\times 3^k(n,k=1,2,\cdots), g(A_k^n)=13+8\times 2^n\times 3^k(n,k=1,2,\cdots)$$

注意：这里旨在说明哥德尔编码的基本方法，选用的对象是一般意义下的形式语言，而且只考虑了对逻辑符号～(否定)和→(蕴含)以及量词符号∀的编码。哥德尔编码不是唯一的，还可以定义其他编码函数，关键是要有规律可循而且不能有重码。

2. 对$\mathscr{L}$的项和公式进行编码

形式系统中的项和公式可视为$\mathscr{L}$的符号串。设 $u_1\cdots u_k$ 是$\mathscr{L}$的符号串，其中 $u_1,\cdots,u_k$ 是$\mathscr{L}$的符号，则它的哥德尔编码为

$$g(u_1\cdots u_n)=2^{g(u_1)}\times 3^{g(u_2)}\times\cdots\times p_k^{g(u_k)}$$

其中，p_k 是第 k 个素数。$g(u_1\cdots u_n)$又称为符号串 $u_1\cdots u_n$ 的哥德尔数。

例如：项 $f_1^1(x_1)$的哥德尔数(码)为

$$g(f_1^1(x_1))=2^{g(f_1^1)}\times 3^{g(()}\times 5^{g(x_x)}\times 7^{g())}=2^{59}\times 3^3\times 5^{15}\times 7^5$$

而公式$(A_1^2(x_1,x_2)\rightarrow A_1^1(x_1))$的哥德尔数(码)则是

$$\begin{aligned}&g((A_1^2(x_1,x_2)\rightarrow A_1^1(x_1)))\\&=2^{g(()}\times 3^{g(A_1^2)}\times 5^{g(()}\times 7^{g(x_1)}\times 11^{g(,)}\times 13^{g(x_2)}\times 17^{g())}\\&\quad\times 19^{g(\rightarrow)}\times 23^{g(A_1^1)}\times 29^{g(()}\times 31^{g(x_1)}\times 37^{g())}\times 41^{g())}\\&=2^3\times 3^{109}\times 5^3\times 7^{15}\times 11^7\times 13^{23}\times 17^5\times 19^{11}\\&\quad\times 23^{61}\times 29^3\times 31^{15}\times 37^5\times 41^5\end{aligned}$$

3. 对$\mathscr{L}$的公式序列进行编码

如果 $\mathscr{A}_1,\cdots,\mathscr{A}_k$ 是一公式序列，定义

$$g(\mathscr{A}_1,\cdots,\mathscr{A}_k)=2^{g(\mathscr{A}_1)}\times 3^{g(\mathscr{A}_2)}\times\cdots\times p_k^{g(\mathscr{A}_k)}$$

其中，p_k 是第 k 个素数。$g(\mathscr{A}_1,\cdots,\mathscr{A}_k)$称为公式序列 $\mathscr{A}_1,\cdots,\mathscr{A}_k$ 的哥德尔数。

6.2.3 形式系统论断的关系表示

哥德尔引入编码的目的是希望将有关$\mathscr{N}$的论断转化成有关数的论断，然后再将这些论断在形式系统中加以表示。从上面分析可以看出，这些关于形式系统的论断涉及形式系统

的合适公式、定理、证明等。

例如："公式序列 $\mathscr{A}_1,\cdots,\mathscr{A}_k,\mathscr{A}$ 是 $\mathscr{N}$ 中一个证明"表示 $\mathscr{N}$ 一个论断。利用哥德尔数，可以将这一论断用 D_N 上的关系 $\mathrm{Pf}(m,n)$ 来表示：即对任意 m,n，$\mathrm{Pf}(m,n)$ 成立的充要条件是：m 是 $\mathscr{N}$ 中某公式序列 $\mathscr{A}_1,\cdots,\mathscr{A}_k,\mathscr{A}$ 的哥德尔数，公式序列 $\mathscr{A}_1,\cdots,\mathscr{A}_k,\mathscr{A}$ 是 $\mathscr{N}$ 中的证明，并且证明结果 $\mathscr{A}$ 的哥德尔数为 n。

可以证明 $\mathrm{Pf}(m,n)$ 是 D_N 上的递归关系，因此根据可表示性定理(命题 6.2.3)知它在 $\mathscr{N}$ 中是可表示的，即存在合适公式 $\mathscr{P}(x_1,x_2)$，使得对任意 $m,n\in D_N$，有

(1) 如果 $\mathrm{Pf}(m,n)$ 成立，那么 $\vdash_{\mathscr{N}}\mathscr{P}(0^{(m)},0^{(n)})$；

(2) 如果 $\mathrm{Pf}(m,n)$ 不成立，那么 $\vdash_{\mathscr{N}}\neg\mathscr{P}(0^{(m)},0^{(n)})$。

下面的命题告诉我们，还有很多类似的有关形式系统 $\mathscr{N}$ 的论断，它们都可以表示为自然数集上的关系，而且这些关系都是递归的，从而又可以在形式系统 $\mathscr{N}$ 中加以表示。

命题 6.2.4 下列 D_N 上的关系都是递归的，因而在 $\mathscr{N}$ 中是可表示的。

(1) wf：$\mathrm{wf}(n)$ 成立当且仅当 n 是 $\mathscr{N}$ 中某个公式的哥德尔数。

(2) Lax：$\mathrm{Lax}(n)$ 成立当且仅当 n 是 $\mathscr{N}$ 的逻辑公理的哥德尔数。

(3) Prax：$\mathrm{Prax}(n)$ 成立当且仅当 n 是 $\mathscr{N}$ 的系统公理的哥德尔数。

(4) Prf：$\mathrm{Prf}(n)$ 成立当且仅当 n 是 $\mathscr{N}$ 中某个证明的哥德尔数。

(5) Pf：$\mathrm{Pf}(m,n)$ 成立当且仅当 m 是某证明的哥德尔数，n 是结果的哥德尔数。

(6) Subst：$\mathrm{Subst}(m,n,p,q)$ 成立当且仅当把哥德尔数为 n 的表达式中的哥德尔数为 q 的全体自由变元用哥德尔数为 p 的项替换后所产生的表达式的哥德尔数为 m。

(7) W：$W(m,n)$ 成立当且仅当 m 是某个公式 $\mathcal{A}(x_1)$ 的哥德尔数，其中 x_1 为自由变元，而 n 是 $\mathscr{N}$ 中关于 $\mathcal{A}(0^{(m)})$ 的证明的哥德尔数。

(8) D：$D(m,n)$ 成立当且仅当 m 是某个公式 $\mathcal{A}(x_1)$ 的哥德尔数，其中 x_1 自由，而 n 是 $\mathcal{A}(0^{(m)})$ 的哥德尔数。

6.2.4 不完备性定理的证明

考虑 D_N 上的关系 W，因为 W 是递归的，所以 W 在 $\mathscr{N}$ 中可表示，于是存在合适公式 $\mathcal{W}(x_1,x_2)$，使得对任意 $m,n\in D_N$，有

(1) 如果 $W(m,n)$ 成立，则 $\vdash_{\mathscr{N}}\mathcal{W}(0^{(m)},0^{(n)})$；

(2) 如果 $W(m,n)$ 不成立，则 $\vdash_{\mathscr{N}}\neg\mathcal{W}(0^{(m)},0^{(n)})$。

考虑公式 $(\forall x_2)\neg\mathcal{W}(x_1,x_2)$，设 m 是该公式的哥德尔数，用 $0^{(m)}$ 替换其中的 x_1 得到公式

$$(\forall x_2)\neg\mathcal{W}(0^{(m)},x_2)$$

用 $\mathcal{U}$ 表示公式 $(\forall x_2)\neg\mathcal{W}(0^{(m)},x_2)$，我们证明下列命题。

命题 6.2.5 $\mathcal{U}$ 和 $\neg\mathcal{U}$ 均不是 $\mathscr{N}$ 的定理。

证明：首先假设 $\mathcal{U}$ 是 $\mathscr{N}$ 的定理，n 是关于 $\mathcal{U}$ 证明的哥德尔数。又设 m 是 $(\forall x_2)\neg\mathcal{W}(x_1,x_2)$ 的哥德尔数。将 $(\forall x_2)\neg\mathcal{W}(x_1,x_2)$ 视为 $\mathcal{A}(x_1)$，则有 $\mathcal{U}$ 为 $\mathcal{A}(0^{(m)})$。于是有下面的陈述：

m 是 $\mathcal{A}(x_1)$ 的哥德尔数，其中 x_1 为自由变元，而 n 是 $\mathscr{N}$ 中关于 $\mathcal{A}(0^{(m)})$ 的证明的哥德尔数。

根据关系 W 的定义(命题 6.2.4(7))知，$W(m,n)$ 在 D_N 中成立。而 $\mathcal{W}(x_1,x_2)$ 是关系 W 在 $\mathscr{N}$ 中的表示公式，因此有

$$\vdash_{\mathcal{N}}\mathcal{W}(0^{(m)},0^{(n)}) \tag{6.2.1}$$

注意到假设$\mathcal{U}$是$\mathcal{N}$的定理，因而$\vdash_{\mathcal{N}}\mathcal{U}$，即$\vdash_{\mathcal{N}}(\forall x_2)\neg\mathcal{W}(0^{(m)},x_2)$，并由此可以得到$\vdash_{\mathcal{N}}\neg\mathcal{W}(0^{(m)},0^{(n)})$，这和式(6.2.1)矛盾。

现假定$\mathcal{U}$不是$\mathcal{N}$的定理，那么在$\mathcal{N}$中不存在$\mathcal{U}$的证明。注意到$\mathcal{U}$表示公式$(\forall x_2)\neg\mathcal{W}(0^{(m)},x_2)$，记为$\mathcal{A}(0^{(m)})$，则可以得到如下陈述：

m是某个公式$\mathcal{A}(x_1)$的哥德尔数，其中x_1为自由变元，不存在数n，n是关于$\mathcal{U}$在$\mathcal{N}$中证明的哥德尔数，即对任意n，n均不是$\mathcal{A}(0^{(m)})$证明的哥德尔数。

根据关系W的定义知，对任意n，$W(m,n)$不成立。即对任意n均有

$$\vdash_{\mathcal{N}}\neg\mathcal{W}(0^{(m)},0^{(n)})$$

由此得到，$\neg(\forall x_2)\neg\mathcal{W}(0^{(m)},x_2)$不是$\mathcal{N}$的定理[①]，即$\neg\mathcal{U}$不是$\mathcal{N}$的定理。■

本章习题

习题 6.1 试证明命题 6.1.3 中的(3)$\vdash_{\mathcal{N}} a=b\rightarrow a\cdot c=b\cdot c$和(4)$\vdash_{\mathcal{N}} a=b\rightarrow c\cdot a=c\cdot b$。

习题 6.2 试证明(a)$\vdash(a+b)'=a'+b$ (b)$\vdash a'\cdot b=a\cdot b+b$

习题 6.3 给出算术定理各式的证明：

(a) $\vdash(a+b)+c=a+(b+c)$，即“加法运算”满足结合律；

(b) $\vdash a+b=b+a$，即“加法运算”满足交换律；

(c) $\vdash a\cdot(b+c)=(a\cdot b)+(a\cdot c)$，即“乘法”关于“加法”满足左分配律；

(d) $\vdash(a\cdot b)\cdot c=a\cdot(b\cdot c)$，即“乘法运算”满足结合律；

(e) $\vdash a\cdot b=b\cdot a$，即“乘法运算”满足交换律；

(f) $\vdash(b+c)\cdot a=(b\cdot a)+(c\cdot a)$，即“乘法”关于“加法”满足右分配律；

(g) $\vdash a+b=c+b\rightarrow a=c$，即加法之消去律；

(h) $\vdash c\neq 0\rightarrow(a\cdot c=b\cdot c\rightarrow a=b)$，即乘法之消去律。

习题 6.4 试证明算术系统$\mathcal{N}$中，加法与乘法满足下列不等式。

(a) $\vdash a+b\geqslant a$　(b) $\vdash b\neq 0\rightarrow ab\geqslant a$　(c) $\vdash b\neq 0\rightarrow a+b>a$

(d) $\vdash a\neq 0\wedge b>0'\rightarrow ab>a$　(e) $\vdash b\neq 0\rightarrow a'b>a$(故$\vdash b\neq 0\rightarrow\exists c(cb>a)$)

(f) $\vdash a<b\leftrightarrow a+c<b+c$　(g) $\vdash a\leqslant b\leftrightarrow a+c<b+c$

(h) $\vdash c\neq 0\rightarrow(a<b\leftrightarrow ac<bc)$　(i) $\vdash c\neq 0\rightarrow(a\leqslant b\leftrightarrow ac\leqslant bc)$

习题 6.5 试证明算术系统$\mathcal{N}$中带余表示定理。

(a) $\vdash b\neq 0\rightarrow\exists q\exists r(a=bq+r\wedge r<b)$；

(b) $\vdash(a=bq_1+r_1\wedge r_1<b)\wedge(a=bq_2+r_2\wedge r_2<b)\rightarrow q_1=q_2\wedge r_1=r_2$。

(注：这里应有$b\neq 0$为前提条件，但在本题的前件中，有$r_1,r_2<b$，因而当b为零时，命题已自然成立)

---

① 这里用到了$\mathcal{N}$是ω-协调的假设。详细内容可见 A. G. Hamilton. Logic for mathematicians. London：Cambridge University Press，1978：147.

附录A 习题解答

第1章 习题解答

习题 1.1 试证明集合之间的等价关系满足：(1)自反性，即对任意集合 A，有 $A\simeq A$；(2)对称性，即对任意集合 A 和 B，如果 $A\simeq B$，那么 $B\simeq A$；(3)传递性，即对任意集合 A、B 和 C，如果 $A\simeq B$ 且 $B\simeq C$，那么 $A\simeq C$。

证明概要：

(1) 利用集合 A 到 A 的恒等映射证明 $A\sim A$；

(2) 通过双射 $\varphi:A\leftrightarrow B$ 的逆映射 φ^{-1} 证明 $B\simeq A$；

(3) 证明两个双射的合成映射也是双射。

习题 1.2 证明如果 A 是可数集，B 是有穷集，那么 $A\cup B$ 是可数集。

证明概要：可设集合 $B=\{b_0,\cdots,b_m\}$ 和 $A=\{a_0,a_1,\cdots\}$，则 $A\cup B$ 的一个枚举可为 $b_0,\cdots,b_m,a_0,a_1,\cdots$，即先枚举完集合 B 中的元素再依照 A 的枚举办法依次枚举 A 的元素。

习题 1.3 证明任何可数集的无穷子集都是可数集。

证明概要：设 $A=\{a_0,a_1,\cdots\}$，且 $B\subseteq A$。从 a_0 开始逐个枚举 A 的元素，并将属于 B 的元素按枚举顺序依次列出，即可得到集合 B 的一个枚举。

习题 1.4 试证明在实平面中圆 $x^2+y^2=1$ 上的点组成的集合与区间$[0,1]$等价。

证明概要：先证明上半圆的点集与$[0,1]$与区间等价，然后是下半圆，接着证明 $[0,1]\cup[0,1]\simeq[0,1]$。

习题 1.5 证明所有无理数组成集合的基数为 $2^{\aleph_0}$。

证明概要：利用实数集合 $\mathbf{R}$ 的基数为 $2^{\aleph_0}$ 和有理数集是可数的事实进行反证。

习题 1.6 设 $A_0,A_1,\cdots$是一组两两不交的集合，且每个集合的基数都是 $2^{\aleph_0}$。令 $A=\bigcup\limits_{i=0}^{\infty}A_i$，证明 $|A|=2^{\aleph_0}$。

证明概要：证明每个 A_i 与区间$[i,i+1)$等价，于是有 $A\simeq\bigcup\limits_{i=0}^{\infty}[i,i+1)$，而后者为全体大于等于 0 的实数组成的集合，基数为 $2^{\aleph_0}$。

习题 1.7 设 $\mathbf{R}[x]$是由全体实系数多项式组成的集合，证明 $\mathbf{R}[x]$的基数为 $2^{\aleph_0}$。

证明概要：用 $\mathbf{R}_n[x]$表示所有 n 次实系数多项式全体，证明 $\mathbf{R}_n[x]$的基数为 $2^{\aleph_0}$。而 $\mathbf{R}[x]=\bigcup\limits_{n=0}^{\infty}\mathbf{R}_n[x]$，利用习题 1.6 的结果即可证明 $\mathbf{R}[x]$的基数为 $2^{\aleph_0}$。

习题 1.8 设是实数集，如果 $R\subseteq \mathbf{R}\times\mathbf{R}$，则称 R 为一实二元关系。试计算所有实二元关系组成集合的基数。

解题概要：只要计算幂集 $\mathscr{P}(\mathbf{R}\times\mathbf{R})$ 的基数即可。

习题 1.9 设 $\mathbf{Q}$ 是有理数集。证明存在 $\mathbf{Q}$ 上的序关系 $\prec$，如果对任意有理数 p 和 q，当 $p\prec q$ 时，则称"p 小于 q"，那么对 $\mathbf{Q}$ 的任意非空子集 $P\subseteq\mathbf{Q}$，P 都有在序关系 $\prec$ 下的"最小元"。

证明概要：因为有理数集 $\mathbf{Q}$ 可数，于是它的元素和自然数集 N 中的自然数有 1-1 对应关系，利用该关系定义有理数上的序关系 $\prec$，并在此基础上证明本命题。

第2章 习题解答

习题 2.1 试证明下列定义在自然数集上的函数是递归函数。

(a) $x+y$ (b) $x\cdot y$ (c) x^y (d) $x!$

参考证明：

(a) 用函数 $I(x)=x$ 和 $S(x)=x+1$ 递归定义：$x+0=I(x)$；$x+(y+1)=S(x+y)$。

(b) 用(a)并递归定义：$x\cdot 0=0$；$x\cdot(y+1)=x\cdot y+x$。

(c) 用(b)并递归定义：$x^0=1$；$x^{y+1}=x^y\cdot x$。

(d) 利用(a)和(b)并递归定义：$0!=1$；$(x+1)!=x!\cdot(x+1)$。

习题 2.2 试证明定义在自然数集上的函数 $x\dot{-}y=\begin{cases}0, & \text{如果 } x\leqslant y\\ x-y, & \text{如果 } x>y\end{cases}$ 是递归函数。

参考证明：首先证明函数 $x\dot{-}1$ 为递归函数，其定义 $0\dot{-}1=0$；$(x+1)\dot{-}1=x$。然后用递归定义：

$x\dot{-}0=x$；$x\dot{-}(y+1)=(x\dot{-}y)\dot{-}1$。

习题 2.3 试证明绝对值函数 $|x-y|$ 是递归函数。

参考证明：绝对值函数可定义为 $|x-y|=(x\dot{-}y)+(y\dot{-}x)$。

习题 2.4 试证明符号函数 $\mathrm{sg}(x)=\begin{cases}0, & \text{如果 } x=0\\ 1, & \text{如果 } x\neq 0\end{cases}$ 和 $\overline{\mathrm{sg}}(x)=\begin{cases}1, & \text{如果 } x=0\\ 0, & \text{如果 } x\neq 0\end{cases}$ 是递归函数。

参考证明：递归定义 $\mathrm{sg}(0)=0$；$\mathrm{sg}(x+1)=1$。随后有 $\overline{\mathrm{sg}}(x)=1\dot{-}\mathrm{sg}(x)$。

习题 2.5 试证明函数 $\min(x,y)$ 与 $\max(x,y)$ 是递归函数，其中 $\min(x,y)$ 表示取 x 和 y 中较小者，$\max(x,y)$ 表示取 x 和 y 中较大者。

参考证明：两函数可分别定义为：$\min(x,y)=x\dot{-}(x\dot{-}y)$；$\max(x,y)=x+(y\dot{-}x)$。

习题 2.6 设函数 $f_1(x),\cdots,f_k(x)$ 是递归函数，$M_1(x),\cdots,M_k(x)$ 是递归谓词。证明分情形定义的函数

$$g(x)=\begin{cases}f_1(x), & \text{如果 } M_1(x) \text{ 成立}\\ f_2(x), & \text{如果 } M_2(x) \text{ 成立}\\ \vdots & \vdots\\ f_k(x), & \text{如果 } M_k(x) \text{ 成立}\end{cases}$$

是递归函数。

参考证明：设 $c_i(x)$表示 $M_i(x)$的特征函数，$i=1,\cdots,k$。则函数 g 可表示为：

$$g(x)=c_1(x)f_1(x)+\cdots+c_k(x)f_k(x)$$

习题 2.7 试证明如果谓词 $M(x)$和 $Q(x)$是递归谓词，那么 $\sim M(x)$，$M(x)\wedge Q(x)$，$M(x)\vee Q(x)$和 $M(x)\rightarrow Q(x)$都是递归的。

证明提示：用谓词特征函数的数学运算表示谓词的逻辑运算。

习题 2.8 试证明函数 $g(x)=\begin{cases}\sqrt{x}, & \text{如果 } x \text{ 是某自然的平方}\\ \uparrow, & \text{如果 } x \text{ 不是某自然的平方}\end{cases}$ 是部分递归函数。

参考证明：令 $f(x,y)=|x-y^2|$，验证 $g(x)\simeq\mu y(f(x,y)=0)$。

习题 2.9 试编制计算 $x+y$ 的图灵机程序。

解答提示：令机器的读头从 x 的首 1 开始右移，遇到第一个 0 将其置 1，继续右移至所有内容为 1 格子末端，将最后的 3 个 1 位置 0。

习题 2.10 试编写计算 $x\cdot y$ 的 URM 程序。

解答提示：可先编制 $x+y$ 的 URM 程序，并用递归调用编写 $x\cdot y$ 计算程序。

第 3 章 习题解答

习题 3.1 用命题公式表示下列陈述的命题。

(a) 小王工作很努力，小李也是。

(b) 要么用武力收回这些地方，要么共同开发这些地方，主权问题是不能讨价还价的。

(c) 如果路上车不多，我们就可以准时到达，可是路上车太多了，所以我们迟到了。

(d) 你之所以能够取得这样好的成果，要归功于你平时的刻苦努力。

(e) 中国只有强大了，才能维护亚太地区的和平与安宁。

(f) 不是我不把你放在眼里，而是你自己太差劲了。

(g) 我非要教训你不可，否则你太不自觉了。

(h) 如果你不贪玩，你就会抓紧时间学习；只有抓紧时间学习，才能弄懂学习的内容。

(i) 要么我到上海出差，要么我去西安出差；如果我去上海，可以安排小李去西安。

(j) 本系统有 3 个模块组成：输入 1 则执行第一模块，输入 2 则执行第二模块，输入 3 则执行第三模块，输入其他东西，系统就停止运行。

参考答案：

(a) $p\wedge q$，其中，p 为小王工作很努力，q 为小李工作很努力。

(b) $(p\vee g)\wedge(\sim q)$，其中，p 为用武力收回这些地方，g 为共同开发这些地方，q 为主权问题能讨价还价。

(c) $(\sim p\rightarrow q)\wedge p\rightarrow(\sim q)$，其中，$p$ 为路上车多，q 为准时到达。

(d) $(\sim p)\rightarrow(\sim q)$或 $q\rightarrow p$，其中，q 为取得好成果，p 为平时刻苦努力。

(e) $(\sim p)\to(\sim q)$或$q\to p$，其中，p为中国强大，q为能维护亚太地区的和平与安宁。

(f) $(\sim q)\to p$或$q\vee p$，其中，p为我把你放在眼里，q为你自己差劲。

(g) $q\to(\sim p)$或$\sim(\sim q\wedge\sim p)$，其中，p为我教训你，q为你自觉。

(h) $(\sim p\to q)\wedge(\sim q\to\sim r)$，其中，$p$为你贪玩，$q$为你抓紧时间学习，$r$为能弄懂学习内容。

(i) $(p\bar{\vee}q)\wedge(p\to r)$，其中，$p$为我到上海出差，$q$为我去西安出差，$r$为小李去西安。

(j) $p\wedge(i1\to p_1)\wedge(i2\to p_2)\wedge(i3\to p_3)\wedge(\sim(i1\vee i2\vee i3)\to s)$，其中，$p$为本系统由3个模块组成，$ik(k=1,2,3)$为输入$k$，$p_k(k=1,2,3)$为执行第$k$模块，$s$为系统停止运行。

习题 3.2 设$\boldsymbol{L}$是3.1.3节中定义的命题演算形式系统，试完成下列各式的证明。

(1) 试证明等价命题公式的"自反性"，"对称性"和"传递性"，即：

(a) $\vdash\mathscr{A}\leftrightarrow\mathscr{A}$ (b) $\mathscr{A}\leftrightarrow\mathscr{B}\vdash\mathscr{B}\leftrightarrow\mathscr{A}$ (c) $\mathscr{A}\leftrightarrow\mathscr{B},\mathscr{B}\leftrightarrow\mathscr{C}\vdash\mathscr{A}\leftrightarrow\mathscr{C}$

(2) 试给出下列各式的证明。

(a) $\mathscr{A}\leftrightarrow\mathscr{B},\mathscr{B}\to\mathscr{A}\vdash\mathscr{A}\leftrightarrow\mathscr{B}$ (d) $\mathscr{A}\leftrightarrow\mathscr{B}\vdash\mathscr{B}\to\mathscr{A}$

(b) $\mathscr{A}\leftrightarrow\mathscr{B}\vdash(\mathscr{A}\leftrightarrow\mathscr{B})\wedge(\mathscr{B}\to\mathscr{A})$ (e) $\mathscr{A}\leftrightarrow\mathscr{B},\mathscr{A}\vdash\mathscr{B}$

(c) $\mathscr{A}\leftrightarrow\mathscr{B}\vdash\mathscr{A}\leftrightarrow\mathscr{B}$ (f) $\mathscr{A}\leftrightarrow\mathscr{B},\mathscr{B}\vdash\mathscr{A}$

(3) 试给出下列各式的证明。

(a) $(\mathscr{A}\leftrightarrow\mathscr{B})\vdash\sim\mathscr{A}\leftrightarrow\sim\mathscr{B}$

(b) $\mathscr{A}\leftrightarrow\mathscr{B},\mathscr{C}\leftrightarrow\mathscr{D}\vdash\mathscr{A}\wedge\mathscr{C}\leftrightarrow\mathscr{B}\wedge\mathscr{D}$

(c) $\mathscr{A}\leftrightarrow\mathscr{B},\mathscr{C}\leftrightarrow\mathscr{D}\vdash\mathscr{A}\vee\mathscr{C}\leftrightarrow\mathscr{B}\vee\mathscr{D}$

(d) $\mathscr{A}\leftrightarrow\mathscr{B},\mathscr{C}\leftrightarrow\mathscr{D}\vdash(\mathscr{A}\to\mathscr{C})\leftrightarrow(\mathscr{B}\to\mathscr{D})$

(4) 试证明逻辑演算形式系统中的D. Mongen定律。即对任意公式$\mathscr{A}$和$\mathscr{B}$有：

(a) $\vdash\sim(\mathscr{A}\vee\mathscr{B})\leftrightarrow(\sim\mathscr{A})\wedge(\sim\mathscr{B})$ (b) $\vdash\sim(\mathscr{A}\wedge\mathscr{B})\leftrightarrow(\sim\mathscr{A})\vee(\sim\mathscr{B})$

证明提示：

(1)、(2)和(3)的证明不难，可以根据等价的定义来证明。

(4) 的证明如下：要证明(a)$\vdash\sim(\mathscr{A}\vee\mathscr{B})\leftrightarrow(\sim\mathscr{A})\wedge(\sim\mathscr{B})$，只要证

(a_1) $\sim(\mathscr{A}\vee\mathscr{B})\vdash\sim\mathscr{A}\wedge\sim\mathscr{B}$并且

(a_2) $\sim\mathscr{A}\wedge\sim\mathscr{B}\vdash\sim(\mathscr{A}\vee\mathscr{B})$

其中(a_1)的证明为：

(1) $\sim(\mathscr{A}\vee\mathscr{B})$ //假设

(2) $\mathscr{A}\to\mathscr{A}\vee\mathscr{B},\mathscr{B}\to\mathscr{A}\vee\mathscr{B}$ //L_6

(3) $(\mathscr{A}\to(\mathscr{A}\vee\mathscr{B}))\to(\sim(\mathscr{A}\vee\mathscr{B})\to\sim\mathscr{A})$

$(\mathscr{B}\to(\mathscr{A}\vee\mathscr{B}))\to(\sim(\mathscr{A}\vee\mathscr{B})\to\sim\mathscr{B})$ //反证原理

(4) $\sim(\mathscr{A}\vee\mathscr{B})\vdash\sim\mathscr{A},\sim\mathscr{B}$ //(2)、(3)MP

(5) $\sim\mathscr{A},\sim\mathscr{B}$ //(1)、(4)MP

(6) $\sim\mathscr{A}\to(\sim\mathscr{B}\to(\sim\mathscr{A}\wedge\sim\mathscr{B}))$ //(L_4)

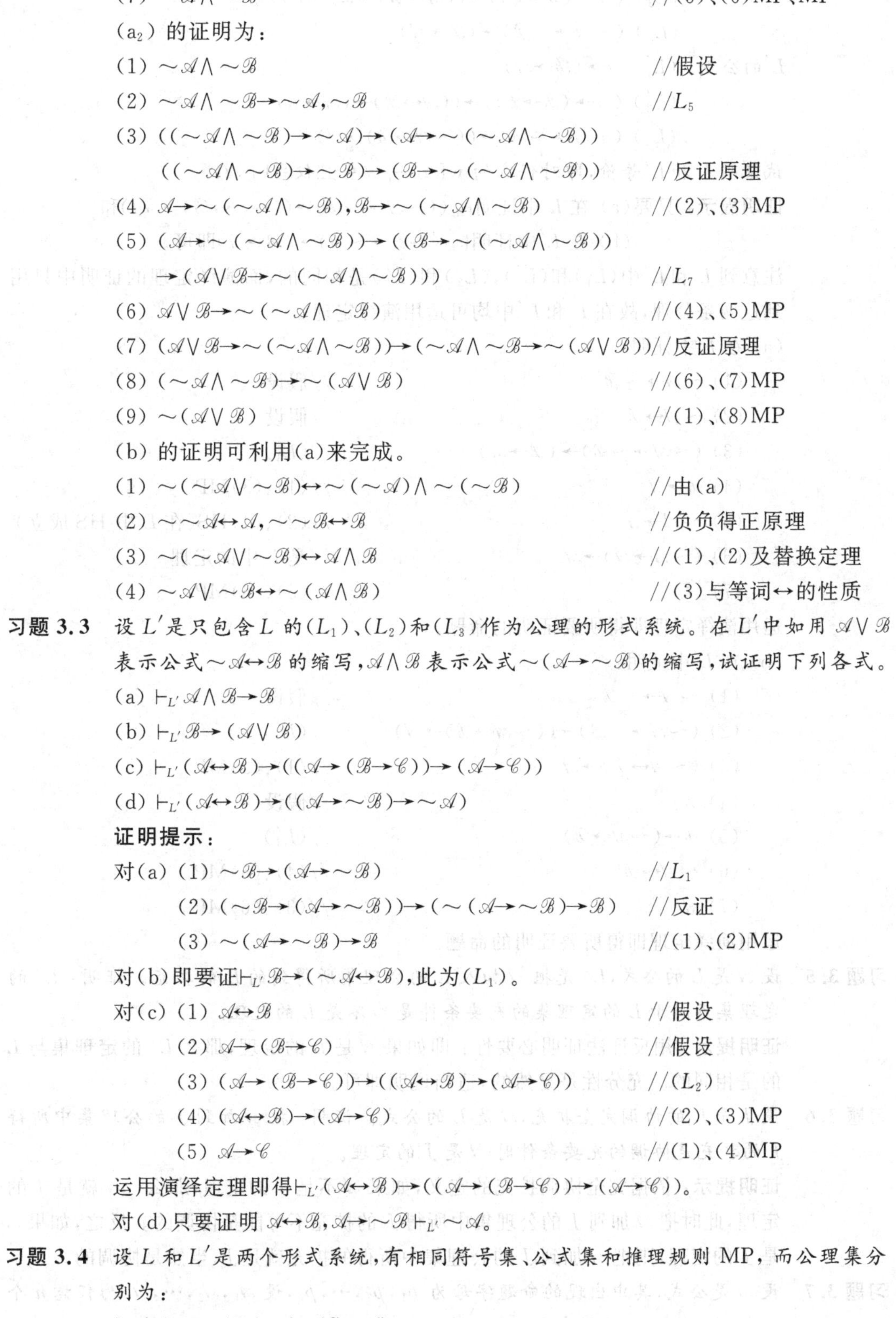

(7) $\sim\mathscr{A}\wedge\sim\mathscr{B}$ //(5)、(6)MP、MP

(a_2) 的证明为：

(1) $\sim\mathscr{A}\wedge\sim\mathscr{B}$ //假设

(2) $\sim\mathscr{A}\wedge\sim\mathscr{B}\to\sim\mathscr{A},\sim\mathscr{B}$ //L_5

(3) $((\sim\mathscr{A}\wedge\sim\mathscr{B})\to\sim\mathscr{A})\to(\mathscr{A}\to\sim(\sim\mathscr{A}\wedge\sim\mathscr{B}))$

$((\sim\mathscr{A}\wedge\sim\mathscr{B})\to\sim\mathscr{B})\to(\mathscr{B}\to\sim(\sim\mathscr{A}\wedge\sim\mathscr{B}))$ //反证原理

(4) $\mathscr{A}\to\sim(\sim\mathscr{A}\wedge\sim\mathscr{B}),\mathscr{B}\to\sim(\sim\mathscr{A}\wedge\sim\mathscr{B})$ //(2)、(3)MP

(5) $(\mathscr{A}\to\sim(\sim\mathscr{A}\wedge\sim\mathscr{B}))\to((\mathscr{B}\to\sim(\sim\mathscr{A}\wedge\sim\mathscr{B}))$

$\to(\mathscr{A}\vee\mathscr{B}\to\sim(\sim\mathscr{A}\wedge\sim\mathscr{B})))$ //L_7

(6) $\mathscr{A}\vee\mathscr{B}\to\sim(\sim\mathscr{A}\wedge\sim\mathscr{B})$ //(4)、(5)MP

(7) $(\mathscr{A}\vee\mathscr{B}\to\sim(\sim\mathscr{A}\wedge\sim\mathscr{B}))\to(\sim\mathscr{A}\wedge\sim\mathscr{B}\to\sim(\mathscr{A}\vee\mathscr{B}))$ //反证原理

(8) $(\sim\mathscr{A}\wedge\sim\mathscr{B})\to\sim(\mathscr{A}\vee\mathscr{B})$ //(6)、(7)MP

(9) $\sim(\mathscr{A}\vee\mathscr{B})$ //(1)、(8)MP

(b) 的证明可利用(a)来完成。

(1) $\sim(\sim\mathscr{A}\vee\sim\mathscr{B})\leftrightarrow\sim(\sim\mathscr{A})\wedge\sim(\sim\mathscr{B})$ //由(a)

(2) $\sim\sim\mathscr{A}\leftrightarrow\mathscr{A},\sim\sim\mathscr{B}\leftrightarrow\mathscr{B}$ //负负得正原理

(3) $\sim(\sim\mathscr{A}\vee\sim\mathscr{B})\leftrightarrow\mathscr{A}\wedge\mathscr{B}$ //(1)、(2)及替换定理

(4) $\sim\mathscr{A}\vee\sim\mathscr{B}\leftrightarrow\sim(\mathscr{A}\wedge\mathscr{B})$ //(3)与等词↔的性质

习题 3.3 设 L' 是只包含 L 的(L_1)、(L_2)和(L_3)作为公理的形式系统。在 L' 中如用 $\mathscr{A}\vee\mathscr{B}$ 表示公式 $\sim\mathscr{A}\leftrightarrow\mathscr{B}$ 的缩写，$\mathscr{A}\wedge\mathscr{B}$ 表示公式 $\sim(\mathscr{A}\to\sim\mathscr{B})$ 的缩写，试证明下列各式。

(a) $\vdash_{L'}\mathscr{A}\wedge\mathscr{B}\to\mathscr{B}$

(b) $\vdash_{L'}\mathscr{B}\to(\mathscr{A}\vee\mathscr{B})$

(c) $\vdash_{L'}(\mathscr{A}\leftrightarrow\mathscr{B})\to((\mathscr{A}\to(\mathscr{B}\to\mathscr{C}))\to(\mathscr{A}\to\mathscr{C}))$

(d) $\vdash_{L'}(\mathscr{A}\leftrightarrow\mathscr{B})\to((\mathscr{A}\to\sim\mathscr{B})\to\sim\mathscr{A})$

证明提示：

对(a) (1) $\sim\mathscr{B}\to(\mathscr{A}\to\sim\mathscr{B})$ //L_1

(2) $(\sim\mathscr{B}\to(\mathscr{A}\to\sim\mathscr{B}))\to(\sim(\mathscr{A}\to\sim\mathscr{B})\to\mathscr{B})$ //反证

(3) $\sim(\mathscr{A}\to\sim\mathscr{B})\to\mathscr{B}$ //(1)、(2)MP

对(b)即要证 $\vdash_{L'}\mathscr{B}\to(\sim\mathscr{A}\leftrightarrow\mathscr{B})$，此为($L_1$)。

对(c) (1) $\mathscr{A}\leftrightarrow\mathscr{B}$ //假设

(2) $\mathscr{A}\to(\mathscr{B}\to\mathscr{C})$ //假设

(3) $(\mathscr{A}\to(\mathscr{B}\to\mathscr{C}))\to((\mathscr{A}\leftrightarrow\mathscr{B})\to(\mathscr{A}\to\mathscr{C}))$ //(L_2)

(4) $(\mathscr{A}\leftrightarrow\mathscr{B})\to(\mathscr{A}\to\mathscr{C})$ //(2)、(3)MP

(5) $\mathscr{A}\to\mathscr{C}$ //(1)、(4)MP

运用演绎定理即得 $\vdash_{L'}(\mathscr{A}\leftrightarrow\mathscr{B})\to((\mathscr{A}\to(\mathscr{B}\to\mathscr{C}))\to(\mathscr{A}\to\mathscr{C}))$。

对(d)只要证明 $\mathscr{A}\leftrightarrow\mathscr{B},\mathscr{A}\to\sim\mathscr{B}\vdash_{L'}\sim\mathscr{A}$。

习题 3.4 设 L 和 L' 是两个形式系统，有相同符号集、公式集和推理规则 MP，而公理集分别为：

L 的公理：(L_1) $\mathscr{A}\to(\mathscr{B}\to\mathscr{A})$

(L_2) $(\mathscr{A}\to(\mathscr{B}\to\mathscr{C}))\to((\mathscr{A}\leftrightarrow\mathscr{B})\to(\mathscr{A}\to\mathscr{C}))$

(L_3) $(\sim\mathscr{A}\to\sim\mathscr{B})\to(\mathscr{B}\to\mathscr{A})$

L'的公理：(L_1') $\mathscr{A}\to(\mathscr{B}\to\mathscr{A})$

(L_2') $(\mathscr{A}\to(\mathscr{B}\to\mathscr{C}))\to((\mathscr{A}\leftrightarrow\mathscr{B})\to(\mathscr{A}\to\mathscr{C}))$

(L_3') $(\sim\mathscr{A}\to\sim\mathscr{B})\to((\sim\mathscr{A}\leftrightarrow\mathscr{B})\to\mathscr{A})$

试证明 L 和 L' 等价，即对任意的 wf$\mathscr{A}$，$\vdash_L\mathscr{A}$ 当且仅当$\vdash_{L'}\mathscr{A}$。

证明提示：只要(a) 在 L 中证明$\vdash_L((\sim\mathscr{A}\to\sim\mathscr{B})\to((\sim\mathscr{A}\leftrightarrow\mathscr{B})\to\mathscr{A}))$和

(b) 在 L'中证明$\vdash_{L'}(\sim\mathscr{A}\to\sim\mathscr{B})\to(\mathscr{B}\to\mathscr{A})$即可。

注意到 L 和 L'中(L_1)和(L_1')，(L_2)和(L_2')是相同的，而演绎定理的证明中只用到这两条公理，故在 L 和 L'中均可运用演绎定理。

(a) 在 L 中证明：

(1) $\sim\mathscr{A}\to\sim\mathscr{B}$ //假设

(2) $\sim\mathscr{A}\leftrightarrow\mathscr{B}$ //假设

(3) $(\sim\mathscr{A}\to\sim\mathscr{B})\to(\mathscr{B}\to\mathscr{A})$ //(L_3)

(4) $\mathscr{B}\to\mathscr{A}$ //(1)、(3)MP

(5) $\sim\mathscr{A}\to\mathscr{A}$ //(2)、(4)HS(在 L 中 HS 成立)

(6) $(\sim\mathscr{A}\to\mathscr{A})\to\mathscr{A}$ //是 L 中的定理

(7) $\mathscr{A}$ //(5)、(6)MP

运用演绎定理即得所要证明的命题。

(b) 在 L'中证明：

(1) $\sim\mathscr{A}\to\sim\mathscr{B}$ //假设

(2) $(\sim\mathscr{A}\to\sim\mathscr{B})\to((\sim\mathscr{A}\leftrightarrow\mathscr{B})\to\mathscr{A})$ //(L_3')

(3) $(\sim\mathscr{A}\leftrightarrow\mathscr{B})\to\mathscr{A}$ //(1)、(2)MP

(4) $\mathscr{B}$ //假设

(5) $\mathscr{B}\to(\sim\mathscr{A}\leftrightarrow\mathscr{B})$ //(L_1')

(6) $\sim\mathscr{A}\leftrightarrow\mathscr{B}$ //(4)、(5)MP

(7) $\mathscr{A}$ //(3)、(6)MP

运用演绎定理即得所要证明的命题。

习题 3.5 设 $\mathscr{A}$ 是 L 的公式，L^* 是把 $\mathscr{A}$ 加入 L 的公理集所得到的 L 的扩充。证明：L^* 的定理集不同于 L 的定理集的充要条件是 $\mathscr{A}$ 不是 L 的定理。

证明提示：用反证法证明必要性：即如果 $\mathscr{A}$ 是 L 的定理，那么 L^* 的定理集与 L 的是相同的。充分性是显然的，适当说明即可。

习题 3.6 设 J 是 L 的协调完全扩充，$\mathscr{A}$ 是 L 的公式。证明：把 $\mathscr{A}$ 加到 J 的公理集中所得 J 的扩充是协调的充要条件时 $\mathscr{A}$ 是 J 的定理。

证明提示：依据完全协调扩充的定义，如果 $\mathscr{A}$ 不是 J 的定理，那么$\sim\mathscr{A}$就是 J 的定理，此时把 $\mathscr{A}$ 加到 J 的公理集中所得 J 的扩充不可能是协调的。反之，如果 $\mathscr{A}$ 是 J 的定理，则把 $\mathscr{A}$ 加到 J 的公理集中所得的扩充就是 J，当然是协调的。

习题 3.7 设 $\mathscr{A}$ 是公式，其中出现的命题字母为 $p_1,p_2,\cdots,p_n$，设 $\mathscr{A}_1,\mathscr{A}_2,\cdots,\mathscr{A}_n$ 为任意 n 个公式，把 $\mathscr{A}$ 中 p_i 的所有出现都换成 $\mathscr{A}_i(1\leqslant i\leqslant n)$，所得的公式为 $\mathscr{B}$。证明若 $\mathscr{A}$ 是

L的定理，那么$\mathscr{B}$也是。

证明提示：对任意L赋值v，可定义L赋值v'满足$v'(p_i)=v(\mathscr{A}_i)(i=1,\cdots,n)$，然后通过归纳出$\mathscr{A}$的结构来证明$v'(\mathscr{A})=v(\mathscr{B})$。

第4章 习题解答

习题 4.1 用谓词表达式表示下列称述。

(a) 小张学习很努力，小李也是。

(b) 生物有动物和植物两种，有些生物既是动物也是植物。

(c) 世上的事物都是一分为二的，即具有好的一面，也有不好的一面。

(d) 天下乌鸦一般黑。

(e) x、y、z都是参数，其中x是全程变量，而y和z是局部变量。

(f) 除了2以外，其他所有的素数都是奇数。

(g) 我或者去北京或者去上海，如果我去北京，那么你就去上海。

(h) 是人就有思想，你是人，你就应该有思想。

(i) 西沙群岛、南沙群岛还有钓鱼岛都是中国的领土，中国只有拥有强大的海军军事力量，才能维护这些岛屿的安全。

(j) 一切反动派都是纸老虎。

参考答案：

(a) Studyhard(a) ∧ Studyhard(b)，其中a,b分别表示小张和小李。

(b) (∀x)(Livingbeings(x)→Animal(x) ∨ *Plant*(x)) ∧ (∃x)(Livingbeings(x) ∧Animal(x) ∧ Plant(x))。

(c) (∀x)(Thing(x)→Goodside(x) ∧ Badside(x))。

(d) (∀x)(∀y)(Crow(x) ∧ Crow(y)→Black(x) ∧ Black(y) ∧ Sameblackwith(x,y))。

(e) Parameter(x) ∧ Parameter(y) ∧ Parameter(z) ∧ Globalvar(x) ∧ Localvar(y) ∧ Localvar(z)。

(f) (∀x)(Primenumber(x) ∧ ～Equalto(x,2)→Oddnumber(x))。

(g) (Gotobeijing(**I**) $\bar{\vee}$ Gotoshanghai(**I**)) ∧ (Gotobeijing(**I**)→Gotoshanghai(**you**))。

(h) (∀x)(Humanbeing(x)→Toughtful(x)) ∧ Humanbeing(**you**)→Toughtful(**you**)。

(i) 用a、b、c分别表示“西沙群岛”，“南沙群岛”和“钓鱼岛”，**C**代表“中国”，Ourisland(x)表示“x是中国的领土”，Powernavy(y)表示“y拥有强大的海军军事力量”，Msafe(x)表示“维护x的安全”，则陈述可表示为：

Ourisland(a) ∧ Ourisland(b) ∧ Ourisland(c) ∧ (Msafe(a) ∨ Msafe(b) ∨ Msafe(c)→Powernavy(**C**))。

(j) (∀x)(IsReactionary(x)→IsPapertiger(x))。

习题 4.2 设$\mathscr{L}$是一阶语言，包括常元 a_0，函数符号 f_1^2 和谓词字母 A_2^2。令$\mathscr{A}$表示合式公式 $(\forall x_1)(\forall x_2)(A_2^2(f_1^2(x_1,x_2),a_0)\rightarrow A_2^2(x_1,x_2))$，并定义$\mathscr{L}$的解释 I 为：D_I 是 $\mathbf{Z}$（整数集），$\bar{a}_0$ 是 0，$\bar{f}_1^2(x,y)$ 是 $x-y$，$\bar{A}_2^2(x,y)$ 是 $x>y$。

(1) 试写出公式$\mathscr{A}$在解释 I 中的含义并指出其是否正确。

(2) 再找一种解释，使公式$\mathscr{A}$在该解释中代表命题与在前解释下的命题具有相反的真值（即原来的错，现在的就对；原来的对，现在的就错）。

参考解答：在$\mathscr{L}$的解释 I 下，公式$\mathscr{A}$表示的关系式为

$$(\forall x\in\mathbf{Z})(\forall y\in\mathbf{Z})(x-y>0\rightarrow x>y)$$

即对任意的整数 x 和 y，如果 $x-y>0$，则 $x>y$，是正确的。

如果我们把解释 $\bar{f}_1^2(x_1,x_2)$ 改为 $x+y$，则$\mathscr{A}$所表示的关系式为

$$(\forall x\in\mathbf{Z})(\forall y\in\mathbf{Z})(x+y>0\rightarrow x>y)$$

显然，该命题是错的。

注意：也可以令 $D_I=\mathbf{Z}$，$\bar{a}_0$ 为 0，$\bar{f}_1^2(x,y)$ 为 $x+y$，$\bar{A}_2^2(x,y)$ 为 $x=y$，结果又如何呢？

习题 4.3 是否存在$\mathscr{L}$的解释 I 使得：

(1) 公式 $(\forall x_1)(A_1^1(x_1)\rightarrow A_1^1(f_1^1(x_1)))$ 在该解释下是假的？如果有则详细写出，否则说明理由。

(2) 那么对公式 $(\forall x_1)(A_1^2(x_1,x_2)\rightarrow A_1^2(x_2,x_1))$ 又如何呢？

参考答案：

(1) 令 $D_I=\mathbf{Z}$，$\bar{A}_1^1(x_1)$ 为 $x>0$，$\bar{f}_1^1(x)$ 为 $-x$，则 $(\forall x_1)(\bar{A}_1^1(x_1)\rightarrow\bar{A}_1^1(\bar{f}_1^1(x_1)))$ 为 $(\forall x\in\mathbf{Z})(x>0\rightarrow -x>0)$，是假的。

(2) 对公式 $(\forall x_1)(A_1^2(x_1,x_2)\rightarrow A_1^2(x_2,x_1))$，我们把 $\bar{A}_1^2(x_1,x_2)$ 解释为 $x_1>x_2$，则得到的关系式为 $(\forall x\in\mathbf{Z})(\forall y\in\mathbf{Z})(x>y\rightarrow y>x)$，也是假的。

注意：如果在公式 $(\forall x_1)(A_1^2(x_1,x_2)\rightarrow A_1^2(x_2,x_1))$ 中将 $\bar{A}_1^2(x_1,x_2)$ 解释为 $x_1=x_2$，结果又将怎样？

习题 4.4 试证明在解释 I 中，赋值 v 满足公式 $(\exists x_i)\mathscr{A}$ 的充要条件是在 I 中至少存在一个与 v i-等价的赋值 v' 满足$\mathscr{A}$。

证明提示：把 $(\exists x_i)\mathscr{A}$ 看成是 $\sim(\forall x_i)(\sim\mathscr{A})$ 的缩写，然后用赋值满足 $(\forall x_i)\mathscr{A}$ 的定义证明。

习题 4.5 补充证明命题 4.4.5 中的“情形 1”和“情形 2”。

证明提示：利用归纳假定以及赋值可满足性定义直接证明即可。

习题 4.6 试证明下列公式是逻辑普效的。

(a) $(\exists x_1)(\forall x_2)A_1^2(x_1,x_2)\rightarrow(\forall x_2)(\exists x_1)A_1^2(x_1,x_2)$

(b) $(\forall x_1)A_1^1(x_1)\rightarrow((\forall x_1)A_2^1(x_1)\rightarrow(\forall x_2)A_1^1(x_2))$

(c) $(\forall x_1)(\mathscr{A}\leftrightarrow\mathscr{B})\rightarrow((\forall x_1)\mathscr{A}\rightarrow(\forall x_1)\mathscr{B})$

(d) $((\forall x_1)(\forall x_2)\mathscr{A}\rightarrow(\forall x_2)(\forall x_1\mathscr{A})$

(e) $(\forall x_1)(\forall x_2)A_1^2(x_1,x_2)\rightarrow A_1^2(x_1,x_2)$

参考证明：

(a) 的证明：把公式记为$\mathscr{A}$。设 I 是$\mathscr{L}$的任一解释，v 是 I 中的任一赋值，证明 v

满足 $\mathscr{A}$。如果 v 不满足 $(\exists x_1)(\forall x_2)A_1^2(x_1,x_2)$，则 v 已满足 $\mathscr{A}$，对此假定 v 满足 $(\exists x_1)(\forall x_2)A_1^2(x_1,x_2)$，并由此证明 v 满足 $(\forall x_2)(\exists x_1)A_1^2(x_1,x_2)$。要证明 v 满足 $(\forall x_2)(\exists x_1)A_1^2(x_1,x_2)$，只要证明任意和 v 2-等价的赋值 v' 都满足 $(\exists x_1)A_1^2(x_1,x_2)$。设 v' 是任一与 v 2-等价的赋值，要证明 v' 满足 $(\exists x_1)A_1^2(x_1,x_2)$，只要证明存在和 v' 1-等价的赋值 v'' 能满足 $A_1^2(x_1,x_2)$，因此找到 v'' 是解决本题的关键。

由 v 满足 $(\exists x_1)(\forall x_2)A_1^2(x_1,x_2)$ 知，存在与 v 1-等价的赋值 w 满足 $(\forall x_2)A_1^2(x_1,x_2)$，于是任意和 w 2-等价的赋值都满足 $A_1^2(x_1,x_2)$。利用 v' 和 w 定义赋值 v''：

$$\begin{cases} v''(x_k) = v'(x_k), & k \neq 1 \\ v''(x_1) = w(x_1), & k = 1 \end{cases}$$

显然 v'' 与 v' 是 1-等价的，现在只要证明 v'' 与 w 是 2-等价的即可。

对 $x_k(k\neq 1,k\neq 2)$，有 $v''(x_k)=v'(x_k)$（v'' 的定义和 $k\neq 1$），$v'(x_k)=v(x_k)$（$k\neq 2$ 和 v' 与 v 是 2-等价的），$v(x_k)=w(x_k)$（$k\neq 1$ 和 w 与 v 是 1-等价的），故 $v''(x_k)=w(x_k)$；而当 $k=1$ 时，显然有 $v''(x_1)=w(x_1)$，故 v'' 与 w 是 2-等价的，因而 v'' 满足 $A_1^2(x_1,x_2)$。而 v'' 与 v' 是 1-等价的，故有 v' 满足 $(\exists x_1)A_1^2(x_1,x_2)$。又 v' 是任意与 v 2-等价的赋值，故 v 满足 $(\forall x_2)(\exists x_1)A_1^2(x_1,x_2)$。

(b) 的证明：注意到 $(\forall x_1)A_1^1(x_1)$ 与 $(\forall x_2)A_1^1(x_2)$ 可视为同样公式，故(b)中公式可视为 L 的重言式 $(p_1\to(p_2\to p_1))$ 的替换特例；因而是 $\mathscr{L}$ 的重言式，所以是逻辑普效的。

(c) 的证明：任给解释 I 及 I 中的赋值 v，可设 v 不满足 $(\forall x_1)\mathscr{A}\to(\forall x_1)\mathscr{B}$，于是有 v 满足 $(\forall x_1)\mathscr{A}$ 并且 v 不满足 $(\forall x_1)\mathscr{B}$，因此可以找到一个与 v 1-等价的赋值 v'，v' 满足 $\mathscr{A}$ 但 v 不满足 $\mathscr{B}$，由此可得 v' 不满足 $\mathscr{A}\leftrightarrow\mathscr{B}$，所以 v 不满足 $(\forall x_1)(\mathscr{A}\leftrightarrow\mathscr{B})$。换句话说就是：如果 v 满足 $(\forall x_1)(\mathscr{A}\leftrightarrow\mathscr{B})$ 就有 v 满足 $(\forall x_1)\mathscr{A}\to(\forall x_1)\mathscr{B}$。

(d) 的证明：先证明命题"v 满足 $(\forall x_1)(\forall x_2)\mathscr{A}$ 当且仅当任一与 v $\{1,2\}$-等价的赋值都满足 $\mathscr{A}$，其中赋值 v 和 v' 称为是 $\{1,2\}$-等价的是指：如果当 $k\neq 1,2$ 时，均有 $v(x_k)=v'(x_k)$"。

$\Rightarrow$：设 v 满足 $(\forall x_1)(\forall x_2)\mathscr{A}$，$v'$ 是任一与 v $\{1,2\}$-等价的赋值。若 v' 不满足 $\mathscr{A}$，那么构造 v''：$v''(x_1)=v'(x_1)$，$v''(x_2)=v(x_2)$，$v''(x_k)=v(x_k)=v'(x_k)$ $(k\geqslant 2)$，则有 $v''\equiv_1 v$ 并且 $v''\equiv_2 v'$。由 v' 不满足 $\mathscr{A}$ 得 v'' 不满足 $(\forall x_2)\mathscr{A}$，进而得 v 不满足 $(\forall x_1)(\forall x_2)\mathscr{A}$，矛盾。故必有 v' 满足 $\mathscr{A}$。

$\Leftarrow$：若 v 不满足 $(\forall x_1)(\forall x_2)\mathscr{A}$，那么有 $v'\equiv_1 v$，v' 不满足 $(\forall x_2)\mathscr{A}$，又有 $v''\equiv_2 v'$，v'' 不满足 $\mathscr{A}$，此 v'' 显然和 v 是 $\{1,2\}$-等价的。

用所证命题来说明 $((\forall x_1)(\forall x_2)\mathscr{A}\to(\forall x_2)(\forall x_1)\mathscr{A})$ 是普效的。

(e) 的证明：任取 v，若 v 满足 $(\forall x_1)(\forall x_2)A_1^2(x_1,x_2)$，则所有与 v $\{1,2\}$-等价的赋值均满足 $A_1^2(x_1,x_2)$，因为 v 与 v 是 $\{1,2\}$-等价的，当然 v 也满足。

注意：公式$(\forall x_1)(\exists x_2)A_1^2(x_1,x_2)\to(\exists x_2)(\forall x_1)A_1^2(x_1,x_2)$，$(\forall x_1)A_1^2(x_1,x_2)\to(\exists x_2)(\forall x_1)A_1^2(x_1,x_2)$和公式$(\forall x_1)(\sim A_1^1(x_1)\to\sim A_1^1(a_1))$均不是逻辑普效的。要证明某个公式不是逻辑普效的，通常是找一个具体的解释I以及某赋值v不满足它。

习题 4.7 试证明如果项t在公式$\mathscr{A}(x_i)$中对x_i自由，则$(\mathscr{A}(t)\to(\exists x_1)\mathscr{A}(x_i))$是逻辑普效的。

参考解答：利用命题 4.3.1，设v满足$\mathscr{A}(t)$，定义一个v'，$v'\equiv_i v$且$v'(x_i)=v(t)$，则v'满足$\mathscr{A}(x_i)$，再根据习题 4.4 的结论得到v满足$(\exists x_i)A(x_i)$。

第5章 习题解答

习题 5.1 试证明$\vdash_K(\forall x_i)(\mathscr{A}\leftrightarrow\mathscr{B})\to((\forall x_i)\mathscr{A}\leftrightarrow(\forall x_i)\mathscr{B})$。

参考证明：只要证明

(1) $(\forall x_i)(\mathscr{A}\leftrightarrow\mathscr{B})\vdash_K(\forall x_i)\mathscr{A}\to(\forall x_i)\mathscr{B}$。

(2) $(\forall x_i)(\mathscr{A}\leftrightarrow\mathscr{B})\vdash_K(\forall x_i)\mathscr{B}\to(\forall x_i)\mathscr{A}$。

(1) 的证明序列：

① $(\forall x_i)(\mathscr{A}\leftrightarrow\mathscr{B})$ //假设

② $(\forall x_i)\mathscr{A}$ //假设

③ $(\forall x_i)(\mathscr{A}\leftrightarrow\mathscr{B})\to(\mathscr{A}\leftrightarrow\mathscr{B})$ //K_4 或 K_5

④ $\mathscr{A}\leftrightarrow\mathscr{B}$ //①、③MP

⑤ $\mathscr{A}\leftrightarrow\mathscr{B}$ //④等价性质

⑥ $(\forall x_i)\mathscr{A}\to\mathscr{A}$ //K_4 或 K_5

⑦ $\mathscr{A}$ //②、⑥MP

⑧ $\mathscr{B}$ //⑤、⑦MP

⑨ $(\forall x_i)\mathscr{B}$ //⑧概括

故有$\{(\forall x_i)(\mathscr{A}\leftrightarrow\mathscr{B}),(\forall x_i)\mathscr{A}\}\vdash_K(\forall x_i)\mathscr{B}$，由演绎定理即得

$$\vdash_K(\forall x_i)(\mathscr{A}\leftrightarrow\mathscr{B})\to((\forall x_i)\mathscr{A}\to(\forall x_i)\mathscr{B})$$

即(1)成立，类似可证(2)。

习题 5.2 试证明：如果x_i不在$\mathscr{B}$中自由出现，那么有

(a) $\vdash(\forall x_i)(\mathscr{A}\leftrightarrow\mathscr{B})\leftrightarrow((\exists x_i)\mathscr{A}\leftrightarrow\mathscr{B})$

(b) $\vdash(\exists x_i)(\mathscr{A}\leftrightarrow\mathscr{B})\leftrightarrow((\forall x_i)\mathscr{A}\leftrightarrow\mathscr{B})$

证明提示：利用$(\mathscr{A}\leftrightarrow\mathscr{B})\leftrightarrow(\sim\mathscr{A}\vee\mathscr{B})$和$\sim(\forall x_i)(\sim\mathscr{A})\leftrightarrow(\exists x_i)\mathscr{A}$，同时参考命题 5.3.1(1)的证明。

习题 5.3 证明如果$\mathscr{A}$的前束范式是$\prod_n(\sum_n)$的，那么$\sim\mathscr{A}$的前束范式为$\sum_n(\prod_n)$的。

证明提示：利用$\sim(\forall x_i)(\sim\mathscr{A})\leftrightarrow(\exists x_i)\mathscr{A}$直接证明。

习题 5.4 给出命题 5.4.5 中断言 1 的证明，即证明S_∞是协调的。

证明提示：设一阶系统扩从序列$S_0\subseteq S_1\subseteq\cdots\subseteq S_n\subseteq\cdots$根据命题 5.4.5 中的构造方法而得，$S_\infty=\bigcup_{k=0}^{\infty}S_k$，即$S_\infty$是以所有$S_k(k=0,1,\cdots)$的公理集的并集为公理集

的一阶系统。

由于 S_∞ 的协调性可归结为每个一阶系统 $S_k(k=0,1,\cdots)$ 的协调性,因此只要证明每个一阶系统 S_k 是协调的即可。

根据命题5.4.4,S_0 即为 S^+ 是协调的。设 S_n 协调。如果 S_{n+1} 不协调,则有 $\mathscr{L}^+$ 的公式 $\mathscr{A}$ 使得 $\vdash_{Sn+1}\mathscr{A}$ 并且 $\vdash_{Sn+1}\sim\mathscr{A}$,注意到 $\mathscr{A}\to(\sim\mathscr{A}\to\sim\mathscr{G}_n)$ 是重言式,利用推理规则 MP 即可得到 $\vdash_{Sn+1}\sim\mathscr{G}_n$。由于 S_n 只比 S_{n+1} 多一条公理 $\mathscr{G}_n$,因此有 $\mathscr{G}_n\vdash_{Sn}\sim\mathscr{G}_n$。$\mathscr{G}_n$ 是闭公式,运用演绎定理便有 $\vdash_{Sn}\mathscr{G}_n\to(\sim\mathscr{G}_n)$,继而得到 $\vdash_{Sn}\sim\mathscr{G}_n$,即

$$\vdash_{Sn}\sim(\sim(\forall x_{in})\mathscr{F}_n(x_{in})\to\sim\mathscr{F}_n(c_n))$$

注意到公式 $\sim(\sim(\forall x_{in})\mathscr{F}_n(x_{in})\to\sim\mathscr{F}_n(c_n))\to\sim(\forall x_{in})\mathscr{F}_n(x_{in})$ 和公式 $\sim(\sim(\forall x_{in})\mathscr{F}_n(x_{in})\to\sim\mathscr{F}_n(c_n))\to\mathscr{F}_n(c_n)$ 都是重言式,因此运用推理规则 MP 便可得到

$\vdash_{Sn}\sim(\forall x_{in})\mathscr{F}_n(x_{in})$ 和 $\vdash_{Sn}\mathscr{F}_n(c_n)$。在证明 $\vdash_{Sn}\mathscr{F}_n(c_n)$ 中,将常元符号 c_n 用一个不在证明中出现的变元 y 全部替换,即可得到一个 S_n 的证明 $\vdash_{Sn}\mathscr{F}_n(y)$,继而运用概括规则便可得到 $\vdash_{Sn}(\forall x_{in})\mathscr{F}_n(x_{in})$,这和 $\vdash_{Sn}\sim(\forall x_{in})\mathscr{F}_n(x_{in})$ 矛盾,因为 S_n 是协调的。

习题 5.5 一阶语言中的"闭项"是指不含任何变元的项,试用归纳的方式给出语言 $\mathscr{L}^+$ 中闭项的定义。

定义:

(1) 所有的个体常元是闭项;

(2) 如果 $u_1,\cdots,u_n$ 是闭项,f_k^n 是函数符号,那么 $f_k^n(u_1,\cdots,u_n)$ 是闭项;

(3) 只有通过(1)和(2)生成的项才是闭项。

习题 5.6 补充命题5.4.5证明步骤3中"$\mathscr{A}$ 是 $\sim\mathscr{B}$"和"$\mathscr{A}$ 是 $\mathscr{B}\to\mathscr{C}$"情形的证明。

证明提示:运用归纳假定直接证明。

习题 5.7 试证明 $K_{\mathscr{L}}$ 的一阶扩充 S 不是协调的当且仅当所有 $\mathscr{L}$ 的公式都是 S 的定理。

证明提示:运用 $\vdash_S\mathscr{A}\to(\sim\mathscr{A}\to\mathscr{B})$ 进行证明。

习题 5.8 设一阶系统 S 是协调的,如果对任意 $\mathscr{L}$ 的闭公式 $\mathscr{A}$,将 $\mathscr{A}$ 加入 S 的公理集得到的扩充系统协调就能推出 $\mathscr{A}$ 是 S 的定理,那么 S 一定是完全的。

参考证明:对任意闭公式 $\mathscr{A}$,如果 $\mathscr{A}$ 不是 S 的定理,那么由命题5.4.2将 $\sim\mathscr{A}$ 加入 S 的公理集得到的扩充是协调的,根据题设就有 $\sim\mathscr{A}$ 是 S 的定理。

习题 5.9 设 $\mathscr{A}$ 和 $\mathscr{B}$ 是 $\mathscr{L}$ 的公式,如果公式 $\mathscr{A}\vee\mathscr{B}$ 是 $K_{\mathscr{L}}$ 的定理,试问是否一定有 $\mathscr{A}$ 是 $K_{\mathscr{L}}$ 的定理或者 $\mathscr{B}$ 是 $K_{\mathscr{L}}$ 的定理。如果"是",请给出证明;如果"否"则给出反例。

证明提示:可考虑公式 $\mathscr{A}\vee\sim\mathscr{A}$。

第6章 习题解答

习题 6.1 试证明命题6.1.3中的(3) $\vdash_{\mathscr{N}} a=b\to a\cdot c=b\cdot c$ 和(4) $\vdash_{\mathscr{N}} a=b\to c\cdot a=c\cdot b$。

证明提示:对(3),设 $a=b$,通过归纳出 c 证明 $a\cdot c=b\cdot c$。

当 c 为0时,则 $a\cdot 0=b\cdot 0=0$。若有 $a\cdot c=b\cdot c$,那么 $a\cdot c'=a\cdot c+a$,$b\cdot c'=$

$b\cdot c+b$。

利用命题6.1.3(1)和(2)以及等词的传递性即得 $a\cdot c'=a\cdot c+a=b\cdot c+a=b\cdot c+b=b\cdot c'$。

对(4)，证明分两步，先施归纳于 a，在证 a' 时，再施归纳于 b。当 $a=0$ 时，有 $b=0$，所以 $c\cdot 0=c\cdot 0=0$。设 $a=b\rightarrow c\cdot a=c\cdot b(*)$，欲证 $a'=b\rightarrow c\cdot a'=c\cdot b(**)$。

对(**)，施归纳于 b 证明。若 $b=0$，则 $a'=0$，而 $\neg(a'=0)$，故必有 $c\cdot a'=c\cdot 0$；设有 $a'=b\rightarrow c\cdot a'=c\cdot b$，则当 $a'=b'$ 时，我们有 $a=b$，再由$(*)$得 $c\cdot a=c\cdot b$，由(N_{17})知 $c\cdot a'=c\cdot a+c, c\cdot b'=c\cdot b+c$，于是利用等词的传递性和命题6.1.3(1)即得 $c\cdot a'=c\cdot b'$。

习题 6.2 试证明(a) $\vdash(a+b)'=a'+b$ (b) $\vdash a'\cdot b=a\cdot b+b$

证明提示：(a) 施归纳于 b 证明。(b) 对 b 进行归纳。在归纳推导步设 $a'\cdot b=a\cdot b+b$，则

$$a'b'=a'b+a'=(ab+b)+a'=((ab+b)+a)'=(ab+(b+a))'$$
$$=((ab+a)+b)'=(ab'+b)'=ab'+b'$$

习题 6.3 给出算术定理各式的证明：

(a) $\vdash(a+b)+c=a+(b+c)$，即“加法运算”满足结合律；

(b) $\vdash a+b=b+a$，即“加法运算”满足交换律；

(c) $\vdash a\cdot(b+c)=(a\cdot b)+(a\cdot c)$，即“乘法”关于“加法”满足左分配律；

(d) $\vdash(a\cdot b)\cdot c=a\cdot(b\cdot c)$，即“乘法运算”满足结合律；

(e) $\vdash a\cdot b=b\cdot a$，即“乘法运算”满足交换律；

(f) $\vdash(b+c)\cdot a=(b\cdot a)+(c\cdot a)$，即“乘法”关于“加法”满足右分配律；

(g) $\vdash a+b=c+b\rightarrow a=c$，即加法之消去律；

(h) $\vdash c\neq 0\rightarrow(a\cdot c=b\cdot c\rightarrow a=b)$，即乘法之消去律。

证明提示：

(a) 施归纳于 c 证明 $(a+b)+c=a+(b+c)$。

(b) 的证明：用归纳于 a 的方式进行证明。

奠基步：$a=0$，施归纳于 b 证明 $0+b=b+0$。当 $b=0$，有 $0+0=0+0$；设 $0+b=b+0$，则 $0+b'=(0+b)'=(b+0)'=b'=b'+0$。故 $a=0$ 时命题成立。

归纳推导：设 $a+b=b+a$，则 $(a+b)'=(b+a)'$。运用习题6.2(a) $(a+b)'=a'+b$ 和 $(b+a)'=b+a'$ 便得 $a'+b=b+a'$。

(c) 施归纳于 c 证明 $a\cdot(b+c)=a\cdot b+a\cdot c$，在归纳推导步利用加法的结合律即可。

(d) 施归纳于 c 证明 $(a\cdot b)\cdot c=a\cdot(b\cdot c)$，在归纳推导步利用(c)。

(e) 施归纳于 a 证明 $a\cdot b=b\cdot a$，在奠基步施归纳于 b，在归纳推导步运用习题6.2(b)。

(f) 利用左分配律和加法与乘法的交换律即可。

(g) 施归纳于 b 证明 $a+b=c+b\rightarrow a=c$。

(h) 假设 $c \neq 0$，用归纳于 b 的方式证明 $a \cdot c = b \cdot c \to a = b$，并在归纳推导步施归纳于 a。

习题 6.4 试证明算术系统 $\mathcal{N}$ 中，加法与乘法满足下列不等式。

(a) $\vdash a + b \geqslant a$

(b) $\vdash b \neq 0 \to ab \geqslant a$

(c) $\vdash b \neq 0 \to a + b > a$

(d) $\vdash a \neq 0 \land b > 0' \to ab > a$

(e) $\vdash b \neq 0 \to a'b > a$（故 $\vdash b \neq 0 \to \exists c(cb > a)$）

(f) $\vdash a < b \leftrightarrow a + c < b + c$

(g) $\vdash a \leqslant b \leftrightarrow a + c < b + c$

(h) $\vdash c \neq 0 \to (a < b \leftrightarrow ac < bc)$

(i) $\vdash c \neq 0 \to (a \leqslant b \leftrightarrow ac \leqslant bc)$

证明提示：运用关系$\leqslant$和$<$的定义以及关于加法和乘法性质的算数定理进行证明。

习题 6.5 试证明算术系统 $\mathcal{N}$ 中带余表示定理。

(a) $\vdash b \neq 0 \to \exists q \exists r(a = bq + r \land r < b)$；

(b) $\vdash (a = bq_1 + r_1 \land r_1 < b) \land (a = bq_2 + r_2 \land r_2 < b) \to q_1 = q_2 \land r_1 = r_2$。

（注：这里应有 $b \neq 0$ 为前提条件，但在本题的前件中，有 $r_1, r_2 < b$，因而当 b 为零时，命题已自然成立）

参考证明：

(a) 施归纳于 a 证之。当 $a = 0$ 时，取 $q = 0, r = 0$ 即可；设有 $a = bq + r$，则有 $a' = (bq + r)' = bq + r'$。由 $r < b$ 知 $r' \leqslant b$，若 $r' = b$，则有 $a' = bq + b = b(q + 1)$（其中 1 表示 $0'$），于是令 $q_1 = q + 1, r_1 = 0 < b$ 则有 $a' = bq_1 + r_1$，即 $\exists q \exists r(a' = bq + r \land r < b)$；若 $r' < b$，则取 $q_1 = q, r_1 = r' < b$，仍有 $\exists q \exists r(a' = bq + r \land r < b)$。根据归纳法原理知命题成立。

(b) 若 $q_1 < q_2$，则有 e 使得 $q_1 + e' = q_2$，于是

$$bq_1 + r_1 = a = bq_2 + r_2 = b(q_1 + e') + r_2 = bq_1 + be' + r_2$$

因而 $r_1 = be' + r_2 \geqslant be' \geqslant b$，这和 $r_1 < b$ 矛盾，因此有 $\neg(q_1 < q_2)$，同理 $\neg(q_1 > q_2)$，只有 $q_1 = q_2$。再由 $a = bq_1 + r_1 = bq_2 + r_2$ 即得 $r_1 = r_2$。

参 考 文 献

[1] S. C. Kleene(美)著. 元数学导论[M]. 莫绍揆译. 北京：科学出版社，1985.

[2] A. G. Hamilton. Logic for mathematicians[M]. London：Cambridge University Press，1978.

[3] N. Cutland. Computability：An introduction to recursive function theory [M]. London：Cambridge University Press，1980.

[4] T. Jech. Set Theory[M]. Springer-Verlag Berlin Heidelberg，2003：3-13.

[5] 董荣胜，古天龙. 计算机科学技术与方法论 [M]. 北京：人民邮电出版社，2002.

[6] 李啸虎，田廷彦，马丁玲. 力量-改变人类文明的 50 大科学定理[M]. 上海：上海文化出版社，2005.

[7] 丹皮尔著. 科学史及其与哲学与宗教的关系(第四版)[M]. 李珩译. 北京：商务出版社，1987.

[8] 林德宏. 科学思想史[M]. 南京：江苏科学技术出版社，1985.

[9] 戴维斯著. 可计算性与不可解性[M]. 沈泓译. 北京：北京大学出版社，1984.

[10] Church A. The Calculi of Lambda-conversion [M]. Princeton ：Princeton University Press，1941.

[11] 华罗庚，苏步青. 中国大百科全书(数学)[M]. 北京·上海：中国大百科全书出版社，1988.